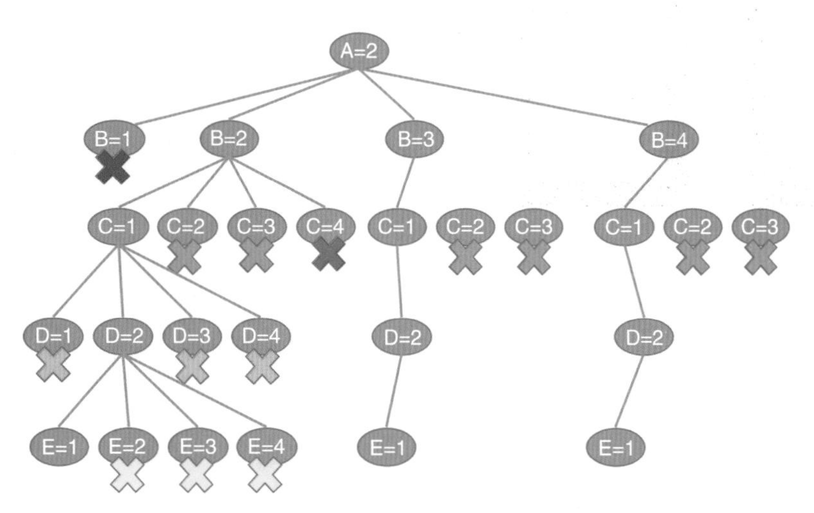

图 1.12　CSP 搜索树的部分图解

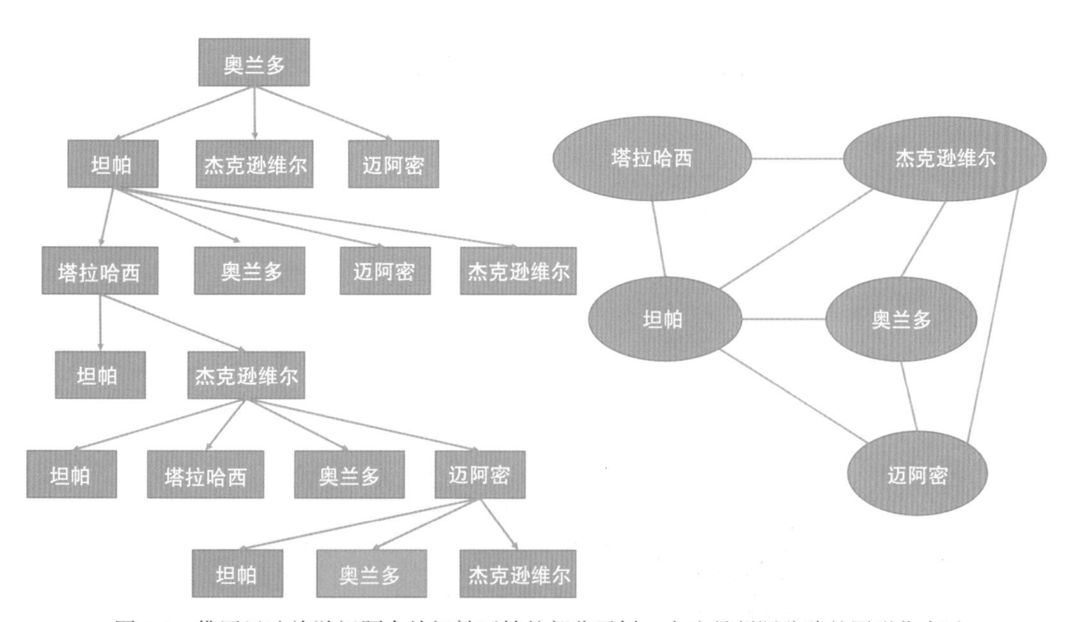

图 2.4　佛罗里达旅游问题中从坦帕开始的部分子树，右边是州际公路的图形化表示

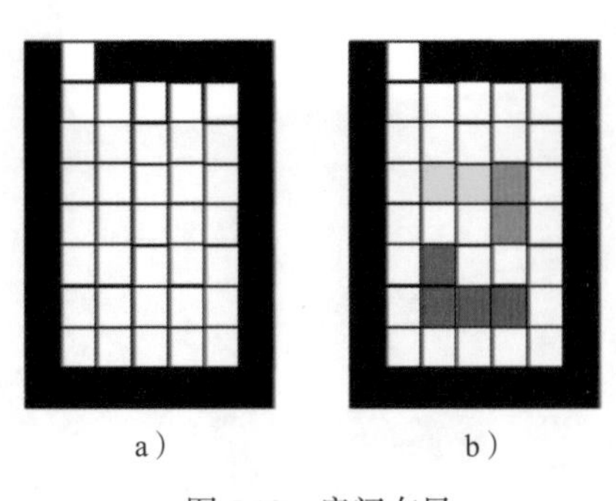

图 5.18　房间布局

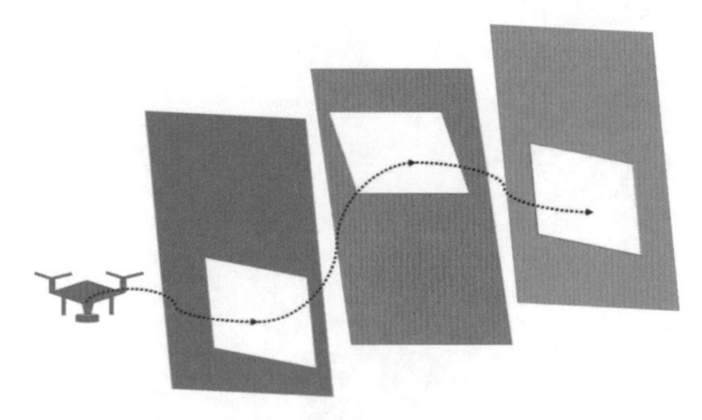

图 8.1　无人机穿越障碍物（灰色、橙色和绿色表示）孔洞的路径规划（黑色点线）

图 8.6　厨房的扫描图像与目标识别：不可食用的洗洁精瓶子标记为蓝色；潜在但不太可能的容器（烤箱、微波炉、电饭煲、咖啡机）标记为绿色；识别出的水果标记为红色，而冰箱里已知有草莓

图 8.7　红色矩形表示与机器人运动相关的对象，黄色矩形表示可能对机器人的移动没有帮助的门，蓝色矩形表示与植物无关的对象，绿色矩形表示植物

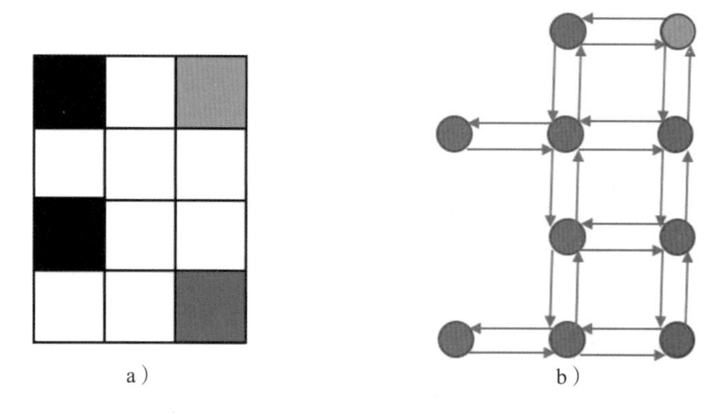

图 8.8　图 a 为移动机器人可能移动的方块，图 b 为状态转移图

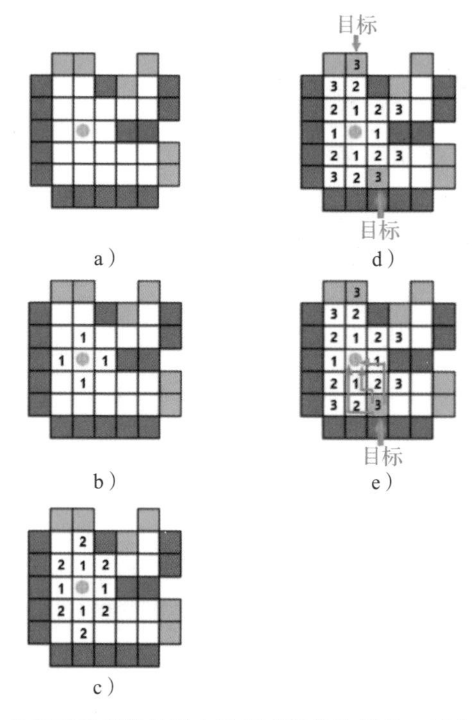

图 8.10　野火算法：在基于栅格的地图上进行广度优先搜索，其中黄色圆圈表示我们试图找到最近目标的当前位置，即绿色网格。请参阅 8.3.4 节

图 9.4　需要识别的部分单色物体的例子（如黑色的汽车、黄色的松鼠和红色的苹果）

图 9.9　左边有 10 个黑色目标，右边有 5 个需要识别的彩色目标 (绿色、灰色、红色、黄色和蓝色)

图 9.10　带有度量知识（黄色）、符号知识（橙色）和概念知识（红色）的认知视觉（来自本章参考文献 [1]）

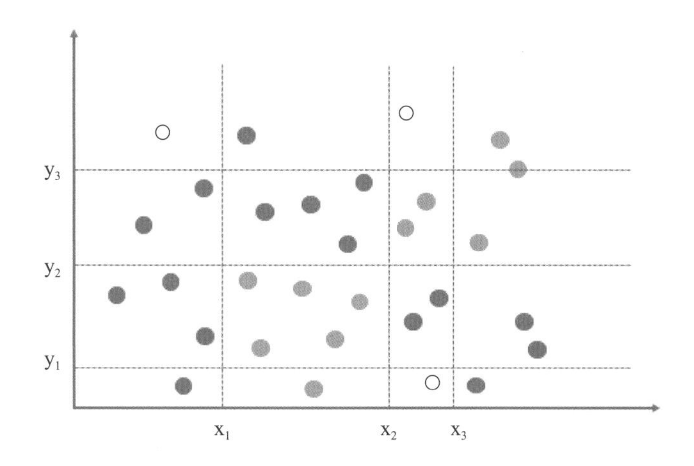

图 9.14　红色和绿色的圆盘分布在二维平面上，黑色的空圆圈表示无法判断颜色

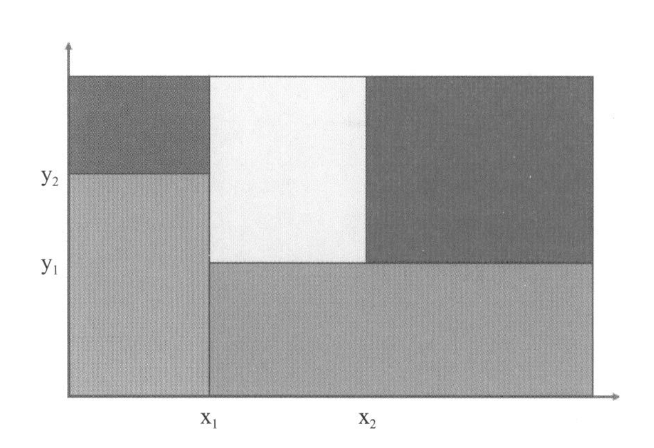

图 9.15　各种颜色的方块分布在二维平面上

图 9.16　街道地图（黑色为禁止驾驶，白色为街道）

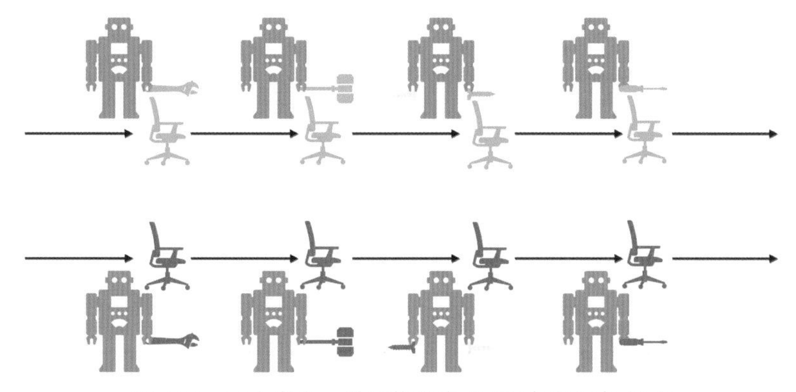

图 10.2　两个完全一样的装配线（用绿色和红色表示）

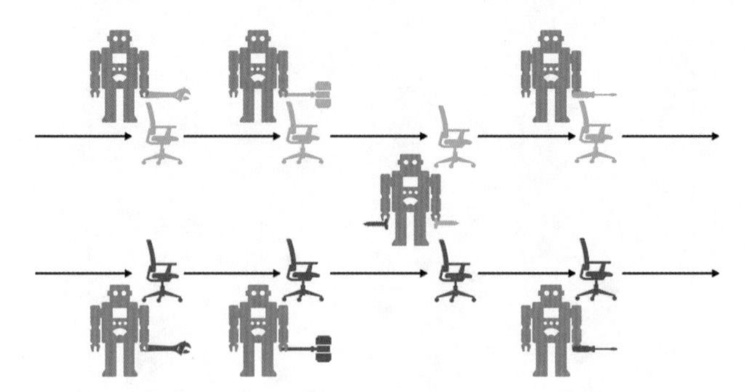

图 10.3　利用 MRTA 来考虑每个机器人的装配时间

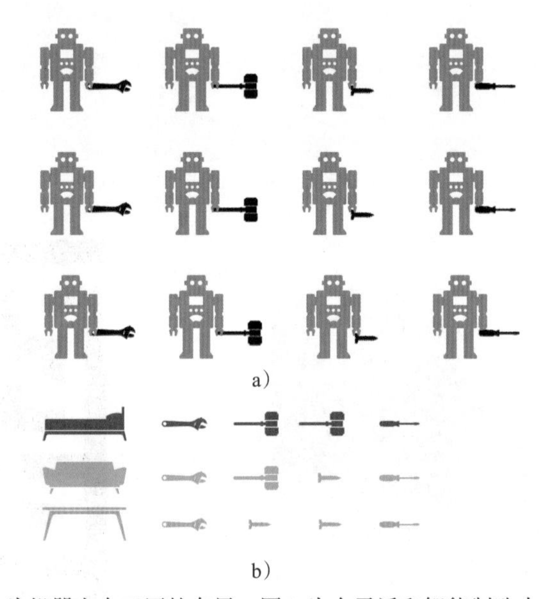

图 10.5　图 a 为机器人在工厂的布局；图 b 为在灵活和智能制造中的可能产品

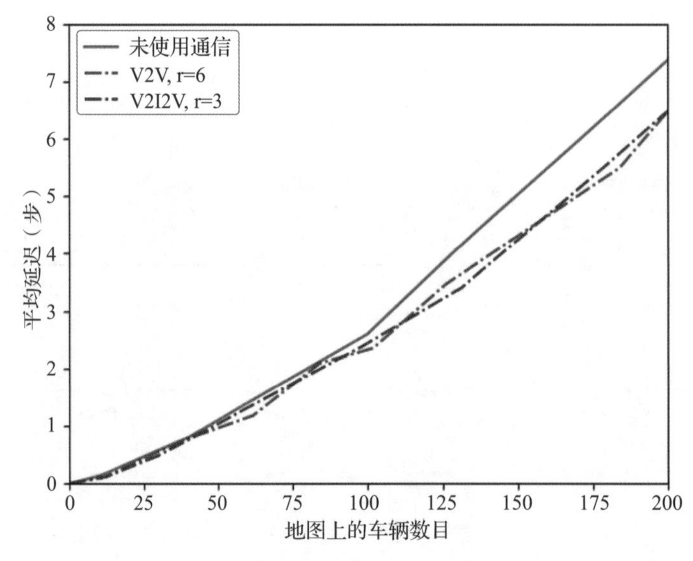

图 10.14　不同理想通信下的平均额外时间步

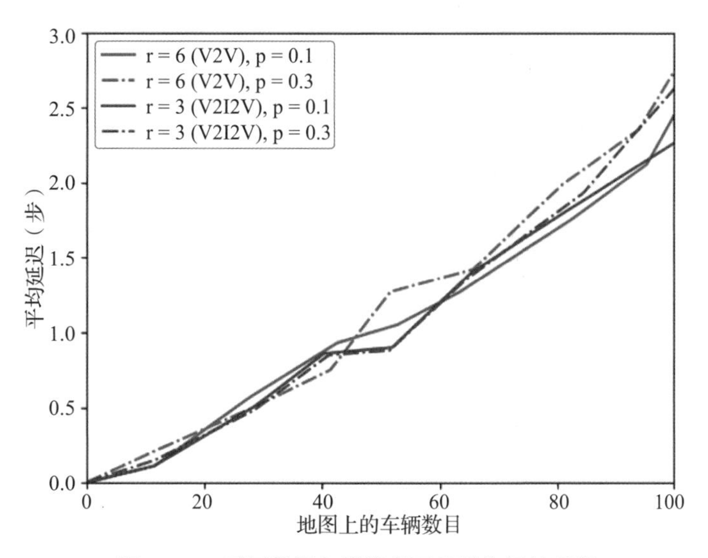

图 10.15　不同数据包错误率下的平均额外延迟

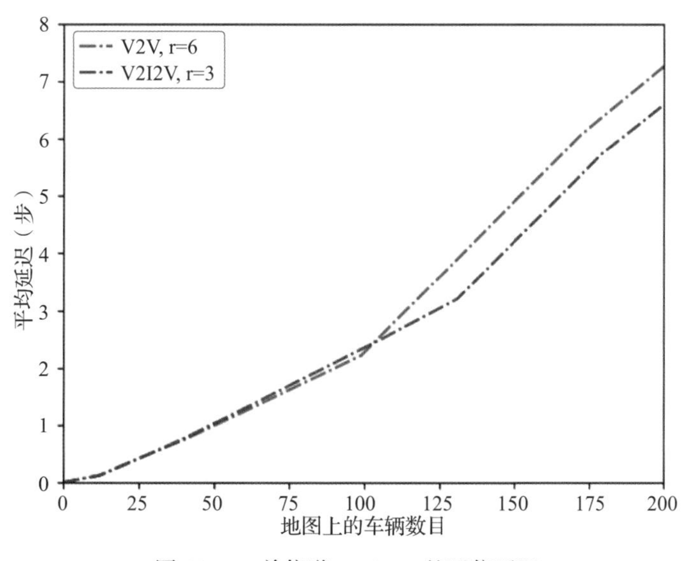

图 10.16　单信道 ALOHA 的通信延迟

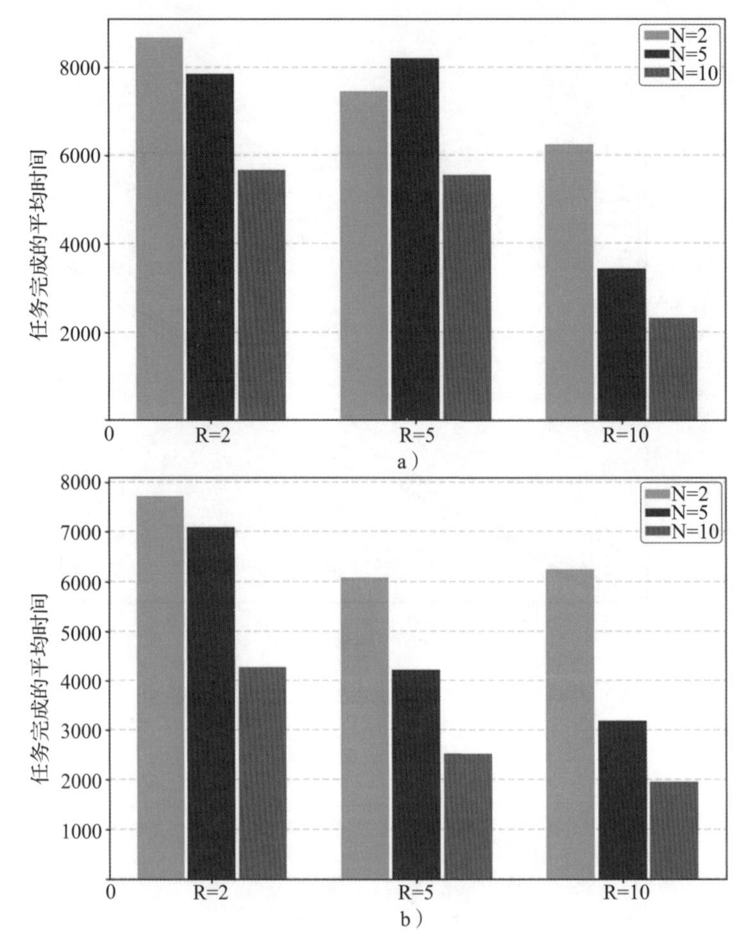

图 10.19　图 a 为 $p_p = 0.1$ 的坚持 rt-ALOHA；图 b 为 $p_p = 0.3$ 的坚持 rt-ALOHA

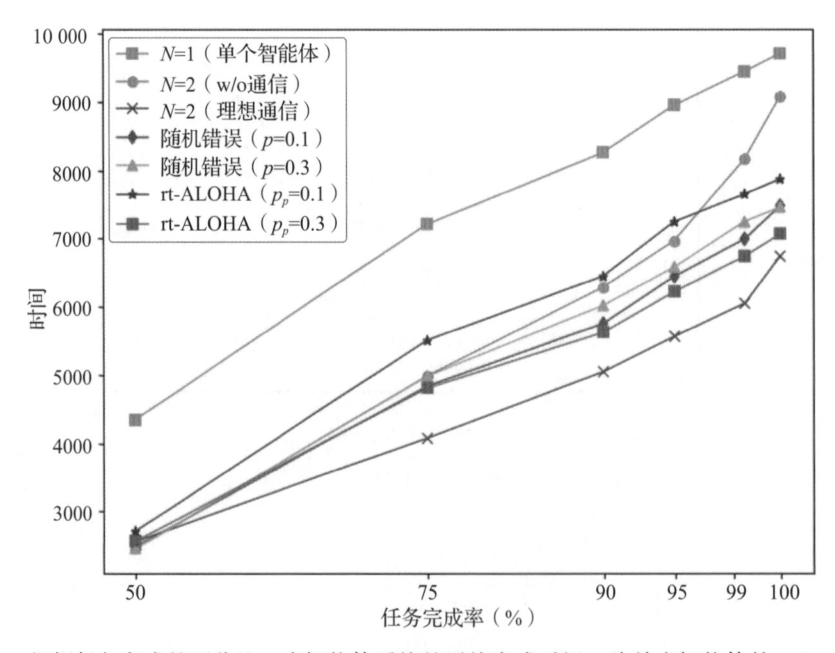

图 10.20　根据任务完成的百分比，多智能体系统的平均完成时间，除单个智能体外，$N = 2$，$r = 2$

机器人学译丛

[美] 陈光祯（Kwang-Cheng Chen）著
刘绍辉 译

智能无线机器人

人工智能算法与应用

ARTIFICIAL INTELLIGENCE IN WIRELESS ROBOTICS

图书在版编目（CIP）数据

智能无线机器人：人工智能算法与应用 /（美）陈光祯（Kwang-Cheng Chen）著；刘绍辉译．-- 北京：机械工业出版社，2022.6
（机器人学译丛）
书名原文：Artificial Intelligence in Wireless Robotics
ISBN 978-7-111-70788-2

Ⅰ. ①智… Ⅱ. ①陈… ②刘… Ⅲ. ①人工智能 - 应用 - 智能机器人 Ⅳ. ① TP18 ② TP242.6

中国版本图书馆 CIP 数据核字（2022）第 083178 号

北京市版权局著作权合同登记　图字：01-2021-0920 号。

本书包括机器人的基础知识、信息物理系统、人工智能、统计决策和马尔可夫决策过程、强化学习、状态估计、定位、计算机视觉和多模态数据融合、机器人规划、多智能体系统、网络化多智能体系统、网络化机器人的安全性和鲁棒性，以及超可靠和低延迟的机器对机器的网络等内容。书中的实例和练习能帮助读者轻松、高效地理解本书的内容。本书适合作为电气工程、计算机工程、计算机科学和一般工程专业的高年级本科生或一年级研究生的教材，也可供机器人、人工智能和无线通信及相关专业的工程师阅读参考。

出版发行：机械工业出版社（北京市西城区百万庄大街 22 号　邮政编码：100037）
责任编辑：冯润峰　　　　责任校对：殷　虹
印　　刷：北京铭成印刷有限公司　　　　版　　次：2022 年 7 月第 1 版第 1 次印刷
开　　本：185mm×260mm　1/16　　　　印　　张：17.75　　插　　页：4
书　　号：ISBN 978-7-111-70788-2　　　　定　　价：99.00 元

客服电话：（010）88361066　88379833　68326294　　投稿热线：（010）88379604
华章网站：www.hzbook.com　　读者信箱：hzjsj@hzbook.com

译者序

自 2012 年基于卷积网络的深度网络模型 AlexNet 在图像分类上取得成功之后，深度学习在计算机视觉和自然语言处理等领域取得了巨大的进展，推动了人工智能新一轮的发展热潮。人工智能技术的核心主要包括模式识别和机器学习，目前这两个方向在不断交叉融合发展。

尽管人工智能技术已经取得了很大的进展，但其最终落地应用仍旧受很多现实条件的制约。很多从事相关领域研究的人员还缺乏对实际智能体系统所需要的各方面知识的理解和掌握。本书从信号处理的角度，通过对信号处理技术和网络通信技术的介绍，对无线机器人中的人工智能所涉及的相关技术进行了深入浅出的说明，并提供了很多例子和习题来帮助读者理解智能体中人工智能技术的基本概念和原理，这肯定会促进人工智能技术在无线机器人中的落地应用。

全书首先对机器人和人工智能的基础知识，尤其是智能体与环境的交互——智能推理进行了详细的介绍，使读者对人工智能应用中的智能化有更深入的理解，尤其是智能体的人工智能在于能够自动根据环境交互来获得满足其目标的动作序列。而这可以通过人工智能的搜索算法来实现，本书第 2 章对这些搜索算法进行了详细的介绍，并对其所采用的最优化技术进行了概要的介绍。在人工智能中，让机器人或智能体具有自我学习的能力，其核心在于机器学习技术。本书第 3 章对监督学习、无监督学习、深度神经网络等常见的机器学习技术进行了详细的介绍，并对常见的数据预处理技术进行了论述。在智能体根据与环境交互来采取动作做出决策的过程中，其动作序列具有前后的相互关系，这种对序列关系进行建模的基本模型为马尔可夫决策过程，本书第 4 章对此进行了详细的论述，尤其对典型的在线决策过程——多臂赌博机问题提供了一个基本的贪婪解决方案，使读者对动作空间、状态转移、奖励、最优策略、马尔可夫过程、贝尔曼方程等基本的概念和推理有较深入的理解。第 5 章对强化学习进行了深入的介绍。第 6 章则侧重于状态估计，尤其是经典的贝叶斯信号估计理论和卡尔曼滤波。第 7 章对传感器网络定位、移动机器人定位以及 SLAM 技术与网络定位和导航进行了介绍。第 8 章介绍了基于贝叶斯网络的知识表示，以及智能体和机器人的一些基本规划和导航算法。第 9 章则对智能体传感器获取的各种模态数据的融合进行了探讨，尤其是视觉、激光雷达、超声等传感器的融合，并论述了采用决策树来对传感器获取的数据进行序列决策，最后从数据的隐私和安全角度对最新出现的联邦学习进行了论述，尤其是无线通信和无线网络中多智能体之间的联邦学习方式。本书最后第 10 章对实际应用中的多机器人系统进行了论述，尤其是从典型的车联网角度对任务分配、工厂自动化等问题进行了剖析，对网络化多智能体系统中的通信协议和问题进行了深入的论述。

从上述内容可知，本书涵盖知识范围广，涉及无线机器人实际应用中的方方面面，从基本的知识表达、推理，传感器知识获取、状态估计、最终决策，到通信协议、延迟和隐私与安全问题，以及机器学习和强化学习等机电、通信、计算机与人工智能各个方面的知识和算法，并配备了相关的实例和练习。相信本书对以上各专业的高年级本科生和研究生构建完整的知识体系以及入门人工智能领域都具有重要的作用，对实际的工程开发人员理解基本的智能体执行和操作原理也具有重要的参考价值。

由于译者水平有限，书稿中可能存在诸多不妥之处，有任何意见，请反馈至邮箱：shliu@hit.edu.cn。

最后，向在本书的翻译过程中提出宝贵意见的朱捷编辑表示诚挚的谢意。

刘绍辉

前　言

机器人技术已经发展了几十年。最初，机器人技术主要由控制工程和机械工程来处理。之后，引入了计算机工程，再后来，引入了更多的计算机科学，特别是人工智能(Artificial Intelligence，AI)。本书旨在包括更多的用于传感器和多机器人系统中的无线通信技术组件，来形成新的**无线机器人**的技术前沿。这些新的技术组件丰富了无线机器人领域中的人工智能，从而最终形成了本书的愿景。

本书初稿基于作者在南佛罗里达大学开设的一门新的研究生课程“Robotics and AI”的课堂笔记，非常适合那些仅仅只有一些本科阶段学习的概率论和矩阵代数的知识，以及一些基本的编程能力的一年级的研究生和高年级本科生。本书新在引入了增强用于机器人的人工智能的无线通信技术。因此，本书的英文书名是 *Artificial Intelligence in Wireless Robotics*。机器人有许多应用场景，本书主要关注自主移动机器人和需要无线基础设施的机器人，如(网络化的)智能工厂中的机器人。必须指出的是，机器人涉及多个学科的知识，主要包括电气工程、计算机科学、计算机工程和机械工程。考虑到篇幅问题，本书不会涵盖机器人技术的每个方面。相反，通过在机器人中引入人工智能和无线技术，本书主要为没有任何机器人方面先验知识的读者和学生而准备。

本书由 10 章组成。第 1 章介绍了机器人和人工智能的基础知识。第 2 章和第 3 章提供了人工智能搜索算法和机器学习技术方面的基础知识。第 4 章首先简要介绍了统计决策，然后介绍了马尔可夫决策过程。第 5 章主要介绍强化学习。第 2 章到第 5 章呈现较多的是人工智能的“计算机科学”方面的知识。第 6 章提供了估计的基础知识，有助于建立对机器人的信念，并开发更多的技术(通常跟无线技术相关)来丰富机器人中的人工智能。第 7 章进一步将估计知识应用到自主移动机器人(AMR)的一个关键问题——定位，这也与机器人姿态问题有关。第 8 章介绍可以进一步提高机器人智能水平的机器人规划。第 9 章首先面向机器人视觉问题，尤其是 AMR，然后考虑从多种传感器获得的信息进行多模态融合。第 6、7 和第 9 章，可以看作增强机器人中的人工智能的**信号处理**方法，更偏向于“电气工程”方面。第 10 章简要介绍了多机器人系统。

与通常对微型蜂群机器人进行研究不同，我们更关注协作机器人，其中每个机器人都具有良好的计算能力。第 10 章还提出了无线通信在机器人技术中潜在的重要作用，并对其进行了简要介绍。本书篇幅适中，涵盖了从无线到信号处理技术各方面的丰富知识。

在每一章的结尾，提供了参考文献供读者深入了解更多的细节。练习前用▶标记，计算机练习前用■标记。这些练习是帮助读者加深理解正文的完整组成部分。计算机练习通常需要付出很大的努力，但从课堂上学生的反馈来看，也有很多乐趣。它们还能极大地帮助你深入理解技术内容。请享受它们。

每个努力完成的项目都依赖背后大量的支持。我要感谢两位系主任 Tom Weller 和 Chris Ferekides，感谢他们让我关于这个主题开设一门新的研究生课程，感谢他们的鼓励和支持，我才得以将课堂笔记转化为书稿。在本书初稿的准备过程中，非常感谢我的研究生台湾大学的 Eisaku Ko 和 Hsuan-Man Hung，南佛罗里达大学的 Ismail Uluturk、Zixiang Nie、博士后 Amanda Chiang 和助教 Zhengping Luo，北京邮电大学的 Pengtao Zhao 和 Yingze Wang，以及本科生南佛罗里达大学的 Jose Elidio Campeiz 和凯斯西储大学的 Daniel T. Chen 的校对。当然，还要感谢来自南佛罗里达大学工程学院不同院系的研究生，他们选修了研究生课程 *Robotics and AI*，提供了大量有价值的反馈和评论，这必然地改善了本书的质量。2019 年在北京邮电大学，崔琪楣教授安排了一门暑假课程，允许我向 70 多名同学教授本书内容，这有助于我获得更多的反馈。当然，River 出版社的 Rajeev 和 Junko 在本书的最后准备中也帮助了我很多。最后，感谢我的妻子，没有她的关心，我不可能专注于写作。

陈光祯于佛罗里达州卢茨(Lutz)市

作译者简介

作者简介

陈光祯博士自2016年至今一直是南佛罗里达大学电气工程系的教授。从1987年到2016年，陈博士曾任职于SSE、美国通信卫星公司、IBM沃森研究中心、台湾清华大学、惠普实验室、台湾大学移动通讯与网络研究所。他曾访问代尔夫特理工大学(1998年)、奥尔堡大学(2008年)、韩国成均馆大学(2013年)和麻省理工学院(2012～2013年，2015～2016年)。2001年，他创立了一家无线集成电路设计公司，之后被联发科公司收购。他一直积极组织、参与各种IEEE会议并担任IEEE期刊的编辑工作(最近担任《IEEE通信杂志》"通信中的数据科学和AI"专题编辑)，并为IEEE协会，尤其是通信、车辆技术和信号处理分会提供志愿服务，并发起成立社交网络技术委员会。陈博士还为各种国际标准贡献了关键技术，即IEEE 802无线局域网、蓝牙、LTE和LTE-A、5G-NR以及ITU-TFG ML5G。他撰写或合作撰写了超过300篇IEEE论文，出版了4本书，分别由Wiley和River出版社出版，并拥有24项美国专利。他是IEEE会士，获得了许多奖项，包括2011年IEEE COMSOC WTC识别奖、2014年IEEE Jack Neubauer纪念奖、2014年IEEE COMSOC AP杰出论文奖。陈博士目前的研究兴趣包括无线网络、人工智能和机器学习、物联网、信息物理系统，社交网络和数据分析，以及网络安全。

译者简介

刘绍辉，男，博士，哈尔滨工业大学计算学部，计算机科学与技术学院，副教授，博士生导师。他曾任哈尔滨工业大学计算机学院青年教师论坛主席，曾作为访问教授和CSC国家公派访问学者分别于2012年和2013年访问韩国世宗大学和美国密苏里哥伦比亚大学。他的主要研究方向为：计算机视觉、人工智能、图像处理、多媒体内容安全等。他是IEEE Trans. PAMI、IFS、FS、CSVT、IP、MM、Cybernetics、ACM Trans. TOMM等30余种知名国际期刊的审稿人。他曾先后主持和参与国家自然科学基金，国家242信息安全计划，973子课题等三十多项与多媒体内容分析与理解、计算机视觉、人工智能相关的科研项目，发表国内外刊物和会议学术论文130余篇，获省部级科技二等奖四项，教学一等奖一项。

目　录

第1章 人工智能和机器人概述

人工智能技术和相关领域的进展已经为健康、教育、能源、经济融合、社会福利和环境等关键领域的进步开拓了新的市场和机遇。近年来，机器在一些与智能相关的任务中的表现(例如图像识别方面)已经超越了人类的水平。专家预测，在一些特定领域人工智能将持续快速发展。尽管在接下来的20年内，在更广泛意义上适用的智能方面，机器将不可能展现出与人类相当或超过人类的表现，但可以预见机器的表现将在越来越多的任务中达到并超越人类的表现。

在未来的几年中，AI驱动的自动化将持续创造财富并扩展美国经济。但是，在许多人受益的同时，这种增长也不是没有代价的，它将伴随着工人在经济中取得成功所需技能的变化，以及经济中的结构性变化……

美国总统行政办公室，2016年12月20日

1.1 人工智能、控制论和机器人学的基础知识

人工智能一般认为是有智能行为的可计算智能体的综合和分析。智能体可以是一台机器，也可以是任何可执行操作的计算实体。人工智能的科学目标是理解在自然或人工系统中促进智能行为的原理，具有以下主要的功能：

- 自然和人工智能体的分析。
- 制定或测试假设，以构建智能体。
- 设计、建立、试验执行智能任务的计算系统。

例：一个数字通信接收机就是一个智能体，通过处理接收的波形来确定传输的数字信号的假设(比方说，H_0 和 H_1)。这并不奇怪，自从20世纪80年代以来，工程师使用(计算机)处理器或数字信号处理器实现了通信接收机，数字信号处理器是一种专用的高性能处理器，其处理能力甚至可以达到每秒百万条指令(MIPS)或每秒浮点运算次数(FLOPS)。

例：触摸面板作为人机界面的计算机智能体在很多情况下都很常见，例如图 1.1 中的航空公司值机和银行业中的 ATM 机。

图 1.1　负责航空公司值机的计算机智能体

例：用机器人来缓解对人类劳动力的需求被认为是极具潜力的应用，例如智能制造。图 1.2 展示的是摘取草莓的机器人。

图 1.2　摘取草莓的机器人被认为挽救了农业，http://www.wbur.org/npr/592857197/robots-are-trying-to-pick-strawberries-so-far-theyre-not-very-good-at-it

在 1945 年由冯·诺依曼架构引发人类第一台存储程序的计算机问世之前，人工智能的概念就被提出了，具有讽刺意味的是，这要归功于战争技术的需要。在第二次世界大战期间，人工智能的根源就以不同的方式被培育，但其目的是提供技术优势以赢得战争。其中，最著名的先驱可能是艾伦·图灵(1912—1954)和诺伯特·维纳(1894—1964)。

艾伦·图灵创造了著名的**图灵机**计算模型，据信该模型解码了复杂的 Enigma 密码机。此外，图灵测试被广泛用于测试可计算的机器是否具有人工智能。

例：图灵测试由一个模仿游戏组成，游戏中包含两个角色，询问者和证人，询问者可以问证人任何问题。如果询问者不能区分证人和人，则证人必定是智能的。最初的测试是通过文本界面这种人机界面进行的。今天，如果你想从数字图书馆下载一篇论文或从电子邮件通知中下载一份银行对账单，我们将使用遵循图灵测试原理的图像测试来确保你不是一个穷举尝试的机器人。如图 1.3 所示的这种测试在现代网络安全中发挥着根本性作用。

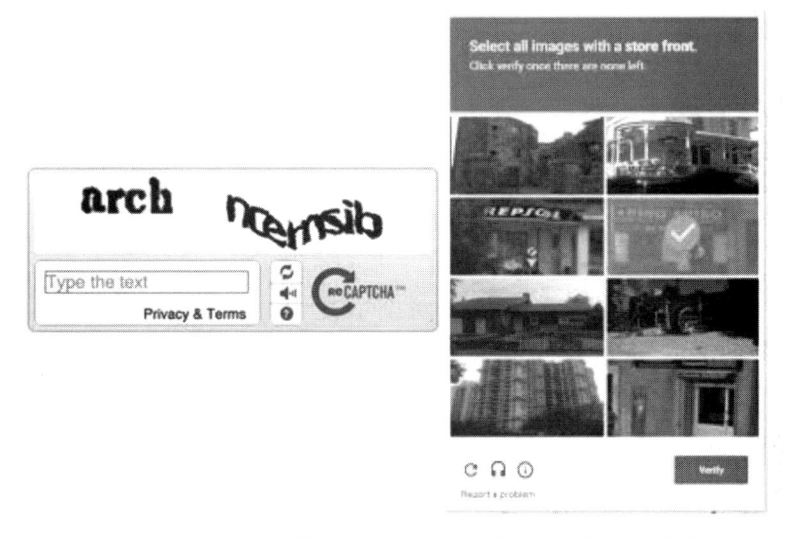

图 1.3　“我不是机器人”字母测试例子(左)和使用图像来测试的谷歌的验证码服务系统 reCAPTCHA(右)

除了对平稳随机信号进行最优滤波的维纳滤波器外，维纳还创立了**控制论**。根据他在 1948 年的最初定义，该理论处理动物中和机器中的控制与交流。最先进的控制论可以被视为与机器人技术密切相关的任何系统的自动化和控制。回到第二次世界大战，德国的弹道导弹 V-1 和更成熟的 V-2 被认为是第一种成功运用的军事机器人。自动控制作为控制论的中心出现。在电子计算机发明之后，计算迅速地融合控制和通信成了控制论，在技术发展过程中，自动化和人机交互仍然令人高度关注。

3

维纳认为，第一次工业革命由于机械设备竞争而使人类手臂(体力)贬值。第二次工业革命使人类大脑(脑力)贬值，至少在一些更简单、更灵活的路线决策方面是如此。

制造业中的装配线就是一个很好的例子。人们普遍认为，电脑的引入，尤其是个人电脑以及互联网的引入，引发了第三次工业革命，取代了许多简单的专业任务，例如Excel这样的电子表格，极大地简化了计算和会计工作。当将人工智能引入技术解决方案中时，许多人认为将会发生第四次工业革命(即工业4.0)，这将在第10章中稍稍提及。

4

普林斯顿大学博士约翰·麦卡锡在搬到斯坦福大学后，定居在达特茅斯学院。麦卡锡说服明斯基、克劳德·香农和纳撒尼尔·罗切斯特把对自动机理论、神经网络和智能研究感兴趣的美国研究人员聚集在一起，于1956年夏天在达特茅斯召开了为期两个月的研讨会。这被视为人工智能的正式诞生。经过多年的发展，罗素和诺维格在*Artificial Intelligence: A Modern Approach*一书中指出了人工智能的四种类型：

- 类人思考：像人一样思考
- 类人行动：像人一样行动
- 理性思考：合理地思考
- 理性行动：合理地行动

在机器人、工业4.0、智能制造和自动系统/机器的应用场景下，本书中我们主要关注“理性行动”，一般不包括语义计算和智能。

要充分理解机器人和人工智能的知识，需要涉及数学方面的三个分支：

逻辑：**算法**这个词和概念来自9世纪的一位波斯数学家。从布尔开始，到19世纪后期，数学家一直在努力将一般的数学推理形式化为逻辑演绎。

计算：哥德尔**不完全性定理**的知识意味着一些函数不能用算法来表示，也就是说，是不可计算的。这激发了艾伦·图灵试图去精确描述哪些函数是**可计算的**(即能够被计算)，并指出图灵机能够计算任何可计算的函数。然后，**可解性**(tractability)产生了更大的影响。如果解决问题实例所需的时间随着实例的大小呈指数增长，这样的问题称为难解的(untractable)。**NP完全性理论**提供了一种识别难解问题的方法。

概率和统计：人工智能，尤其是机器人，必须处理认知和决策中的不确定性，而概率建模在这方面变得非常有用。假设检验与估计是统计问题的主要范畴，它为推理的决策、统计感知、交流、控制和计算奠定了基础。

5

1.2 智能体

在广泛的人工智能领域中，智能体上的人工智能是最有趣的，并与机器人技术有关。一个智能体在环境中行动，并且具有感知、推理和行动的能力。如果智能体是一个机器人，感知通常是通过一些传感器(如摄像头或雷达)来辅助完成；行动依赖于执行器；推理通常由执行机器学习和决策的计算引擎来实现。图1.4展示了机器人的这种场景。本书余下部分重点关注设计智能体和它们的交互成为一个**多智能体系统**所需要的知识。

一个智能体和环境一起称之为一个**世界**。除了物理机器人之外，一个由人类提供感知并执行任务，由设备提供计算能力的智能体是一个**专家系统**。有程序在纯粹的计算环境中运行的智能体称为软件智能体。图1.4也适用这个概念。

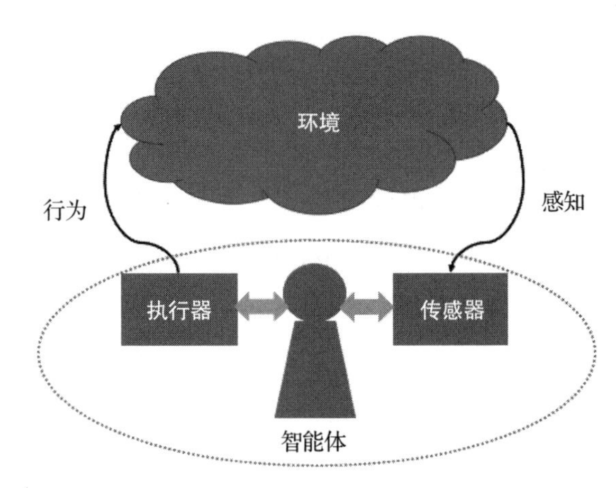

图1.4 智能体与环境交互

1.2.1 合理性的概念

在我们的范围内，智能体合理地行动，这意味着合理的智能体应该做正确的事情。基于智能体对环境状态的感知(这可能不是环境的真实状态)，一个合理的智能体做出正确的决定或执行正确的动作来响应环境。根据智能体所决定的动作，执行器与环境进行交互，请注意，在实际工程中可能并不是很精确。智能体的人工智能的核心问题是对于这种合理的智能体如何执行正确的动作。

6

从**统计决策理论**可知，合理决策应该考虑决策的**结果**和与决策过程相关联的**先验概率**。结果可以用**性能度量**来表示。结果的性能度量可以用不同的方式命名，但为了便于计算，通常首选真实值映射的存在性。由于不确定性，通过引入概率或统计手段，合理的智能体通常会最大化**期望的性能**。

博弈论：在冯·诺依曼和摩根斯特恩的先驱性探索中，效用被引入作为决策的性能衡量标准。**效用函数** u 通过为每个结果 $x \in \mathfrak{X}$ 分配一个效用值 $u(x) \in \mathbb{R}$ 来对性能进行建模。为了对状态的不确定性进行建模，假设状态空间 $\mathfrak{S}$ 上的概率分布为 p，这就是因冯·诺依曼和摩根斯特恩而闻名的**风险决策**。这种分布可以通过客观统计或主观认知来获得。基于观测 x 来表示决策 a，从而可得**期望效用**为

$$\mathbb{E}U = \sum_{s \in \mathfrak{S}} p(s) u[a(s)] \tag{1.1}$$

统计估计：在参数估计中，令 $\hat{\theta}$ 为 θ 的估计，**损失函数** L 定义如下，然后取期望 $\mathbb{E}[L]$。

- 二次损失：$L(\theta, \hat{\theta}) = (\theta - \hat{\theta})^2$
- 绝对值损失：$L(\theta, \hat{\theta}) = |\theta - \hat{\theta}|$
- 截断二次损失：$L(\theta, \hat{\theta}) = \min\{(\theta - \hat{\theta})^2, d^2\}$

类似地，在统计决策中，我们有时使用风险函数来代替损失函数。

数字通信：使用统计中的假设检验设计一个二元数字通信接收器来检测信号“1”或“0”。传输“0”而检测为“1”的**代价**通常设为 1，表示一个错误。相似地，当传输“1”而检测为“0”的代价也设为 1，亦表示一个错误。在这种意义上，性能度量就是二元数字通信系统的**位错误率**(Bit Error Rate，BER)。

请注意，最好根据相应环境的实际需求来设计性能度量指标，而不是根据希望智能体在环境中的行为来设计性能度量指标。

1.2.2　系统动力学

任何人工智能系统通常在时间上都是动态的，尤其是在机器人领域。根据经典力学，物理对象的运动可以用六个**自由度**来表示：(a)三维空间的位置 x、y、z；(b)绕 x 轴、y 轴、z 轴的旋转角度，即 θ_x、θ_y、θ_z。牛顿力学统治着这种系统动力学的解析描述。

系统模型可用如下的实值函数表示为：

$$S: X \to Y \tag{1.2}$$

图 1.5 描述了这个表达模型，其中 S 表示系统，x，$y \in \mathbb{R}$。这样一个输入输出均为函数的系统盒称为**行动者**(actor)。

直观上，如果系统的输出仅仅依赖当前和过去的输入，则称系统是**因果的**。如果叠加性成立则系统是线性的，即 $\forall x_1$，$x_2 \in X$，$\forall a$，$b \in \mathbb{R}$，

$$S(ax_1 + bx_2) = aS(x_1) + bS(x_2) \tag{1.3}$$

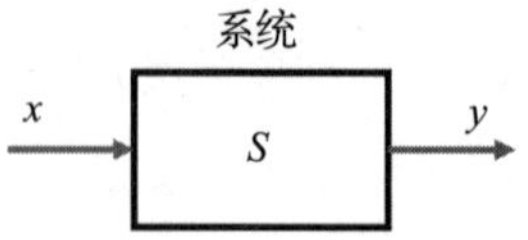

图 1.5　系统的行动者模型

如果 S 是线性的，并且不随时间而变化，则系统是**线性时不变**(Linear Time-Invariant，LTI)系统。系统输入和输出都是有界的，则称系统是**稳定的**。图 1.6 表示一个反馈系统，**误差信号**(也就是输入和反馈之间的差)实际上反馈到 S 中。在控制工程中普遍采用这样的系统结构来使系统稳定。

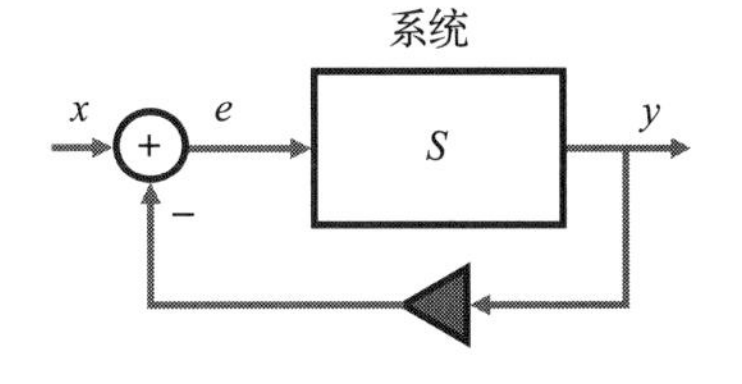

图 1.6　反馈系统

8

在本书或系统工程中，一直采用**状态**(state)这一概念。系统的状态直观上定义为特定时间点上的状况。状态一般会影响系统对输入的响应方式。一个**状态机**形成一个系统模型，它具有从输入到输出的离散动态映射响应。如果状态集是有限的，那么状态机就是**有限状态机**(Finite-State Machine，FSM)。基于状态机的**状态转换图**可以很好地表示系统的动态。这些状态通常被描述为矩形或圆形，而条件/动作通常被描述为有向弧。下面的示例描述了一个 FSM 状态转换图的例子。

例：认知无线电被认为是一种具有智能能力的无线电终端，在发射前感知频谱可用性。默认状态处于“接收”模式。如果有数据包要传输，无线电终端首先感知频谱机会(即频谱可用性)，进入“感知”模式。如果存在频谱机会，无线电就转向“传输”模式。一旦传输完成，系统又回到“接收”模式。如果没有频谱机会，它就停留在“感知”模式。如果传输失败而终端知道了，它就退回到“感知”模式。图 1.7 总结了认知无线电 FSM 的状态转换图。

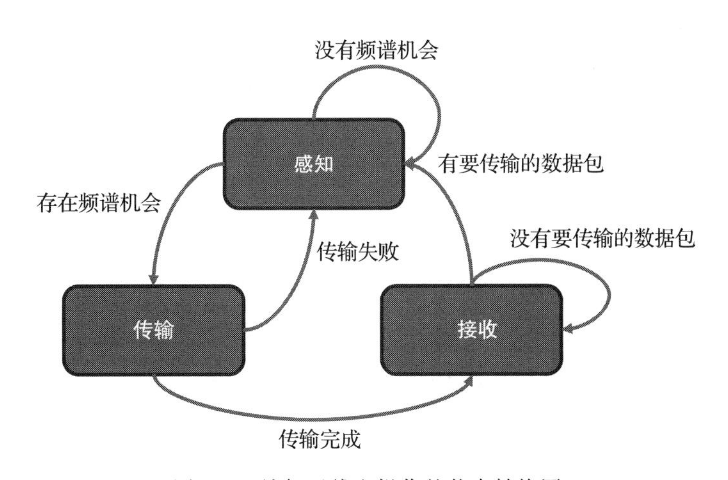

图 1.7　认知无线电操作的状态转换图

注：FSM 的概念在计算、计算的数据流、逻辑操作或电路、软件流、控制和通信

或网络中都有用。我们在后续章节中也将用到。

1.2.3 任务环境

智能体要采取正确的动作，与传感器对环境状态的检测有关。如果传感器可以检测到与选择动作相关的所有方面，那么任务环境是有效的**完全可观测的**(fully observable)，相关性依赖于性能度量。完全可观察环境的优点意味着在学习和决策过程中，不需要智能体来保持环境的内部状态。然而，由于环境中的目标过程可能是**隐含的**，或者传感器有噪声或不准确，因此环境是**部分可观测的**。在某些情况下，环境可能是**不可观测的**，但仍然有可能实现智能体的目标。

9

在一系列独立事件组成的任务环境中，智能体的体验由独立事件原子组成。在每一个事件中，智能体接收感知，然后执行动作。至关重要的是，下一事件并不取决于前一事件中所采取的动作。例如，装配线上的机器人以偶发的方式工作。然而，在连续环境中，当前的决策可能会影响未来的决策。例如，国际象棋智能体在连续环境中下棋。在这两种情况下，短期动作都可能产生长期后果。智能体在独立事件或实例中的决策集合称为它的**策略**。

为了使智能体能够制订智能动作并有效地进行计算，引入了**状态空间**的概念。**状态**中的信息允许对动作有用的预测描述。一个适当的动作可以通过搜索整个状态空间来获得，或者通过下述假设下的任何计算有效的方法来达到类似的目的：

- 智能体对状态空间有完全的了解，并且有观察状态的计划(即完全可观测性)。
- 智能体知道动作的后果。
- 存在对智能体的性能度量，以确定一个状态是否满足其目标。

10

解或解决方案是一个动作序列，这些动作允许智能体从当前状态到达满足其目标的状态。

例：假设一个送货机器人将包裹从 ENB 118 房间送到目的地 ENB 245 房间。当前和启动(或初始)状态是 ENB 118，ENB 245 是其完成任务时的状态。状态 s_n 可以被定义为 ENB 楼中某个房间(编号为 n)前面的位置，初始状态为 s_{118}，目标状态为 s_{245}。动作 a_1 表示移动到下一个房间，动作 a_0 表示目标状态的停止。交付任务的评估是实现目标的步骤。

一个状态空间问题一般包括：

- 状态集。

- 开始状态(或者初始状态)。
- 每种状态下智能体可执行的动作集合。
- 目标状态，可指定为一个布尔函数，当状态满足目标时为真。
- 确定可接受的解决方案(例如，送货机器人完成任务的时间)质量的标准。

状态空间法是许多机器人问题建模的有效方法。

▶**练习：** 考虑图1.8中所示的平衡杆问题，假设我们仅考虑平面场景，这意味着平台只能按照0，1，2，3，4，5m/s这几种可能的速度左右移动，并且质量均匀的杆也只能顺时针或逆时针移动。假设平台可以精确获取均匀密度(从而重量分布均匀)杆的角度。请设计一个强化学习算法来平衡这根杆。为便于计算，假设重力加速度 $g=10\mathrm{m/s^2}$，且无摩擦力。请为这个动态系统定义一个适当的状态空间。

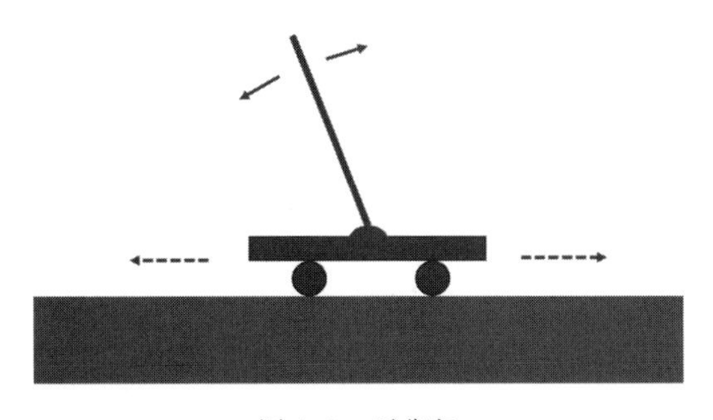

图1.8 平衡杆

11

1.2.4 机器人和多智能体系统

机器人通常被认为是物理智能体，通过操纵物理世界执行动作来完成任务。通过适当的物理网络接口，机器人在某些情况下可以成为软件智能体。一般来说，机器人有以下硬件。

- 传感器：传感器是机器人与环境之间的感知接口。被动传感器捕捉环境中各种信号源(如摄像机和温度计)产生的真实信号。主动传感器则向环境中发送探测信号，通过对反射信号的分析来捕获环境信息，如雷达、激光雷达(light detection and ranging，lidar)、声呐等。基于距离感知的位置传感器是另一类传感器，如全球定位系统(Global Position System，GPS)接收器。最后一类传感器是**本体感受传感器**，它向机器人提供有关其运动的信息(例如里程计，用来测量运行里程)，像惯性传感器一样补充GPS的功能。
- 执行器或效应器：执行器为机器人提供对环境做出反应的手段。特别是，效应器允许机器人移动或改变其形状，这可以通过**自由度**的概念来理解。6 轴机器人手臂如图 1.9 所示。

- 板载计算：机器人配备了计算核心，根据传感器收集到的信息执行动作。这种板载计算有助于实现人工智能的功能。
- 通信/网络设备：目前的机器人通常有有限的通信功能，如从传感器收集数据的无线通信。智能体之间的通信和联网还处于初级阶段[⊖]。

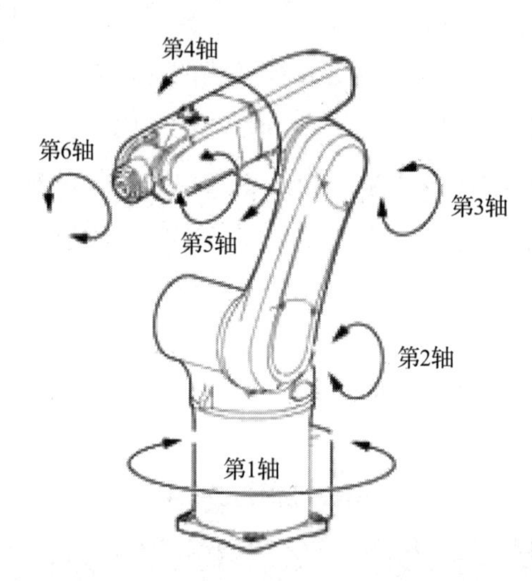

图 1.9 6 轴机械臂，https://robotics.stackexchange.com/questions/12213/6-axis-robot-arm-with-non-perpendicular-axes

由于环境的真实状态可能无法被直接观测到，板载计算的主要任务是根据当前的**信念状态**和新的观测结果递归地更新(或估计)其信念状态，从而执行适当的动作。设 $\boldsymbol{X}_t$ 为 t 时刻环境的状态(向量)，$\boldsymbol{Z}_t$ 为 t 时刻获得的观测(向量)，$\boldsymbol{A}_t$ 为获得 $\boldsymbol{Z}_t$ 后采取的动作。信念状态的更新可以通过下式来实现：

12

$$P(\boldsymbol{X}_t \mid \boldsymbol{z}_{1:t+1}, a_{1:t}) = \alpha P(\boldsymbol{z}_{t+1} \mid \boldsymbol{X}_{t+1}) \sum_{\boldsymbol{x}_t} P(\boldsymbol{X}_{t+1} \mid \boldsymbol{x}_t, a_t) P(\boldsymbol{x}_t \mid \boldsymbol{z}_{1:t}, a_{1:t-1}) \tag{1.4}$$

这意味着状态变量 $\boldsymbol{X}$ 在 $t+1$ 时刻的后验概率是根据前一时刻的相应估计(即预测)递归计算得到的。概率 $P(\boldsymbol{X}_t \mid \boldsymbol{z}_{1:t+1}, a_{1:t})$称为机器人的**转移模型**或**运动模型**，$P(\boldsymbol{z}_{t+1} \mid \boldsymbol{X}_{t+1})$ 表示**传感器模型**。

智能机器人的一个很好的例子是一辆由各种传感器(如激光雷达、雷达、摄像头)、

⊖ 见本章参考文献[1]。

效应器和车载电源计算组成的自动驾驶汽车，如图 1.10 所示。

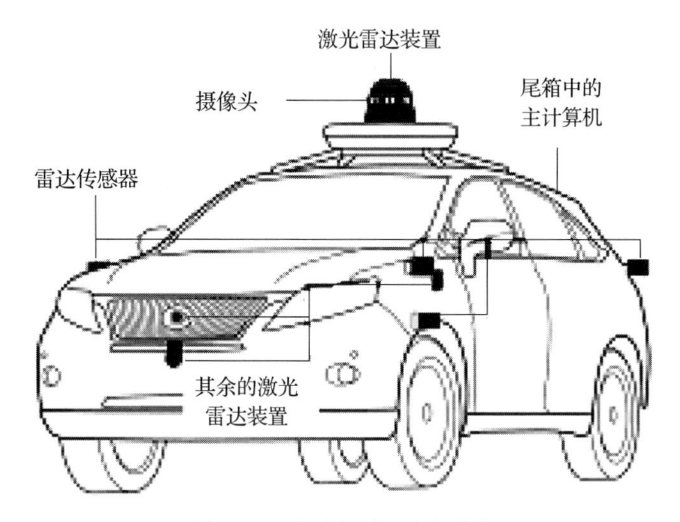

图 1.10　自动驾驶汽车的装备

来源：纽约时报

▶**练习：** 查普曼(Chapman)打算设计一种能对人类语言指令做出反应的机器狗，这些指令包括坐、立、左、右、走、停、后退。你能为这样的机器狗设计硬件和软件架构吗？

到目前为止，我们只考虑了单个智能体。然而，一个系统可能涉及多个相互作用的智能体，称为**多智能体系统**(Multi-Agent System，MAS)。例如，街道上的许多自动驾驶汽车、智能工厂装配线上的机器人，或者会下棋的智能体。这些智能体的角色可以是互动的、协作的或竞争的。智能体之间可能存在通信，特别是理性的智能体。网络 MAS 将为本书后面的章节提供一个新的探索领域。

1.3　推理

人工智能的第一个技术成果是逻辑结构的推理，基于规则的操作可以直观地促进这一过程。让我们继续做以下工作。通常情况下，不是根据状态进行显式推理，而是通过可以被定义为执行**变量**的**特征**来描述状态。**代数变量**表示在可能的世界中特征的符号。每个代数变量 X 都有一个相关的**定义域**，表示为 dom(X)。

例： 布尔变量的定义域为{true，false}。

给定一组变量，在一个函数中对一组变量的**赋值**是指从变量到定义域(变量的)的映射。**总赋值**是对所有变量的赋值。在一个总赋值上可以定义一个可能的**世界**。

例：变量 ClassTimeMon 表示周一一节课的开始时间。

dom(ClassTimeMon)＝{8，9：30，11，12：30，14，15：30，17}

例：假设两个变量 A 和 B，且 dom(A)＝{0，1，2}，dom(B)＝{t，f}。则存在 6 种可能的世界。

$$w_0=\{A=0,\ B=t\}$$
$$w_1=\{A=1,\ B=t\}$$
$$w_2=\{A=2,\ B=t\}$$
$$w_3=\{A=0,\ B=f\}$$
$$w_4=\{A=1,\ B=f\}$$
$$w_5=\{A=2,\ B=f\}$$

14

在很多定义域中，并不是所有可能的变量赋值都是允许的。一个**约束**规定了对某些变量赋值的合法组合。一组变量可以看作一个**作用域** S。S 上的**关系**是一个函数，定义从作用域 S 上赋值到{true，false}，从而指定了每次赋值是不是允许的。**约束** c 由作用域 S 和 S 上的关系组成。一个可能的世界 w 满足一组约束，而这个可能的世界是约束的一个**模型**。

例：在一个智能工厂里，一条自动化装配线上有三个机器人，一个机器人打孔，另一个机器人拧紧连接器，最后一个机器人检查连接。这些机器人装配一个产品的起始时间可以用变量 D，S，I 来表示，并且钻孔任务需要 n_D 个时间单位，拧紧任务需要 n_S 个时间单位。可以直接得到下列约束：

$$D<S<I$$
$$S=D+n_D$$
$$I=S+n_S$$

约束可以根据逻辑运算公式的扩展来进一步进行定义。

例：在前面关于周一课程开始时间的例子中，除了 17:00 开始的课是 150 分钟外，其余每节课的时间都是 75 分钟。教授 p_1 的课分别从 8:00 和 15:30 开始；教授 p_2 的课分别从 11:00 和 15:30 开始；教授 p_3 的课从 14:00 开始；教授 p_4 的课分别从 8:00 和

17:00 开始；教授 p_5 的课分别从 9:30 和 11:30 开始。系主任想要组织一次 2 小时 15 分钟的会议，可能的时间段是 8:30～10:45，10:00～12:15，12:00～14:15，14:30～16:45。我们怎样才能找到大多数教授，以及超过一半的教授能出席的尽可能合适的会议时间呢？当然，方法应该适合计算。

解：首先，我们定义变量 A 为 8:00 开始的课程，接下来各时间开始的课程分别定义为 B，…，G。我们进一步定义 ψ_i，$i=1$，…，5 表示教授 p_i 不可用的时间段。则有

$$\psi_1 = A \wedge F$$

$$\psi_2 = C \wedge F$$

$$\psi_3 = E$$

$$\psi_4 = A \wedge G$$

$$\psi_5 = B \wedge D$$

15

对于包括课时 $A \vee B$ 的时间段 8:30～10:45(即 T_1)，我们设定其指示函数为 $\mathbb{I}_i = \neg[\psi_i \wedge (A \vee B)]$，$i=1$，…，5，表示在这个时间段内教授 p_i 是否可参加。然后，在时间段 T_1 能出席会议的教授人数为

$$N_{T_1} = \sum_{i=1}^{5} \mathbb{I}_i \tag{1.5}$$

类似地，我们可以得到所有时间段的结果，并且确定只有 T_2 10:00～12:15 是一个好选择，因为只有 $N_{T_2} \geqslant 3$。因此，这个约束问题可以由逻辑运算来求解，它服务于最简单形式的人工智能问题。■

上面的例子在我们的日常生活中很常见，但是如果探索计算复杂度，实际上比它看起来更复杂。解决上面例子的一个流行方法是为每个潜在的参与者设置一个调查问卷，就像网站 doodle. com 正在做的那样。主持人(即本例中的系主任)设置可能的时间段，并让每个参与者回答是否有空，然后计算机通过计算得出统计结果以得出结论。请注意，上述解决方案完全遵循这种方法，除了回复每个潜在参与者是否有空通常是由人类智能来完成的以外，这里上述求解是根据逻辑运算来执行的。

1.3.1　约束满足问题

调度问题实际上可视为一个**约束满足问题**(Constraint Satisfaction Problem，CSP)，包括：

- 一组变量
- 每个变量的定义域
- 一组约束

我们可以使用下面的例子来理解 CSP。

例(配送机器人)：配送机器人配送物品 a、b、c、d、e，并且每次配送可在 t_1、t_2、t_3、t_4 四个时刻里面的某个时间发生。用变量 A、B、C、D、E 分别表示配送物品 a、b、c、d、e 的时刻。变量 A、B、C、D、E 的定义域为

16

$$\mathrm{dom}(A)=\{t_1, t_2, t_3, t_4\}$$

$$\mathrm{dom}(B)=\{t_1, t_2, t_3, t_4\}$$

$$\mathrm{dom}(C)=\{t_1, t_2, t_3, t_4\}$$

$$\mathrm{dom}(D)=\{t_1, t_2, t_3, t_4\}$$

$$\mathrm{dom}(E)=\{t_1, t_2, t_3, t_4\}$$

假设我们需要满足的约束如下：

$$\{(B\neq 1), (C\neq 4), (A=D), (E<B), (E<D), (C<A), (B\neq C), (A\neq E)\}$$

▶**练习**：给定上述设置，请回答下列问题：

(a) 问题有模型吗？

(b) 如果有，请给出一个模型。

(c) 我们可以设计多少个模型？

(d) 请给出所有模型。

(e) 如果提供合适的性能度量，最好的模型是什么？一个可能的性能度量是需求时刻的最小数目。

赋值空间 $\mathfrak{D}$ 表示所有赋值的集合。在配送机器人例子中，赋值空间是

$$\mathfrak{D}=\{(A=1, B=1, C=1, D=1), (A=1, B=1, C=1, D=2), \cdots, \cdots, (A=4, B=4, C=4, D=4)\}$$

一个有限 CSP 直观上可通过穷举**生成与测试算法**来求解。以配送机器人为例，需要测试 $|\mathfrak{D}|=4^5=1024$ 种不同的任务，并会随配送物品数目而呈指数增长，显然，在计算上不具有可伸缩性。如果 m 各变量定义域的每个集合大小为 d，则 $\mathfrak{D}$ 有 d^m 个元素需要测试。如果存在 c 个约束，则穷举测试的总数为 $O(cd^m)$，很容易就变为不可计算的。因此，需要一种智能方法。

通常，最直接的方法是进行有效的搜索来解决问题，而**搜索**通常被认为是人工智能的一项核心技术。特别地，由线性约束函数组成的 CSP 形成了一类**线性规划**(LP)问题。

17

1939 年，俄罗斯数学家列奥尼德·康托罗维奇(Leonid Kantorovich)首先系统地研究了线性规划。对于线性规划问题，约束必须是构成凸集的线性不等式，目标函数也必须是线性的。线性规划的时间复杂度是变量数的多项式。线性规划可能是最广泛研究和使用的一类优化问题。它是更一般的**凸优化**问题的一个特例，其中的约束区域是任意凸区域，目标函数在约束区域内也是凸的。在一定条件下，即使有上千个变量，凸优化问题也是多项式可解的，并在实践中也是可行的。

例(地图着色)：美国大陆有 48 个州。我们想给每个州涂一种颜色，并且相邻州必须使用不同的颜色。这也是一个 CSP 约束满足问题。

着色地图问题有一个更深层次的版本，即绘制任何地图的最小颜色数是多少，这在**图论**中被称为**四色问题**。图论为理解许多与机器人相关的人工智能问题提供了一种有用的方式。

1.3.2　通过搜索来求解 CSP

我们回到高效求解 CSP，首先要注意：

(a) 由于每个约束只涉及变量的一个子集，一些约束可以在所有变量赋值之前进行测试。

(b) 只要局部赋值与单个约束不一致，任何扩展该局部赋值的整体赋值也是不一致的。

以配送机器人为例，赋值($A=1$，$B=1$，$C=1$，$D=1$)与约束 $B\neq C$ 不一致。这种不一致可以在任何值赋值之前被发现，从而减少计算量。

类似于前面介绍的状态转移图的概念，我们可以利用一个数学工具——**图论**，来更系统地检查此类问题的泛化问题。

18

知识框(图论基础)

变量之间的关系数学上可以用**图**来描述。一个图由**顶点**集合 $\mathcal{V}$ 和**边**集合 ε 组成。数学上，我们将其写为 $\mathcal{G}=(\mathcal{V},\ \varepsilon)$。在图 $\mathcal{G}$ 中，顶点的数目称为图 $\mathcal{G}$ 的**阶**，边的数目称为它的**大小**。节点连接的边的数目称为这个节点的**度**。

定理(握手引理)：令图 $\mathcal{G}$ 阶为 n，大小为 m，顶点为 v_1，…，v_n。则

$$\deg(v_1)+\cdots+\deg(v_n)=2m \tag{1.6}$$

一种特殊的图称为**树**，在设计高效算法的时候非常有用。

定义：无环的连通图称为**树**，树中度为 1 的顶点通常称为**叶子**。

注：叶子可以看作终端节点。根节点可以看作原始或起点/节点。

定理：当且仅当图 G 的任意两个顶点仅有一条路径连接时，图 G 是树。

定理：每棵至少有两个顶点的树至少有两个叶节点。

定理：每棵有 n 个顶点的树都有 $n-1$ 条边。

推论：如果 T 是一棵 n 阶、大小为 m 且顶点为 v_1，v_2，…，v_n 的树，则

$$\deg(v_1)+\deg(v_2)+\cdots+\deg(v_n)=2m=2(n-1) \tag{1.7}$$

一种计算效率更高的方法是构造一个搜索空间，然后采用合适的搜索算法。建立搜索空间的一种典型方法是建立图，这在配送机器人的例子中很有用。图搜索定义如下：

- 开始节点是空赋值(即没有赋值给任何变量)。
- 节点表示对变量子集的赋值。
- 目标节点是为每个变量赋值的节点，这种赋值满足所有约束，即是一致的。
- 节点 n 的邻居节点是通过选择一个没有在节点 n 中赋值的变量 Y 来获得的，并且给 Y 的每个赋值不违反任何约束。也就是说，假设节点 n 赋值为 $\{V_1=v_1, \cdots, V_k=v_k\}$。为了找到节点 n 的邻居节点，选择 $Y\notin\{V_1, \cdots, V_k\}$。$\forall y\in \mathrm{dom}(Y)$，$\{V_1=v_1, \cdots, V_k=v_k, Y=y\}$并不违反(即具有一致性)约束，则节点$\{V_1=v_1, \cdots, V_k=v_k, Y=y\}$是节点 n 的一个邻居节点。

19

知识框(有向图中的搜索)

我们也对**有向图**感兴趣。有向图由节点集合 $\mathcal{N}$ 和弧集合 $\mathcal{A}$ 组成，其中**弧**是一对有序的节点。弧$\langle n_1, n_2\rangle$是自 n_1 的**出弧**和至 n_2 的**入弧**。弧$\langle n_1, n_2\rangle$也表示 n_2 是 n_1 的邻居，但反过来不一定成立。

从节点 s 到节点 t 的**路径**是使得 $s=n_0$，$t=n_k$ 的节点序列$\langle n_0, n_1, \cdots, n_k\rangle$，或者弧序列，$\langle n_0, n_1\rangle$，$\langle n_1, n_2\rangle$，…，$\langle n_{k-1}, n_k\rangle$。**目标**(goal)是一个关于节点的布尔函数。如果目标 goal(n)为真，则节点 n 满足目标，且 n 是目标节点。

图 1.11 展示了图搜索的一般情况。对人工智能来说，地图上的有效搜索是一个核心问题。下一章将介绍更基本的搜索算法。

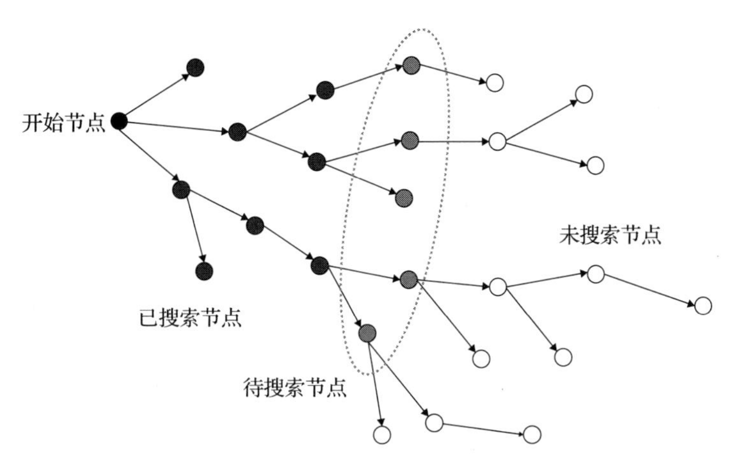

图 1.11　通过图搜索来进行问题求解

在许多情况下，我们感兴趣的是目标节点，而不是从开始节点开始寻找解决方案的路径。我们可以使用约束来移除节点或路径的可能性，从而获得解。

例(配送机器人续)：接续前面的配送机器人实例，考虑图 1.12 中由交叉符号表示的约束，我们构造 $A=2$ 的一棵子树。

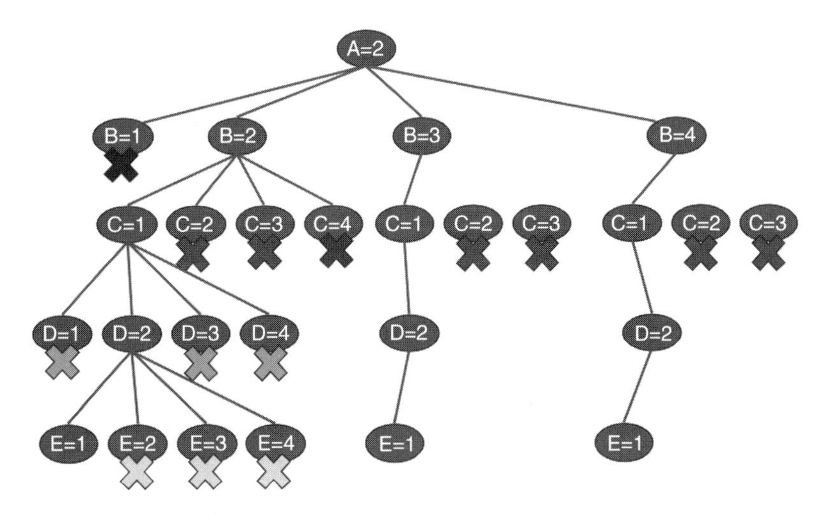

图 1.12　CSP 搜索树的部分图解(附彩图)

- $B \neq 1$：深红色交叉

- $C \neq 4$：红色交叉
- $C < A$：绿色交叉
- $A = D$：橘色交叉
- $E < D$：黄色交叉

因此我们根据深度，按照 $A \to B \to C \to D \to E$ 的顺序来搜索，这是**深度优先搜索**的一个20例子。我们将在后一章中进一步研究。

▶**练习**：配送机器人的例子中，

(a) 求解(例如，生成与测试)中搜索整棵树需要多少次逻辑操作？

(b) 如图 1.12 所示，对于 $B \neq 1$，我们可以将整棵子树剪枝。采用这样的剪枝技21术，在树搜索中真正需要多少次逻辑操作？

使用深度优先搜索来搜索树通常称为**回溯**，这肯定比生成与测试方法更有效。我们将在第 2 章中进一步讨论。

一致性算法可以通过以下原则在 CSP 的约束的网络上有效地运行，这样的网络称为**约束网络**(constraint network)。

- 每个变量表示为一个节点，例如画一个圆环表示。
- 每个约束表示为一个节点，例如画一个矩形表示。
- 对每一个变量 X，与之关联的一个可能取值集合为 D_X。
- 对于每个约束 c，对于约束 c 作用域内的每个变量 X，都有一条边 $\langle X, c \rangle$。

知识框(复杂度的阶)

令 $T(n)$ 是一个函数，比如说是一个算法在输入变量大小为 n 下的最坏运行时间。给定另一个函数 $f(n)$，如果对于足够大的 n，函数 $T(n)$ 是以常数倍 $f(n)$ 为上界，即 $T(n)$ 是 $f(n)$ 的低阶函数，表示为 $O(f(n))$。也就是说，$T(n)$ 是 $O(f(n))$ 的，如果存在常数 $c>0$，$n_0 \geqslant 0$，使得 $\forall n \geqslant n_0$，我们有 $T(n) \leqslant c \cdot f(n)$，或者等价地说，$T$ 是以 f 为渐近上界的函数。

类似地，我们称 $T(n)$ 是 $\Omega(f(n))$ 的，如果存在常数 $\varepsilon>0$，$n_0 \geqslant 0$，使得 $\forall n \geqslant n_0$，我们有 $T(n) \geqslant \varepsilon \cdot f(n)$，或等价地说，$T$ 是以 f 为渐近下界的函数。

如果函数 $T(n)$ 既是 $O(f(n))$ 的，又是 $\Omega(f(n))$ 的，则 $T(n)$ 是 $\Theta(f(n))$ 的，这意味着 $f(n)$ 是 $T(n)$ 的一个渐近确界。

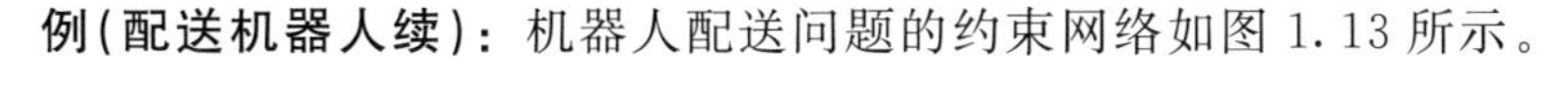

例(配送机器人续)：机器人配送问题的约束网络如图 1.13 所示。

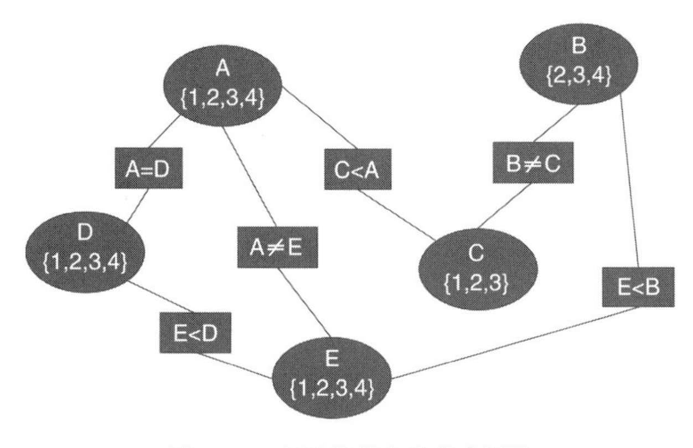

图 1.13　配送机器人的约束网络

在简单情况下，当约束在其作用域内只有一个变量时，如果变量的每个取值都满足约束，则说明弧(或边)**域一致**(domain consistent)。假设约束 c 的作用域为 $\{X, Y_1, \cdots, Y_k\}$。如果对 $\forall x \in D_x$，有值 $y_1, y_2, \cdots, y_k$，其中 $y_i \in D_y$，使得满足约束 $c(X=x, Y_1=y_1, \cdots, Y_k=y_k)$，则称 $\langle X, c\rangle$ 是**弧一致的**(arc consistent)。如果网络中所有弧都是一致的，则该网络为弧一致的。课后项目 1 将给出应用上述知识的一个问题。

▶练习(地图着色)：请给美国南部的 16 个州(如图 1.14 所示)涂上颜色，邻近的州必须涂成不同的颜色。颜色的使用顺序如下：(i)绿色(ii)黄色(iii)蓝色(iv)红色(v)黑色。

22

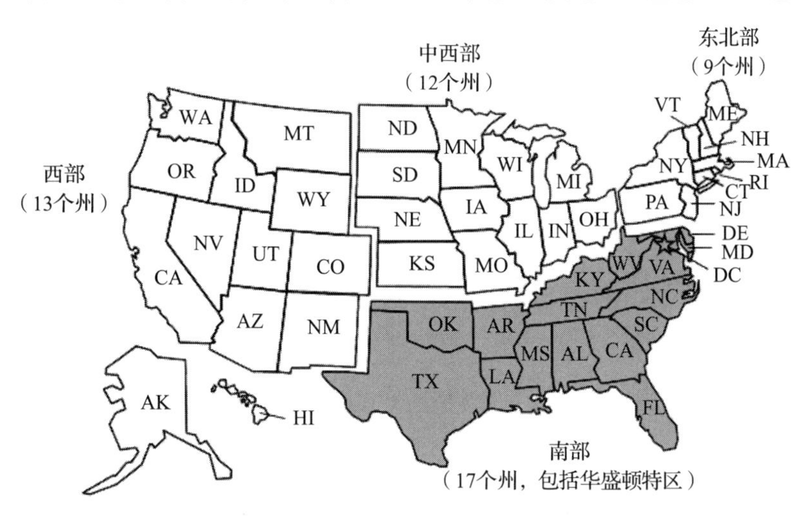

图 1.14　美国南部 16 个州(不包括华盛顿特区)

(a) 请建立问题的模型，然后用算法给美国南部各州上色。最少的颜色数量是多少?

(b) 请计算算法中的搜索步数，并请给出算法需要的内存空间。

23　(c) 请设计并编程实现算法来用 4 种颜色给 48 个州上色。

延伸阅读：参考文献[2]提供了人工智能的详细而全面的介绍，其中前两章是很好的延伸阅读材料。参考文献[3]提供了算法的方方面面的知识，以及关于图论和算法的介绍。

参考文献

[1] E. Ko, K.-C. Chen, "Wireless Communications Meets Artificial Intelligence: An Illustration by Autonomous Vehicles on Manhattan Streets", *IEEE Globecom*, 2018.

[2] Stuart Russell, Peter Norvig, *Artificial Intelligence: A Modern Approach*, 3rd edition, Prentice-Hall, 2010.

24　[3] J. Kleinberg, E. Tardos, *Algorithm Design*, 2nd. Edition, Pearson Education, 2011.

第2章 基本搜索算法

在第1章中，我们可能已经注意到设计AI智能体的核心问题是搜索实现其目标的解的能力，这种智能体被称为**基于目标的智能体**。大多数机器人都有自己的目标或任务。(人工)智能的智能体被认为可最大化其性能度量，可以被简化为一个接收目标并以满足该目标为目的智能体。最简单的任务环境中，其解是一系列动作。然而，在一般情况下，智能体将来的动作可能取决于未来的感知。寻求一系列动作以达到目标的过程被称为**搜索**。本章将介绍一些基本的搜索算法。

2.1 问题求解智能体

问题求解智能体是一种基于目标的智能体，并使用**原子**表示，而世界的状态被视为整体，对所要的问题求解算法没有可见的内部结构。可以使用更复杂表示结构的基于目标的智能体命名为**规划智能体**，而规划将在后面的章节中讨论。

▶例(旅游)：住在波士顿的杰里米一家计划去佛罗里达的几个城市度寒假，包括塔拉哈西(Tallahassee)、杰克逊维尔(Jacksonville)、奥兰多(Orlando)、坦帕(Tampa)和迈阿密(Miami)。他们将飞到其中一个城市，租一辆车通过州际公路(即I-95、I-75、I-10和I-4)开车到这些城市，然后从飞入城市飞回去。请决定：①飞到哪个城市？②最佳驾驶路线是什么？而最佳(即最好)路线由距离来度量。

解：解此问题的最常见方法就是构造一个与问题对应的图，如图2.1所示。

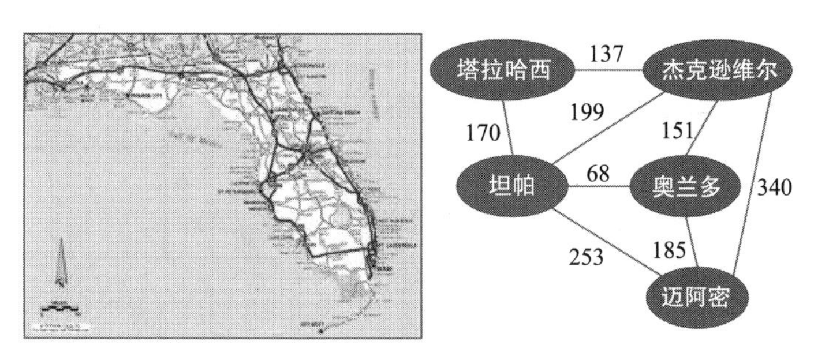

图2.1 佛罗里达旅游

一个问题可以由五个组件来正式定义。

- 智能体开始时的**初始状态**。
- 对智能体可用的可能**动作**的描述。给定一个特定的状态 s，ACTIONS(s)返回一组可以在 s 中执行的动作，这表明这些动作中的每一个都可在 s 中使用。
- 关于每个动作做什么的描述，称为**转移模型**，由函数 RESULT(s，a)确定，返回在状态 s 中执行动作 a 的结果状态。术语**后继者**是指从给定状态通过单个动作可到达的任何状态。对于任何具体问题，初始状态、动作和转移模型隐式地定义了**状态空间**，状态空间是指从初始状态经任何动作序列可到达的所有状态的集合。状态空间形成一个有向网络或图，其中节点是状态，节点之间的链接(或边)是动作。状态空间中的**路径**对应于由一系列动作连接起来的一系列状态序列。
- **目标测试**，它确定一个给定的状态是否为**目标状态**。请注意，可能有多个目标状态。
- **路径代价**函数，将数值代价映射到每条路径。问题求解智能体选择一个代价函数，反映其自身的性能度量。

上述元素定义了一个**问题**，并可以将其汇集到单个数据结构中，作为问题求解算法的输入。问题的**解决方案**是从初始状态到目标状态的一系列动作。解决方案的质量由路径代价函数来度量，**最优解**的路径代价在所有解中最低。

为了处理现实世界的问题，从表达式中移除一些细节的**抽象**，如果在解决方案中执行每一个动作更容易，那么这是有用的。因此，如果我们可以将相应的抽象解决方案扩展为更详细世界中的解决方案，那么这个抽象就是有效的。随后的抽象解决方案对应着大量更详细的路径。

26

例：让我们看看一个电磁玩具问题，如图 2.2 所示。清洁机器人站在一个方块上，逐个地检查所有 9 个方块，首先感觉到有污垢的存在，然后执行动作去清洁，或者移动到下一个方块上。

在这个玩具例子中，清洁机器人是我们感兴趣的智能体，我们可以将问题表述如下。

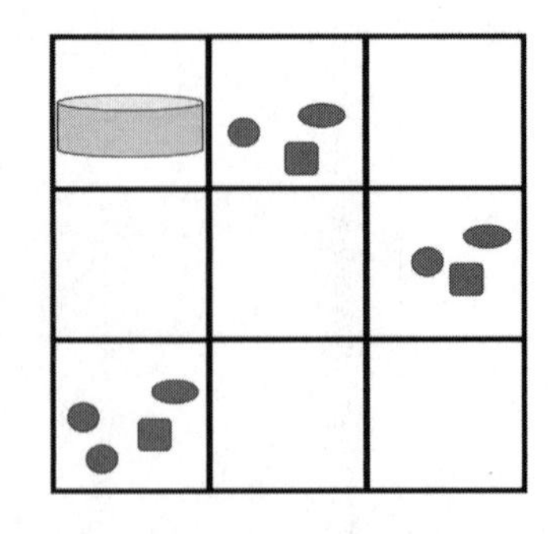

图 2.2　圆柱体表示一个先感知后决定清洁 8 个方块的清洁机器人

状态：状态由智能体的位置和污垢位置来定义。智能体有 n 个可能的位置，本例中有 9 个位置。每个位置可能包含也可能不包含污垢。因此，总共有 $n \cdot 2^n$ 种状态。

初始状态：左上角的方块表示初始状态。

动作：每个状态的智能体都有可能的动作为清洁和在四个方向(上、下、右、左)上移动到下一个位置。

转移模型：动作产生预期的效果。例如，在一个方块中，清洁不起作用，除了被禁止的移动(例如，在最左边的方块中向左移动)之外，则选择移动。

目标测试：它检查所有的方块是否干净。

路径代价：因为每个移动和清洁动作都会消耗能量，所以代价就是移动和清洁动作的数量。

27

例(八皇后问题)：众所周知的八皇后问题是在棋盘上放置八个皇后而不违反规则(同一行、同一列和对角上只能放置一个皇后)，因为每个皇后都可以水平、垂直和对角移动，如图 2.3 所示。这个问题可以表述为一个典型的搜索问题。

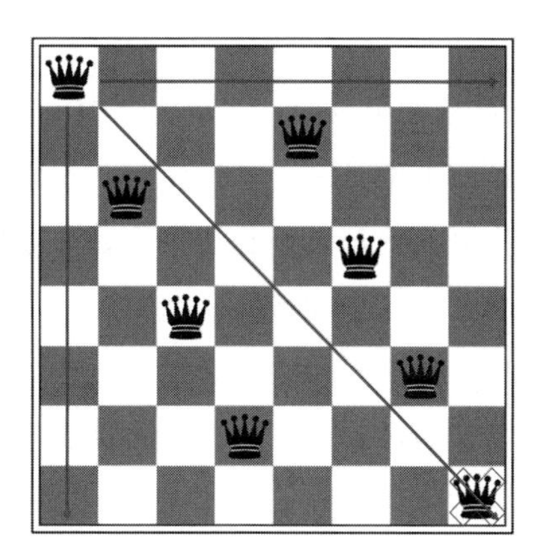

图 2.3　搜索八皇后问题解的示意图，右下的交叉线表示此处的皇后与左上角的皇后违反规则

八皇后问题一般有两种表达方式：增量式和完全状态式。增量式涉及从空状态开始扩充状态描述的运算符。对于八皇后的问题，每个动作都会在状态中增加一个皇后，直到达到目标。一个完全状态式则从棋盘上有八个皇后开始，并移动它们直到得到解决方案。直接增量式如下：

状态：棋盘上从 0 到 8 个皇后的任何布局。

初始状态：棋盘上没有皇后。

动作：在一个空的位置上添加一个皇后(即不与之前放置的皇后冲突)。

转移模型：返回将皇后放置到指定位置的棋盘布局。

目标测试：八个皇后都放置在棋盘上，没有任何冲突。

28

该直接增量式的复杂度表明有 $64 \cdot 63 \cdot \cdots \cdot 57 \approx 1.8 \times 10^{14}$ 可能的动作序列需要去搜索，很显然效率很低。一个简单的修改可以将状态空间的数量大大减少为 2057：

状态：n 个皇后的可能位置，$0 \leqslant n \leqslant 8$，排在最左边的列中按一列一个排列。

动作：在最左边空列上的任意方块放置一个皇后使得其不与之前放置的皇后冲突。

▶练习(八皇后问题)：

(a) 设计一个算法来求解该问题，并计算你的搜索算法的状态数。

(b) 考虑将棋盘 90°旋转，你能找到多少种不同的解？

2.2　搜索求解

正如第 1 章所指出的，AI 问题可以通过构造树形图并在树上搜索可能的解决方案来求解。更确切地说，由于解决方案是一个动作序列，搜索算法通过考虑各种可能的动作序列来运行。从初始状态开始的可能动作序列形成以初始状态为**根**的**搜索树**，**分支**表示动作，**节点**对应问题状态空间中的状态。

例(旅游续)：我们可以使用树的生成来找到在佛罗里达旅游问题的解。

解：第一步是选择一个要飞去的城市，然后可以构建一棵搜索树。这样的搜索树可以看作整个搜索树的子树。换句话说，我们通过将每个合法操作应用到当前状态来扩展当前状态，从而生成一组新的状态。然后，我们从**父节点**添加树分支，这导致新的**子节点**。

图 2.4 演示了从奥兰多(即先飞到奥兰多)开始的生成子树的一部分。绿色节点表示返回到子树的根，并满足目标测试，这表明这样的路径是一个解，但可能不是最优解。对于这个解，总结一下，先飞到奥兰多，然后开车到坦帕，再到塔拉哈西，然后到杰克逊维尔，最后到迈阿密，然后返回到奥兰多。

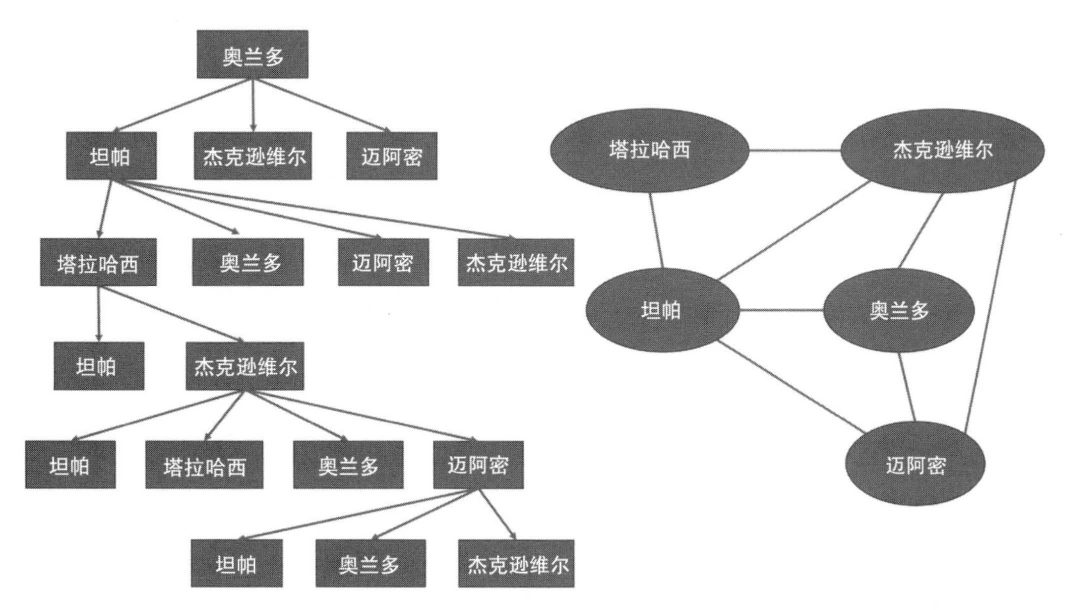

图 2.4　佛罗里达旅游问题中从坦帕开始的部分子树，右边是州际公路的图形化表示(附彩图)

通过指定要先飞到的城市，可以使用相同的过程生成其他子树。然后，我们就得到了旅游问题的整棵搜索树。

29

在图 2.4 中，橙色的节点表示返回到早先离开的节点，这种**重复状态**可能表明效率较低。红色的节点表示一个**循环路径**，这意味着可能形成一个无限循环的不利情况。

循环路径是冗余路径这个更普遍概念的一种特殊情况，无论何时，只要从一个状态到另一个状态有不止一种路径时，冗余路径就会存在。为了避免探索冗余路径，通过修改称为**探索集**的数据结构来记住探索的历史似乎是一种很好的方法。

▶**练习(旅游)：**请完成图 2.4 中的树生成，找到所有可能的解决方案。你得到多少个解?

注：著名的旅行商问题(TSP)与旅游问题非常类似。TSP 是一个旅游问题，其中每个城市都必须只访问一次。目的是找到最短的路线。众所周知，这个问题是 ***NP* 难的**，但是由于 TSP 算法在网络路由、并行处理、金融和多种管理主题上的广泛应用，人们已经花费了大量精力来提高 TSP 算法的能力。

图 2.5 总结了树搜索和图搜索算法。

30

每个搜索算法都需要一个数据结构来跟踪正在构建的搜索树。对于树中的每个节点 n，它都与以下四个组件的结构相关联：

- n.STATE：在状态空间中节点 n 对应的状态。

算法：树搜索

```
  Input: Root of the tree r
  Output: goal, return null if goal is not found
1 frontier ← a set containing r
2 goal ← null
3 while frontier is not empty do
4     node v ← frontier.remove
5     if v = goal then
6         goal ← v
7         break
8     else
9         frontier ← v.children
10 return goal
```

算法：图搜索

```
  Input: Starting node u
  Output: goal, return null if goal is not found
1 frontier ← a set containing u
2 explored ← an empty set
3 goal ← null
4 while frontier is not empty do
5     node v ← frontier.remove
6     if v = goal then
7         goal ← v
8         break
9     else
10        explored ← v
11        for each node w in v.neighbors do
12            if w not in explored then
13                explored ← w
14 return goal
```

图 2.5　树搜索和图搜索算法，选自参考文献[3]

- n.PARENT：在搜索树中生成节点 n 的节点。
- n.ACTION：用于父节点来生成节点 n 的动作。
- n.PATH-COST：代价通常用 $g(n)$表示，它与初始状态到节点 n 的路径相关，在编程中可以用父指针(s)来表示。

31

给定父节点的组成后，计算任何子节点的组成都很简单。因此，我们可以建立一个函数 CHILD-NODE，函数输入父节点和动作，然后返回生成的子节点。

注：节点是一种用于表示搜索树的簿记数据结构。一个状态对应世界的一种配置。

例：在洗牌游戏中，每个方块都可以上下左右移动，只要有空间存在。典型的游戏是从一种未知状态移动回到初始状态。魔方可以看作这种游戏的延伸。图 2.6 展示了 4 步的情况(路径代价=4)，第 4 步是向上。在该图中，节点与搜索树中的数据结构

相关联。每个节点都有一个父节点、一个状态和多个簿记字段。箭头从子节点指向父节点。

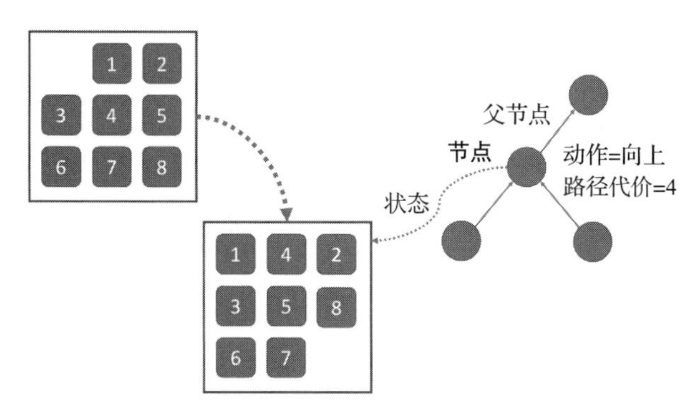

图 2.6　洗牌游戏的数据结构

在树搜索中，需要存储边界节点(即待搜索节点)，这样搜索算法可以方便地选择下一个节点展开。适合此场景的数据结构是**队列**，它支持清空、弹出和插入操作。

知识框(队列)：

队列是一种数据结构，由存储插入的数据元素(比如图中的节点)的顺序来刻画。

三种常见的变体是**先进先出**(First-In-First-Out，FIFO)队列，它弹出队列中最先压入的元素，**后进先出**(Last-In-First-Out，LIFO)队列，也称为**堆栈**，它弹出队列中最近压入的元素，以及**优先级队列**，它根据某些排序函数弹出具有最高优先级的队列元素。

32

▶**练习：**请针对图 2.6 的场景建立搜索树，写下要执行的算法和程序，以便返回到原始状态。

另一个关键问题是选择合适的搜索算法。我们通常考虑以下性质来评估算法的性能：

- **完全性**，保证解决方案的存在性。
- **最优性**，找到一个最优的解决方案。
- **时间复杂度**，计算时间/复杂度。
- **空间复杂度**，执行时所需内存。

▶**练习：**(图形算法)Serena 想要举办一个派对，并决定邀请谁。她有 n 个人可以选择，她已经为这 n 个人中相互认识的人做了一个列表(即不一定所有人都彼此认识)。她想邀请尽可能多的人，但对每一个参加派对的人有一些限制：所有人中至少有 $k \ll n$ 个人知道他；派对中至少有 k 个人不知道他。

(a) 请建立解决这个问题的数学模型。

(b) 请设计算法来有效解决这个问题。

2.3　统一搜索

除了问题中提供的信息之外，没有进一步的信息的搜索策略称为**统一搜索**或**盲搜索**，也称为**无信息搜索**。统一搜索只是产生后继者，并区分目标状态和非目标状态。所有的统一搜索策略都以节点展开的顺序来区分。对于知道一种非目标状态是否比另一种状态更有希望接近目标的搜索策略，我们称为**知情搜索**、**启发式搜索**或**有信息搜索**。

2.3.1　广度优先搜索

广度优先搜索是一种简单而直观的策略，它首先展开根节点，然后展开根节点的所有后继节点，然后是它们的后继节点，并重复这个过程。原则上，在展开到下一层之前，在搜索树的给定深度展开所有节点。广度优先搜索可以通过待搜索节点形成的前沿组成的 FIFO 队列轻松实现。因此，新节点(总是比它们的父节点深)会排到队列的后面，而旧节点(比新节点浅)会先展开。与一般的图搜索算法稍有不同，广度优先搜索在生成节点时执行目标测试，而不是选择节点进行扩展，如图 2.7 所示。

33

```
算法：广度优先搜索
   Input: Starting node u
   Output: goal, return null if goal is not found
 1 frontier ← a FIFO queue containing u
 2 explored ← an empty set
 3 goal ← null
 4 while frontier is not empty do
 5     node v ← frontier.dequeue
 6     if v = goal then
 7         goal ← v
 8         break
 9     else
10         explored ← v
11         for each node w in v.neighbors do
12             if w not in explored then
13                 explored ← w
14 return goal
```

图 2.7　参考文献[3]中的广度优先搜索

▶**练习**：图 2.8 展示了经过多次洗牌后的块布局。请设计一个算法来恢复原始状态。并评估你的算法的(时间)复杂度。

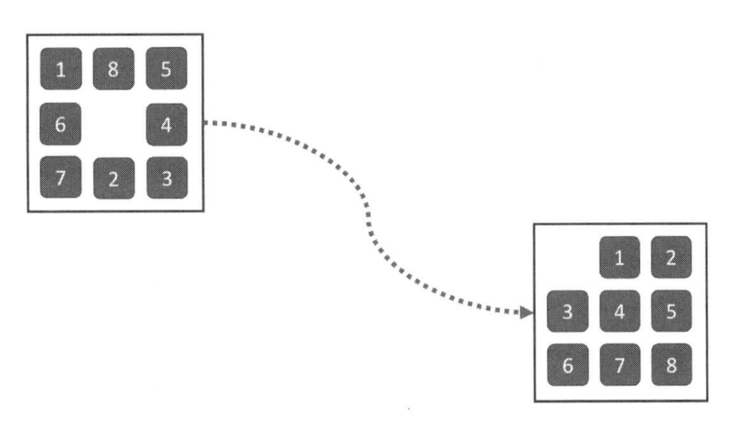

图 2.8　洗牌后的块的恢复

请回忆一下评估算法的四个标准。那么广度优先搜索呢?

34

- 它显然是完全的，因为只要树是有限的，最终就会找到目标节点。
- 然而，最浅层的目标节点不一定是最优的。事实上，当一个节点的路径代价是该节点深度的非递减函数时，广度优先搜索是最优的。例如，最常见的这种场景是，所有动作都有相同的代价。
- 不幸的是，(时间)复杂度并不好。对于搜索统一树的简单情况，每个节点都有 b 个分支后继者(即子节点)，最坏情况下在深度为 d 处搜索节点的总数目为 $b+b^2+\cdots+b^d$，导致时间复杂度为 $O(b^{d+1})$。
- 在空间复杂度方面，对于任何一种图搜索，都需要将每个展开的节点存储在已搜索集中。尤其是广度优先图搜索，在待搜索集形成的前沿点集中生成的每个节点都驻留在内存中。结果广度优先搜索的空间复杂度为 $O(b^d)$。

注：广度优先搜索的挑战在于内存复杂度，以及时间复杂度。事实上，除了规模维度很小的问题以外，任何指数复杂度的搜索问题都不能用无信息搜索方法来求解。

当所有步骤的代价都相等时，广度优先搜索是有效的，因为它总是展开最浅层的未展开节点。通过一个简单的扩展，我们可以得到一个具有任意步长代价函数的最优算法。不再扩张最浅层的节点，**均匀代价搜索**(uniform-cost search)扩展具有最小路径代价 $g(n)$的节点 n，这可以通过存储待搜索集按照路径代价函数 $g(n)$值排序的一个优先级队列来实现。除了按照队列的路径成本排序外，均匀代价搜索还有两个重要方面不同于广度优先搜索。第一个区别在于，目标测试是在为扩展而选择的节点上执行的，而不是在第一次生成该节点时执行的。原因是生成的第一个目标节点可能处于次优路径上。第二个不同的方面是，当找到当前待搜索节点的更好路径时，需要做补充测试。

换句话说，均匀代价搜索算法如图 2.9 所示，除了使用了优先级队列，以及在待搜索节点集中发现具有更小代价的路径时增加了一个附加的检查。待搜索节点集的数据结构需要支持有效的成员资格测试，因此在实现中应该结合优先级队列和散列表。

```
算法：均匀代价搜索
   Input: Starting node u
   Output: goal, return null if goal is not found
1  frontier ← a priority queue ordered by Path-Cost, containing u
2  explored ← an empty set
3  goal ← null
4  while frontier is not empty do
5      node v ← frontier.dequeue
6      if v = goal then
7          goal ← v
8          break
9      else
10         explored ← v
11         for each node w in v.neighbors do
12             if w not in explored then
13                 explored ← w
14 return goal
```

图 2.9 参考文献[3]中的均匀代价搜索

▶**练习**：请使用广度优先搜索和均匀代价搜索来解决图 2.1 所示的佛罗里达旅游问题，并比较它们的复杂度。

35

2.3.2 动态规划

动态规划方法最初是由 Bellman 在 1957 年为了控制而提出的，但用计算术语命名，它系统地开发了增加成本或度量(如长度)的所有子问题的求解方案，可以看作图上的广度优先搜索的一种特殊形式。

动态规划的数学表达可以理解为动态系统的决策控制机制。每次动作(即决策)的结果无法通过**先验**概率来完全预测，但可以在下一次动作之前观察到，目标是最小化成本或任何度量(如长度)。

这个基本问题由两个特征来表达：

(a) 一个潜在的离散时间动态系统。

(b) 在时间上的度量/代价函数是可加的。

动态系统可表示为

$$x_{k+1}=f_k(x_k, a_k, w_k),\quad k=0, 1, \cdots, K \tag{2.1}$$

其中：

k 为离散时间点；x_k 为动态系统的状态；a_k 为在已知状态 x_k 的情况下，在时刻 k 采取的动作(或决策)变量，作为控制手段；w_k 为来自观察的独立随机变量(例如噪声)；K 为动作视界。 [36]

代价函数在下述意义上是可加的：

$$c_k(x_k, a_k, w_k)=c_K(x_K)+\sum_{k=1}^{K-1}c_k(x_k, a_k, w_k) \tag{2.2}$$

其中 $c_K(x_K)$是决策过程结束时产生的终端代价。我们打算制定一个选择动作序列 a_0，a_1，…，a_{K-1} 的问题使以下期望代价最大化：

$$E\left[c_K(x_K)+\sum_{k=1}^{K-1}c_k(x_k, a_k, w_k)\right] \tag{2.3}$$

例(库存管理)：我们可以把库存管理形式化为一个动态规划问题。令 x_k 表示第 k 段(时间)内的存货，a_k 表示第 k 段内订购/交付的货物，w_k 表示第 k 段内在给定概率或经验分布情况下的需求。假设 $H(\cdot)$为状态持有代价，c 为单位出库代价，则该库存系统如图 2.10 所示，其中

$$x_{k+1}=x_k+a_k-w_k$$

$$c_k=ca_k+H(x_{k+1})$$

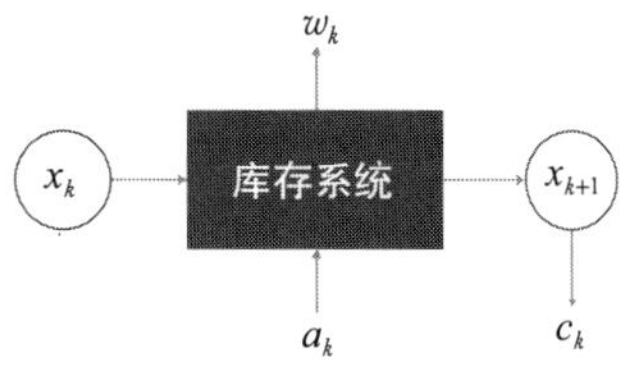

图 2.10　存库系统建模 [37]

考虑具有有限状态空间 $\mathcal{S}_k$ 的动态系统，在任意状态 x_k 下，一个用于控制的动作/决策 a_k 与状态从 x_k 到 $f_k(x_k, a_k)$的状态转移相关。因此，这样的动力系统如图 2.11

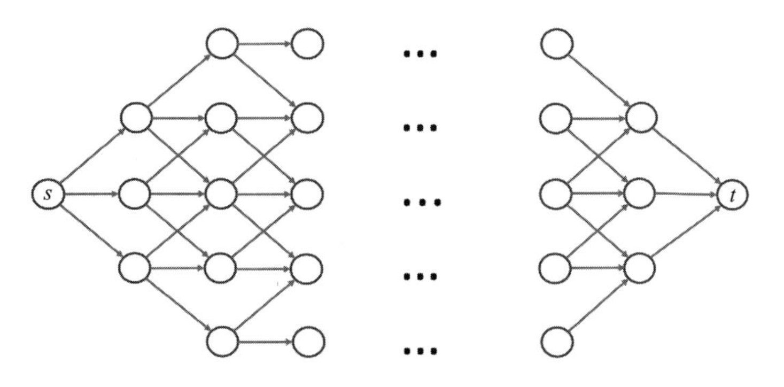

图 2.11　s 为初始状态(开始节点)，t 为人工终端节点的状态转移图

所示，其中图的每条(有向)边都与代价相关联。我们对人工终端节点 t 进行了修正。每条连接阶段 K 的状态 x_K 到终端模式的边都有相应的代价 $c_K(x_K)$。决策对应从初始状态(即节点 s)开始，到对应最后阶段 k 的节点终止的路径。给定每条边的相关的代价，决策/动作策略等价于找到节点 s 到节点 t 的最短路径。

命题(动态规划)：

定义

c_{ij}^k：从状态 $i \in \mathcal{S}_k$ 到状态 $j \in \mathcal{S}_{k+1}$，$k=0, 1, \cdots, K-1$ 的转移代价

c_{it}^K：状态 $i \in \mathcal{S}_K$ 的终端代价

动态规划形式为

$$J_K(i)=c_{it}^K,\ i \in \mathcal{S}_K \tag{2.4}$$

$$J_k(i)=\min_{j \in \mathcal{S}_{k+1}} \{c_{ij}^k + J_{k+1}(j)\} \tag{2.5}$$

回想一下，动作(或决策)序列称为**策略**。策略的最优代价是 $J_0(s)$，等于 s 到 t 的最短路径的加权长度。请注意，上述版本的动态规划是按照时间倒推的，而等价的前向替代版本也是可能的。

38

我们可以应用动态规划来搜索策略。因此，八皇后问题和旅游问题都可以通过动态规划来求解并确定最优策略。

▶**练习：**假设我们有一台机器，要么运转正常，要么坏了。如果它运行一整天，将产生 200 美元的毛利润。如果机器坏了，就没有利润。如果使用高质量的材料，机器在一天内损坏的概率是 0.3。如果使用普通材料，机器一天内损坏的概率是 0.7。高质量材料的额外费用是每天 20 美元。当机器在一天的开始发生故障时：①维修费用为 50 美元，当天再发生故障的概率为 0.2；②可以以 150 美元的价格更换机器以保证当天的运行。假设一台新机器在开始的第一天，请给出最优的修理、更换，和使用(优质)材料的策略，使 7 天的总利润最大化。

动态规划对**最短路径**问题都很有用。最短路径算法的一个主要应用场景是，在任意连通图或网络中，只要网络/图中的每条链路/边相关的距离都定义好，就可以找到从源节点到目的节点的路线。通常，每个链路都分配一个正值，可以视为在这个链路上执行的长度或代价。理想情况下，这种度量(如长度/距离或成本)是一个标准，但并不总是，因为可能存在非对称的距离度量，也就是说，链路可能在两个不同的方向上具有不同的长度或成本。这两个节点之间的每条路径的总长度等于经过的链路的长度之和(即代价)。短路径路由算法识别源和目的地之间的最小端到端长度的路径。

一个重要的计算到给定目的地的最短路径分布式算法，称为**贝尔曼-福特**(Bellman-Ford)**算法**，其形式为

$$D_i = \min_j \{d_{ij} + D_j\} \tag{2.6}$$

其中 D_i 是估计的从节点 i 到目的地的最短距离，d_{ij} 是链路/弧 $<i, j>$ 的长度/代价。

贝尔曼-福特算法的实际实现假设目标节点为节点 1，考虑从每个节点到节点 1 寻找最短路径的问题。我们假设每个节点到目的地至少存在一条路径。如果 $<i, j>$ 不是图的一条弧，则用 $d_{ij} = \infty$ 表示。从节点 i 到节点 1 的最短路线，受路线最多包含 h 条弧线且只经过节点 1 一次的约束，其长度用 D_i^h 表示。D_i^h 可以通过迭代生成：

39

$$D_i^{h+1} = \min_j \{d_{ij} + D_j^h\}, \quad \forall i \neq 1 \tag{2.7}$$

初始条件为 $D_i^0 = \infty$，$\forall i \neq 1$，终止条件为 h 次迭代后 $D_i^h = D_i^{h+1}$，$\forall i$。

命题(贝尔曼-福特算法)：

考虑初始条件为 $D_i^0 = \infty$，$\forall i \neq 1$ 的贝尔曼-福特算法。则：

(a) 由算法采用式(2.7)生成的 D_i^h 表示从节点 i 到节点 1 不超过 h 条弧的最短路线长度。

(b) 当且仅当不包含节点 1 的所有环都具有非负长度时，算法在有限步迭代后终止。如果算法终止，则至多 $h \leqslant H$ 次迭代后迭代终止，在终止时，D_i^h 是从节点 i 到节点 1 的最短路径长度。

直观上，贝尔曼-福特算法首先找到一条弧线的最短路线长度，然后是两条弧线的，以此类推。在附加假设所有不包含节点 1 的环的长度都是非负的情况下，我们也可以认为最短路线长度等于最短路径长度。另一种要求任意弧的非负代价/长度的最短路径算法是**迪杰斯特拉**(Dijkstra)**算法**，其最坏情况的计算要求大大低于贝尔曼-福特算法。一般的思路是按照路径长度的递增顺序找到最短路径。因为非负长度假设，任何多弧路径都不能小于第一个弧长，所以到节点 1 的最短路径中的最短路径必须是从节点 1 最近的邻居开始的单弧路径。最短路径中的下一个最短路径必须是与 1 的下一个最近邻居的单弧路径，或者是通过先前选择的节点的最短的双弧路径，以此类推。

我们可以把每个节点 i 看作标记为到节点 1 的最短路径长度的估计值 D_i。当估计值变得确定时，我们将该节点视为永久标记的节点，并用一组永久标记的节点 $\mathcal{P}$ 来跟踪这一点。每一步添加到 $\mathcal{P}$ 中的节点是那些尚未在 $\mathcal{P}$ 中的节点中，与节点 1 最接近的节点。

40

命题(迪杰斯特拉算法)：

初始条件设为 $\mathcal{P}=\{1\}$，$D_1=0$，$D_j=d_{j1}$，$\forall j\neq 1$。重复下述过程。

(a) 利用下式找下一个最近节点：

$$D_i=\min_{j\notin \mathcal{P}} D_j \tag{2.8}$$

令 $\mathcal{P}\leftarrow\mathcal{P}\cup\{i\}$。若 $\mathcal{P}$ 包含所有节点，则停止。

(b) 更新标记，$\forall j\notin\mathcal{P}$，

$$D_j\leftarrow\min\{D_j,\ d_{ij}+D_i\} \tag{2.9}$$

图 2.12 通过使用一个简单的例子说明了贝尔曼-福特算法和迪杰斯特拉算法的运行过程。上述算法的一般应用都可以利用**最小生成树**(minimum spanning tree)的概念。简单图 $\mathcal{G}=(V,E)$的**生成树**是子图 $\mathcal{T}=(V,E')$，这也是树并且顶点集跟图 $\mathcal{G}$ 的一样。如果 $w(e)$是边 e 的**权值**，那么 $\mathcal{G}$ 的**最小生成树**就是使 $w(\mathcal{T})\leqslant w(\mathcal{T}')$，$\forall\mathcal{T}'$成立的生成树。

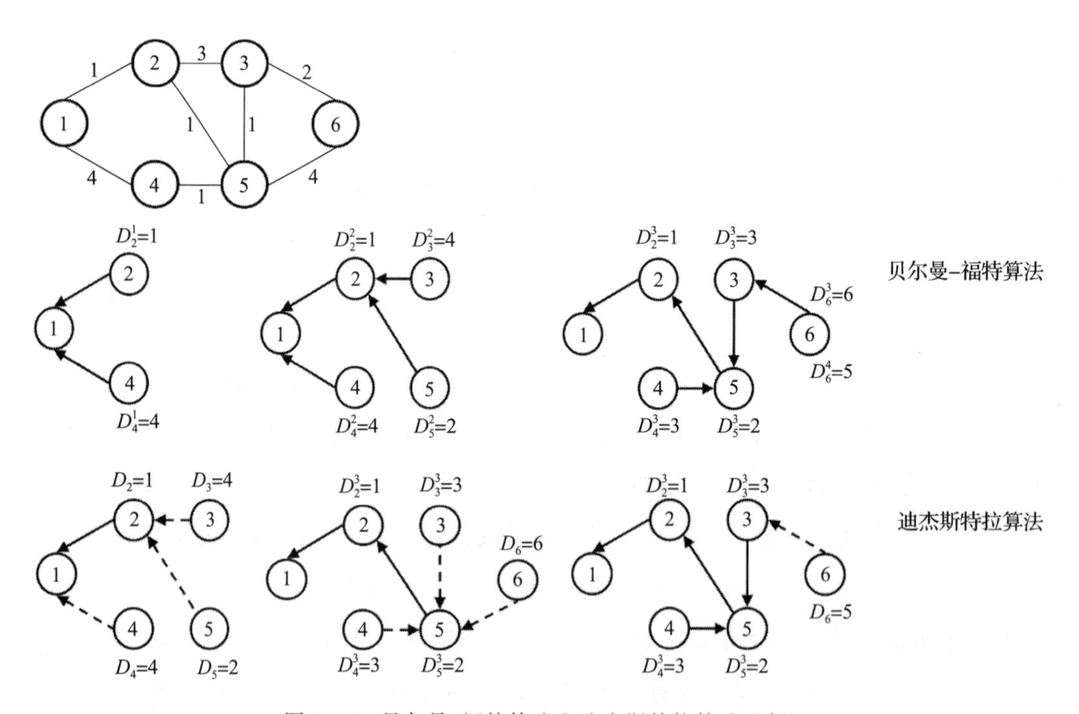

图 2.12　贝尔曼-福特算法和迪杰斯特拉算法示例

41

▶**练习(佛罗里达旅游问题)：**使用图 2.1 中的度量，请给出佛罗里达旅游问题的解。

▶**练习：**如图 2.13 所示，请规划机器人清洁 20 块白色方块的最佳路径。机器人必须在灰色块上开始和结束，禁止进入 3 块黑色块。最优性由最少的移动次数决定(从

一个块到相邻的 4 个块看作一次移动)。在你的最优路径中最少移动次数是多少?

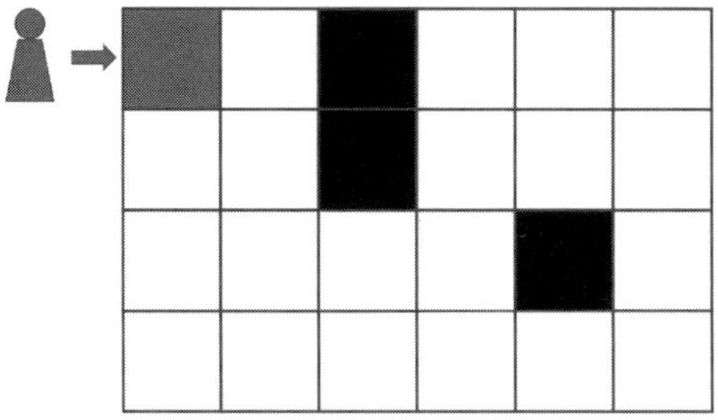

图 2.13　机器人寻路，通过全部 20 个白色方块，但必须从灰色块开始和结束，其中三个黑色方块禁止通行

由于搜索算法中涉及代价，其复杂度很难确定。那么，均匀代价搜索就可以被认为是复杂度最大的情况。

2.3.3　深度优先搜索

与广度优先搜索不同，**深度优先搜索**(Depth-first search)总是展开搜索树当前待搜索节点集中的最深节点。深度优先搜索立即进行到搜索树的最深层(即没有后继节点)，然后返回到下一个最深的节点，该节点仍然有未探索的后继节点。后进先出队列 LIFO 最适合这种搜索，因为它选择最近生成的节点来进行扩展。

深度优先图搜索的时间复杂度受状态空间大小的限制，与广度优先搜索相比看起来没有优势。然而，深度优先搜索具有更好的空间复杂度，因为它只需要存储从根节点到叶节点的单条路径。对于分支因子为 b、最大深度为 d 的状态空间，所需的存储空间仅为 $O(bd)$级节点。

深度优先搜索的一种变体称为**回溯搜索**(backtracking search)，在这种搜索中，一次只生成一个后继节点，每个部分扩展的节点记住相应的后继节点来生成下一个。这样，只需要 $O(d)$内存空间。

42

▶**练习(卷积码)**：早在发展统计通信理论的初期，**卷积码**就被认为是一种有效的前向纠错码，可以保护传输的信息位。然而，直到 1968 年，最优解码算法才由维特比(A. Viterbi)首先设计出来，即所谓的**维特比算法**，该算法广泛应用于数字通信系统设计，如**最大似然序列估计**、**网格编码调制**、信道存储解调和**多用户检测**。维特比算法实际上是一种回溯搜索。请考虑以下码率为 1/2 的卷积编码器(一个输入信息位生成两个输出编码位)，如图 2.14 所示。编码器(即解码器)通常从 00 开始到 00 结束。

(a) 请给出该编码的状态转移图。

(b) 请为该编码器绘制可能的网格图(即带有输入位序列的状态转移图)。

(c) 请解释基于似然性(根据状态转移图，位的某些组合比其他组合具有更高的可能性)的维特比算法是如何工作并降低解码复杂度的。

(d) 请将该编码器的维特比解码算法写成解码程序。请对接收到的序列 1110100011 进行解码。

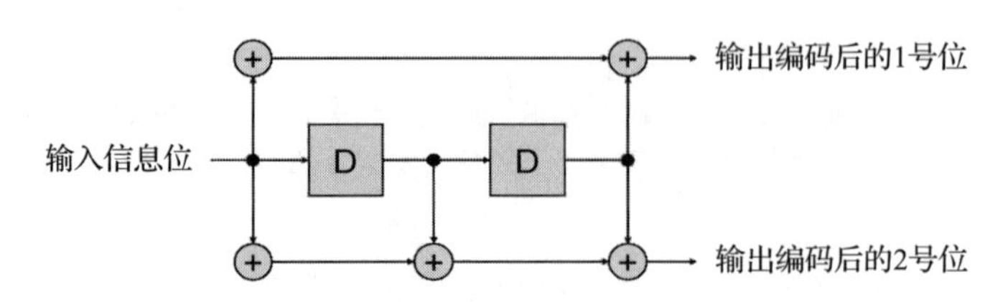

图 2.14　码率为 1/2 的卷积码编码器

■**计算机练习：** 一个机器人在如图 2.15 所示的迷宫中行走，从左上入口出发，从右下出口走出。机器人从一个方块走到邻近的方块(即上、下、左、右移动)。黑色方块的意思是阻挡(即禁止机器人进入，比如一堵墙)。白色方块表示允许机器人移动。每隔一段时间，机器人都能感知其可能的移动(可能不止一个)并随机选择一个允许的方向移动。

43

图 2.15　走迷宫

(a) 请设计一个算法来走出迷宫。

(b) 然后，请反向重复这个过程(从右下口进入，从左上口出来)。迷宫中这两次穿越的平均步数是多少？

(c) 假设机器人的感知（黑色方块或非黑色方块）的错误概率为 e。到目前为止，我们假设 $e=0$。如果 $0<e\ll 1$，机器人将黑色方块误认为白色方块时，将浪费一个单位的时间。

假设 $e=0.1$，请重复(b)中的问题。提示：请考虑修改(a)和(b)中的算法。

2.4　有信息搜索

在许多情况下，我们可以利用超出问题本身定义的特定问题的知识，以更有效的方式来求解，这称为**有信息搜索**（informed search）策略，或称知情搜索策略。在一般的图搜索或树搜索上，一种直接但通用的方法称为**最佳优先搜索**（best-first search），在这种搜索中，根据**评估函数**（evaluation function）$\phi(n)$来选择一个节点进行展开。构造该评价函数对代价进行估计，首先对代价最低的节点进行展开。最佳优先图搜索的实现与图 2.9 相同，不同之处是用 ϕ 代替了优先级队列的顺序。

44

显然，ϕ 的选择影响着搜索策略。为了方便最佳优先搜索算法，通常建立一个**启发式函数** $h(\cdot)$，将问题的额外知识纳入搜索算法中。例如，在最短路径问题中，$h(n)$可以是节点 n 的状态到目标状态的最便宜路径的估计代价。**贪婪最佳优先搜索**（greedy best-first search）仅利用启发式函数 $h(\cdot)$对节点进行估计，对最接近目标状态的节点进行展开，从而得到快速解。一个例子是用直线距离来替换图 2.1 中的距离度量。

最广泛应用的最佳优先搜索形式可能是 **A* 搜索**，比如机器人运动规划。通过结合到达节点的代价（即 $g(n)$）和从节点到达目标的代价（即 $h(n)$），来帮助进行节点的评估。

$$\phi(n)=g(n)+h(n) \tag{2.10}$$

由于 $g(n)$表示从开始节点到节点 n 的路径代价，而 $h(n)$为节点 n 到目标的最便宜路径的估计代价，因此 $\phi(n)$表示通过节点 n 的最便宜解的估计代价。再强调一遍，除了用 $g+h$ 代替 g 外，A* 搜索和均匀代价搜索是一样的。在启发式函数满足一定条件的情况下，A* 搜索不仅是合理的，而且是完全的和最优的。

- $h(\cdot)$是一个**可接受启发式**估计，它意味着从来不会高估达到目标的代价。由于 $g(n)$是沿着当前路径到达节点 n 的实际代价，而 $\phi(n)=g(n)+h(n)$，直接结果表明，$\phi(n)$从来不会高估解的真实代价。换句话说，**可接受启发式**本质上是乐观的。
- 一个稍强一些的条件称为**一致性**（consistency）（有时称为**单调性**），仅对应用 A*

算法进行图搜索时是必需的。如果对每一个节点 n 和由任一动作 a 产生的节点 n 的每个后继节点，从节点 n 到达目标的估计代价不大于到达节点 n' 的单步代价与从节点 n' 到达目标节点的估计代价之和，则称启发式 $h(n)$ 是一致的，这意味着如下的一般三角不等式：

$$h(n) \leqslant c(n, a, n') + h(n') \tag{2.11}$$

对于一个可接受启发式函数，这个不等式的完美意义在于，如果有一条从节点 n 通过 n' 到达目标 G_n 的路线，其代价小于 $h(n)$，则它将违反 $h(n)$ 是到达 G_n 的代价下界这一性质。

45

很容易证明，每一个一致启发式也是可接受的。因此一致性是比可接受性更严格的要求，但在实践中几乎所有可接受的启发式也都是一致的。

命题(A* 算法的最优性)：

A* 具有下列性质：

(a) 如果 $h(\cdot)$ 是可接受的，则 A* 的树搜索版本是最优的。

(b) 如果 $h(\cdot)$ 是一致的，则 A* 的图搜索版本是最优的。

证明： 我们证明命题的结论(b)。

我们首先证明如果 $h(n)$ 是一致的，则沿任何路径的 $\phi(n)$ 的值是非递减的。由一致性的定义直接得证。

下一步就是证明当 A* 选择一个节点 n 进行展开时，就已经找到了到达该节点的最优路径。

因此，我们得出图搜索中被 A* 展开的节点序列是 $\phi(n)$ 的非降序节点。因此，第一个选择扩展的节点必定是最优解，因为 ϕ 是目标节点(有 $n=0$)的真实代价，之后的所有目标节点的代价至少都不会低于它。

注： 对于从根节点扩展搜索路径并使用相同启发式信息的算法，对于任何给定的一致的启发式函数，A* 都是**效率最优的**(optimally efficient)。

▶**练习：** 对于下面的每个表达，如果你认为是正确的，请证明它，如果你认为是错误的，请提供一个反例。

(a) 广度优先搜索是统一搜索的一种特例。

(b) 深度优先搜索是最佳优先树搜索的一种特例。

(c) 均匀代价搜索是 A* 搜索的一种特例。

在启发式搜索中，内存可能是一个严重的限制。为了减少 A* 所需的内存，**迭代加深 A***(Iterative-Deepening A*，IDA*)将迭代加深应用于启发式搜索上下文，其中

迭代加深(深度优先)搜索是一种图搜索策略，是重复运行深度受限版本的深度优先搜索，增加深度限制，直到找到目标。IDA* 与标准迭代加深的主要区别在于使用的截断值是 ϕ -代价而不是深度本身，在每次迭代中，截断值是超过前一次迭代中的截断值节点的最小 ϕ -代价。IDA* 适用于具有单位步长代价的许多问题，并且能够避免与保存已排序的节点队列相关的大量开销。不幸的是，它遇到的困难与均匀代价搜索的迭代版本中的实值代价一样。另外几个内存有界的搜索算法也很有趣： 46

- **递归最佳优先搜索**(RBFS)是一种简单的递归算法，它试图模拟标准最佳优先搜索的操作，但只使用线性存储空间。类似于递归深度优先搜索，但无限地沿着当前路径进行搜索，可以引入 ϕ-limit 变量来跟踪最佳备选路径的 ϕ-值。就像 A* 树搜索，如果启发式函数 $h(\cdot)$是可接受的，则 RBFS 是一种最优算法。它的空间复杂度与最优解路径深度是线性关系，但它的时间复杂度通常难以刻画。
- 用掉所有的内存来开发两种算法也很有趣，一种是**内存有限的 A***（Memory-bounded A*：MA*），另一种是**简化的 MA***（Simplified MA*，SMA*）。SMA* 就像 A* 一样，扩展最佳叶节点，直到内存用完为止(也就是说，它不能在不删除旧节点的情况下向搜索树中添加新节点)。SMA* 然后删除最差的叶节点，即 ϕ-值最高的叶节点。如果有任何可达解，则 SMA* 是完全的；也就是说，如果最浅的目标节点的深度小于内存大小，则 SMA* 是完全的。

注：为了使智能体通过学习更好地进行搜索，可以引入捕获计算状态的**元级状态空间**(meta-level state space)来替代原始搜索问题中的**对象级空间**(object-level space)。**元级学习**算法可以从这些经验中学习来避免探索没有希望的子树来加速搜索。

注：启发式函数显然在一般搜索问题中起着关键作用。为了更有效地开发理想的解决方案，可以创建一个对操作几乎没有限制的**松弛问题**(relaxed problem)。因为松弛问题实际上增加了原始状态空间的边，所以根据定义，原始问题中的任何最优解也是松弛问题的解。然而，如果增加的边产生了捷径，则松弛问题可能有更好的解。因此，松弛问题最优解的代价是原始问题的可接受启发式代价。而且，由于得出的启发式是松弛问题的精确代价，它必定遵循三角不等式，因此启发式是一致的。

▶**练习**[㊀]：n 辆车占据 $n\times n$ 网格上的(1，1)到(n，1)方块(也就是网格的最下面一行)。车辆必须倒序移到第一行，车辆 i 必须从位置(i，1)移动到位置($n-i+1$，n)。在每个时间步上，n 辆车都可以上、下、左、右四个方向移动一步，或原地不动，但 47

㊀ 见本章参考文献[1]。

如果车辆停在原地，另一辆相邻的车（但最多只有一辆）能跳过它。两辆车不能占据同一个方块。请回答以下问题：

(a) 计算状态空间大小，以 n 的函数表示。

(b) 计算分支因子，以 n 的函数表示。

(c) 假设车辆 i 在位置 (x_i, y_i)，写一个非平凡的启发式 h_i，表示它到达目标位置 $(n-i+1, n)$ 所需的移动次数，假设网格上没有其他车辆。

(d) 请解释下列启发式函数，对于移动所有 n 辆车到它们的目标位置是可接受的：$\sum_{i=1}^{n} h_i$；$\max\{h_1, \cdots, h_n\}$；$\min\{h_1, \cdots, h_n\}$。

■**计算机练习：** 考虑使用图 2.16 右侧的 24 个候选单词来完成图中的纵横字谜。垂直的 1、2、3 列和水平的 a、b、c 行标记必须组成候选列表中一个单词。每空一个字母，每个候选单词只能使用一次。请开发一个算法来找出所有可能的解，并确定算法的复杂度。基于搜索的步数，你的算法在计算上是否有效？你必须给出一些诸如知识表示、剪枝方法等的细节。

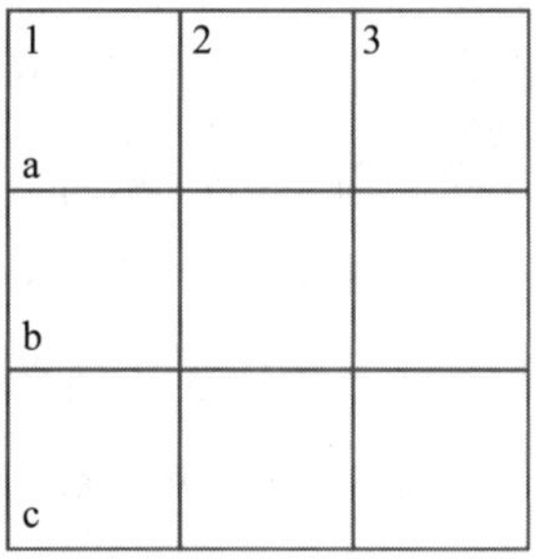

1 a	2	3
b		
c		

供选择的单词：

add, age, aid, aim, air, are, art, bad, bat, bar, bee, but, cow, dig, ear, eel, get, god, mug, oak, sad, sea, toe, tow

图 2.16　纵横字谜

■**计算机练习：** LeBran 找了一份兼职工作，负责将产品包装到 12.5×7.5×5.5（英寸[㊀]）大小的盒子里。如果他把 4×3×2（英寸）大小的产品 A 打包到盒子中，他可以挣 3 美元。如果他把大小为 3×2×2（英寸）的产品 B 打包到盒子中，他可以挣 1.5 美元。如果他包装半径为 1 英寸的球型产品 C，他可以挣 1 美元。每个盒子必须至少包装一个产品 A 和一个产品 B。

48

(a) LeBran 怎样才能赚最多的钱？

(b) 如果空的空间必须填充软质材料来避免不稳定，而每立方英寸的软质材料成本将花费 LeBran 0.25 美元。LeBran 怎样才能赚最多的钱？

㊀ 1 英寸等于 2.54 厘米。——编辑注

2.5 优化

一个搜索算法可能输出很多解[⊖]，然后我们必须采取一些性能度量来确定最优解。因此，**最优化**(optimization)成为各种人工智能、机器人和机器学习问题中的一个关键问题。

一个优化问题一般具有下列数学形式：

$$\max \quad f_0(x) \tag{2.12}$$

$$\text{subject to} \quad f_i(x) \leqslant \beta_i \tag{2.13}$$

其中最小化(min)是最优化问题的另一种(通常数学上是等价的)形式。

设向量 $\boldsymbol{x}=(x_1, \cdots, x_n)$ 表示优化问题中的优化变量向量。$f_0:\mathbb{R}^n \to \mathbb{R}$ 表示目标函数，$f_i:\mathbb{R}^n \to \mathbb{R}$，$i=1, \cdots, m$ 表示约束函数，其中 $\beta_1, \cdots, \beta_m$ 是每个约束的边界或限制。如果 $\boldsymbol{x}^*$ 给出了满足所有约束条件的可能目标函数值中的最大目标函数值，则 $\boldsymbol{x}^*$ 称为式(2.12)和式(2.13)中最优化问题的**最优解**，即

$$f_1(z) \leqslant \beta_1, \cdots, f_m(z) \leqslant \beta_m, f_0(z) \leqslant f_0(\boldsymbol{x}^*), \forall z \tag{2.14}$$

当式(2.12)中的最优化问题是最小化时，式(2.14)中变为 $f_0(z) \geqslant f_0(\boldsymbol{x}^*)$。下面将介绍几类特别令人感兴趣的优化问题。

2.5.1 线性规划

函数 $\psi(\cdot)$ 称为**线性的**，如果满足 $\forall x, y \in \mathbb{R}^n$，$\forall a, b \in \mathbb{R}$

$$\psi(ax+by)=a\psi(x)+b\psi(y) \tag{2.15}$$

49

如果目标函数和约束函数 $f_0, f_1, \cdots, f_m$ 都是线性的，则式(2.12)和式(2.13)称为**线性规划**(linear program)。一类重要的最优化问题是如下的**线性规划**(linear programming)问题：

$$\max \quad \boldsymbol{c}^{\mathrm{T}}\boldsymbol{x} \tag{2.16}$$

$$\text{subject to} \quad \boldsymbol{a}_i^{\mathrm{T}}\boldsymbol{x} \leqslant \beta_i, \ i=1, \cdots, m \tag{2.17}$$

其中 $\boldsymbol{c}, \boldsymbol{a}_i \in \mathbb{R}^n$，$i=1, \cdots, m$，$\beta_1, \cdots, \beta_m \in \mathbb{R}$。

线性规划虽然不存在简单的解析解，但有多种有效的求解方法，例如，丹齐格(Dantzig)的丹齐格单纯形法，假设 $m \geqslant n$，其复杂度为 $O(n^2m)$。

⊖ 也可能没有解。

例(切比雪夫逼近)：让我们考虑**切比雪夫逼近**问题：

$$\min \max_{i=1,\cdots,k} |\boldsymbol{a}_i^{\mathrm{T}}\boldsymbol{x}-\beta_i| \tag{2.18}$$

其中 $\boldsymbol{x}$ 是变量，$\boldsymbol{a}_1$，…，$\boldsymbol{a}_k \in \mathbb{R}^n$，$\beta_1$，…，$\beta_k \in \mathbb{R}$ 为参数。这可解如下线性规划问题来求解

$$\begin{aligned} \min \quad & \tau \\ \text{subject to} \quad & \boldsymbol{a}_i^{\mathrm{T}}\boldsymbol{x}-\tau \leqslant \beta_i，\ i=1，\cdots，k \\ & -\boldsymbol{a}_i^{\mathrm{T}}\boldsymbol{x}-\tau \leqslant -\beta_i，\ i=1，\cdots，k \end{aligned}$$

其中 $\boldsymbol{x} \in \mathbb{R}^n$，$\tau \in \mathbb{R}$。

▶**练习**：请使用单纯形法来计算下面的线性规划问题

$$\begin{aligned} \min \quad & x-3y \\ \text{subject to} \quad & -x+2y \leqslant 6 \\ & x+y \leqslant 5 \\ & x，y \geqslant 0 \end{aligned}$$

2.5.2　非线性规划

如果最优化问题不是线性的，它就是**非线性规划**(nonlinear program)。非线性最优化要处理复杂的函数问题，通常很难找到全局最优解。相反，局部最优化算法得到了广泛的发展。换句话说，求解非线性规划没有一般的方法。

50

2.5.3　凸优化

最小二乘(Least-Squares，LS)问题是一类特殊的非线性最优化问题，它一般没有约束，目标函数为平方和的形式为 $\boldsymbol{a}_i^{\mathrm{T}}\boldsymbol{x}-\boldsymbol{\beta}_i$：

$$\min f_0(\boldsymbol{x})=\|\boldsymbol{A}\boldsymbol{x}-\boldsymbol{\beta}\|^2=\sum_{i=1}^{k}(\boldsymbol{a}_i^{\mathrm{T}}\boldsymbol{x}-\boldsymbol{\beta}_i)^2 \tag{2.19}$$

其中 $\boldsymbol{a}_i^{\mathrm{T}}$ 是矩阵 $\boldsymbol{A} \in \mathbb{R}^{k\times n}$，$k \geqslant n$ 的第 i 行，$\boldsymbol{\beta}$ 是由 $\boldsymbol{\beta}_i$ 组成的向量，$\boldsymbol{x} \in \mathbb{R}^n$ 是最优化中的向量变量。

这种 LS 问题在信号处理和机器学习中广泛使用，可通过一系列线性方程来求解。处理：

$$(\boldsymbol{A}^{\mathrm{T}}\boldsymbol{A})\boldsymbol{x}=\boldsymbol{A}^{\mathrm{T}}\boldsymbol{\beta} \tag{2.20}$$

我们可得

$$\boldsymbol{x}=(\boldsymbol{A}^{\mathrm{T}}\boldsymbol{A})^{-1}\boldsymbol{A}^{\mathrm{T}}\boldsymbol{\beta} \tag{2.21}$$

LS 问题通过引入权值(即 w_1, …, w_k)到最优化中而获得一个有用的变种，即**加权最小二乘**(weighted least-squares)：

$$f_0(\boldsymbol{x})=\sum_{i=1}^{k} w_i(\boldsymbol{a}_i^{\mathrm{T}}\boldsymbol{x}-\boldsymbol{\beta}_i)^2 \tag{2.22}$$

另一个解决最小二乘问题的有用技术是通过引入一个附加项来控制收敛性的**正则化**技术：

$$f_0(\boldsymbol{x})=\sum_{i=1}^{k}(\boldsymbol{a}_i^{\mathrm{T}}\boldsymbol{x}-\boldsymbol{\beta}_i)^2+\lambda\sum_{i=1}^{n}x_i^2 \tag{2.23}$$

实际上，在巴拿赫空间中，式(2.23)可以改写成更一般的形式：

$$f_0(\boldsymbol{x})=\sum_{i=1}^{k}\|\boldsymbol{a}_i^{\mathrm{T}}\boldsymbol{x}-\boldsymbol{\beta}_i\|_2+\lambda\|\boldsymbol{x}\|_q \tag{2.24}$$

其中正则化项是 q 范数，但我们经常考虑 $q=0$，1，2 的情况。它在**统计学习的回归**(regression of statistical learning)中非常有用。

51

在众多的非线性最优化问题中，有一类问题引起了人们的极大兴趣，即**凸优化**问题，其形式如下：

$$\min \quad f_0(x) \tag{2.25}$$

$$\text{subject to} \quad f_i(x)\leqslant\beta_i,\quad i=1,\cdots,m \tag{2.26}$$

其中函数 f_0，f_1，…，$f_m:\mathbb{R}^n\to\mathbb{R}$ 是凸函数，满足：

$$f_i(ax+by)\leqslant af_i(x)+bf_i(y),\ \forall x,\ y\in\mathbb{R}^n,\ \forall a,\ b\geqslant 0,\ a+b=1 \tag{2.27}$$

LS 问题和线性规划问题都是凸优化的特例。虽然凸优化很难解析求解，但有计算上有效的算法。因此，在最近的系统工程、机器学习和数据分析技术发展中，凸优化引起了人们极大的关注。

▶**练习**：考虑下列问题：

$$\min \quad (x-4)^2+(y-6)^2 \tag{2.28}$$

$$\text{subject to} \quad y\geqslant x^2 \tag{2.29}$$

$$y\leqslant 4 \tag{2.30}$$

(a) 最优性的必要条件是什么？

(b) 点(2，4)满足(a)中的条件吗？这是最优点吗？请解释一下。

延伸阅读：参考文献[1]提供了详细和整体的人工智能搜索算法。参考文献[2]提供了关于图算法的全面知识。对于想要了解更多动态规划理论的读者，参考文献[3]从决策和控制方面提供了动态规划更深入的知识。参考文献[4]非常适合深入理解凸优化。

参考文献

[1] Stuart Russell, Peter Norvig, *Artificial Intelligence: A Modern Approach*, 3rd edition, Prentice-Hall, 2010.
[2] J. Kleinberg, E. Tardos, *Algorithm Design*, 2nd. Edition, Pearson Education, 2011.
[3] D. P. Bertsekas, *Dynamic Programming*, Prentice-Hall, 1987.
[4] S. Boyd, L. Vandenberghe, *Convex Optimization*, Cambridge University Press, 2004.

第3章　机器学习基础

自20世纪50年代末以来，机器学习作为一项了不起的技术被引入用来实现人工智能。机器学习算法可以从给定的训练数据中学习并做出决策，而无须明确规划。1959年，阿瑟·塞缪尔(Arthur Samuel)首次提出了**机器学习**(Machine Learning，ML)这个术语，它赋予计算机系统学习大量以前的任务和数据的能力，以及自我优化的计算机算法。

例：数学统计的力量可以通过政治科学[⊖]的这项研究来说明。研究人员根据公开的信息，通过创建单位数的二维直方图来分析各国的投票统计数据，如图3.1所示，x轴代表投票率，y轴代表获胜者的得票率。我们实际上可以从这个简单的统计表示中学到很多东西。红色圆圈作为一个单独的聚类表明接近100%的投票率和接近100%的选票给了获胜者。你能从这样的选举特点中学到什么？另一个有趣的地方是加拿大有两个集群，这是因为有说法语的加拿大和说英语的加拿大。因此，我们可以从统计数据中推断或学习。

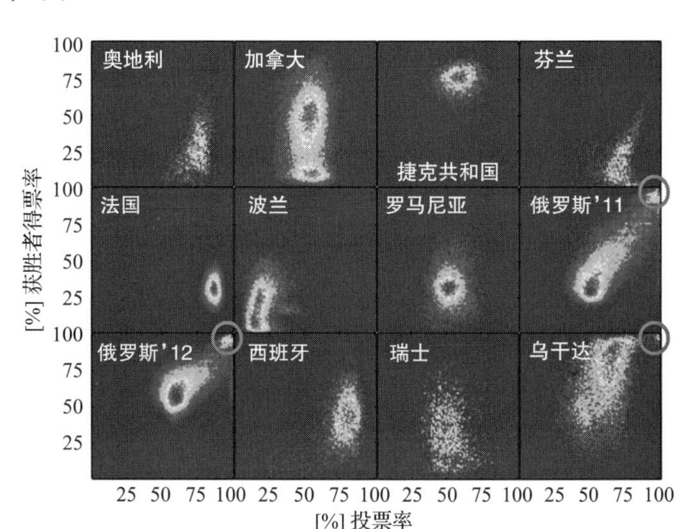

图3.1　可视化选举特点

⊖ 见本章参考文献[1]。

基于自学习能力的机器学习有利于分类/回归、预测、聚类和决策。机器学习有以下三个基本要素[⊖]：

- **模型**：从训练数据和专家知识中抽象出数学模型，以统计的方式描述给定数据集的特征或客观规律。在这些训练好的模型的辅助下，机器学习可以用于分类、预测和决策。

53

- **策略**：训练数学模型的标准称为策略。如何选择合适的策略与训练数据密切相关。经验风险最小化(Empirical Risk Minimization：ERM)和结构风险最小化(Structural Risk Minimization：SRM)是两个基本的策略性问题，其中后者可以有利于避免样本规模较小时的**过拟合**现象。
- **算法**：根据确定的模型和选择的策略，构造算法来求解未知参数，可以看作一个最优化过程。一个好的算法不仅能得到全局最优解，而且具有较低的计算复杂度和存储复杂度。

统计学习理论于20世纪60年代末被引入，被认为是数学统计分析的一个分支，用于处理给定数据集的函数估计问题。特别是得到广泛应用的**支持向量机**(Support Vector Machines，SVM)在20世纪90年代中期被发明以来，统计学习理论已被证明在开发新的学习算法中是有用的。

54

3.1 监督学习

如果机器学习在有老师为模型或算法提供反馈的情况下进行，这称为**监督学习**(supervised learning)。换句话说，训练数据集通常可用于监督学习。

3.1.1 回归

回归分析可以看作一种估计变量间关系的统计处理方法。基于对因变量(目标)和一个或多个自变量(预测器)之间的函数关系进行建模，回归是一种强大的统计工具，用于对给定一组预测器，来预测和预报连续值目标。

在回归分析中，有三个变量，即

- **自变量**(预测因子)：X
- **因变量**(目标)：Y
- 影响因变量估计值的**其他未知参数**：ε

⊖ 见本章参考文献[2]。

回归函数 f 对受 ε 扰动的 X 和 Y 之间的函数关系进行建模，这可由 $Y=f(X,\varepsilon)$ 给出。通常，我们用具有概率分布的特定回归函数来刻画预测因子 X 在目标 Y 周围的变化。此外，这种近似经常建模为 $E=[Y|X]=f(X,\varepsilon)$。在进行回归分析时，首先需要确定回归函数 f 的形式，这既依赖于对因变量和自变量之间关系的常识理解，又依赖于方便计算的原则。根据回归函数的形式，可以区分回归分析的方法，如普通线性回归、逻辑斯谛回归、多项式回归等。

在线性回归中，因变量是自变量或未知参数的线性组合。假设有 M 个自变量的 N 个随机训练样本，即 $\{y_n, x_{n1}, x_{n2}, \cdots, x_{nM}\}$，$n=1, 2, \cdots, N$，线性回归函数可表示为：

$$y_n=\beta_0+\beta_1 x_{n1}+\beta_2 x_{n2}+\cdots+\beta_M x_n M+e_n \tag{3.1}$$

55

其中 β_0 为回归截距，e_n 为误差项，$n=1, 2, \cdots, N$。因此，式(3.1)可重写成矩阵形式：$\boldsymbol{y}=\boldsymbol{X\beta}+\boldsymbol{e}$，其中 $\boldsymbol{y}=[y_1, y_2, \cdots, y_N]^{\mathrm{T}}$ 为因变量的观测向量，$\boldsymbol{e}=[e_1, e_2, \cdots, e_N]^{\mathrm{T}}$，$\boldsymbol{\beta}=[\beta_0, \beta_2, \cdots, \beta_M]^{\mathrm{T}}$，$\boldsymbol{X}$ 表示自变量的观测矩阵，即：

$$\boldsymbol{X}=\begin{bmatrix} 1 & x_{11} & \cdots & x_{1M} \\ 1 & x_{21} & \cdots & x_{2M} \\ \vdots & \vdots & \ddots & \vdots \\ 1 & x_{N1} & \cdots & x_{NM} \end{bmatrix}$$

线性回归分析的目的是利用最小二乘(LS)准则来估计未知参数 $\hat{\boldsymbol{\varepsilon}}$。其解可以表示为：

$$\hat{\boldsymbol{\beta}}=(\boldsymbol{X}^{\mathrm{T}}\boldsymbol{X})^{-1}\boldsymbol{X}^{\mathrm{T}}\boldsymbol{y} \tag{3.2}$$

例：一个常见的简化场景是使用输入数据：

$$(x_1, y_1), \cdots, (x_p, y_p)$$

来获得线性预测器：

$$\hat{\boldsymbol{Y}}=\hat{b}_0+\sum_{j=1}^{p}\hat{b}_j\boldsymbol{X}_j \tag{3.3}$$

其中 $\hat{b}_0$ 是**偏差**，可包含在 $\boldsymbol{X}=(\boldsymbol{X}_1, \cdots, \boldsymbol{X}_p)$ 中。然后，定义 $\boldsymbol{b}=(b_1, \cdots, b_p)$，

$$\hat{\boldsymbol{Y}}=\boldsymbol{X}^{\mathrm{T}}\hat{\boldsymbol{b}} \tag{3.4}$$

应用**最小二乘误差**(least squared error)来测量，我们可以通过最小化**残差平方和**(residual sum of squares)来确定加权系数向量 $\boldsymbol{b}$

$$RSS(\hat{\boldsymbol{b}})=\sum_{i=1}^{p}(y_i-\boldsymbol{x}_i^{\mathrm{T}}\boldsymbol{b})^2 \tag{3.5}$$

$\hat{b}$ 是一个二次函数，因此最小值总是存在的，但可能不唯一。

$$RSS(\hat{\boldsymbol{b}})=(\boldsymbol{y}-\boldsymbol{X}\boldsymbol{b})^{\mathrm{T}}(\boldsymbol{y}-\boldsymbol{X}\boldsymbol{b}) \tag{3.6}$$

对 $\boldsymbol{b}$ 微分，我们得到如式(3.2)的方程

56

$$\hat{\boldsymbol{b}}=(\boldsymbol{X}^{\mathrm{T}}\boldsymbol{X})^{-1}\boldsymbol{X}^{\mathrm{T}}\boldsymbol{y} \tag{3.7}$$

$M=1$ 的这种简单的回归例子，已经广泛用于机器人中的推断感知或观察数据。**多重回归**(multiple regression)($M\geqslant 2$)的直观可视化如图 3.2 所示。

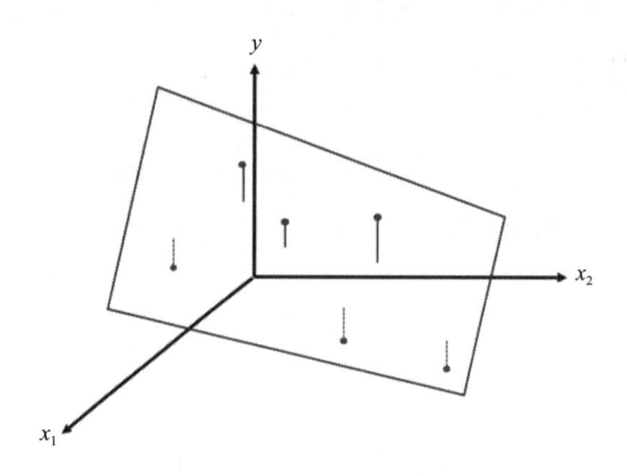

图 3.2　$M=2$ 的多重回归超平面(即 2 维超平面)和带误差的回归点(即表示回归平面上方的实线和表示回归平面下方的点线)的可视化显示

■**计算机练习**：请收集下列股票价格数据，花旗银行、摩根士丹利、英特尔、亚马逊、波音、强生、太平洋煤气电力公司、埃克森美孚，以及 2018 年的黄金价格。我们尝试用这 8 只股票进行回归来推断黄金价格。

(a) 用 8 只股票分别预测 2019 年第一个交易日的金价，找出哪只股票的预测精度最高。

(b) 使用全部 8 只股票进行多元回归，预测 2019 年第一个交易日的金价。与问题(a)中的结果比较。解释你的结果。

(c) 在这 8 只股票中，哪一只或哪几只可以根据回归方法提供更好的预测？提示：这 8 只股票同等有用吗？同等有条件地有用吗？

(d) 假设第 n 天的预测量 y_n 由 $y_n=w_1y_{n-1}+w_2y_{n-2}+\cdots+w_ly_{n-l}$ 组成，这实际上表示了估计中的一种数字滤波。请重复问题(c)，确定最优深度 l，然后确定加权系数 w_1，w_2，…，w_l。

57

▶**练习(维纳滤波)**：假设我们打算开发一种用于预测的硬件结构，这是(数字)信号处理中的一个常见问题，需要通过图 3.3 所示的**有限持续时间的脉冲响应滤波器**

(finite duration impulse response filter)来实现。这种线性预测 FIR 包括以下三个功能模块：

- p 个单位延迟的元素
- 加权系数为 w_1，w_2，…，w_p 的乘法器
- 对延迟输入求和并生成输出预测 $\hat{x}[n]$的加法器

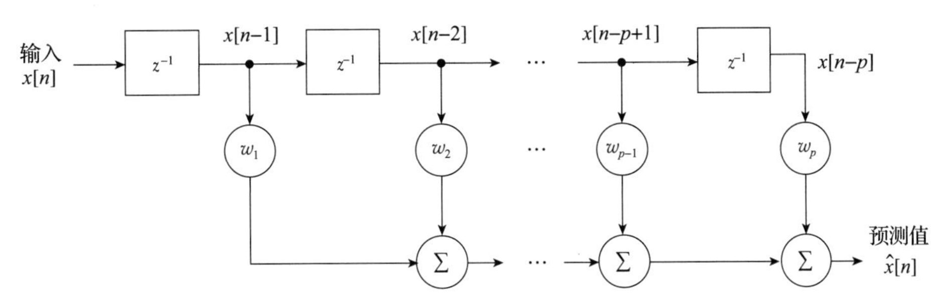

图 3.3　p 阶的线性预测滤波器

输入信号假定来自均值为零，自相关函数为 $R_X(\tau)$的广义平稳过程 $X(t)$的样本函数。请通过找到维纳-霍普夫方程来确定系数，从而设计滤波器，这等价于推导下面的定理。

定理(维纳-霍普夫方程)：令 $\boldsymbol{w}_o=[w_1, \cdots, w_p]$表示最优滤波器的 $p\times 1$ 大小的滤波器系数向量，$\boldsymbol{r}_X=[R_x[1], \cdots, R_X[p]]^{\mathrm{T}}$ 表示 $p\times 1$ 大小的自相关向量。

$$\boldsymbol{R}_x=\begin{bmatrix} R_X[0] & R_X[1] & \cdots & R_X[p-1] \\ R_X[1] & R_X[0] & \cdots & R_X[p-2] \\ \vdots & \vdots & \ddots & \vdots \\ R_X[p-1] & R_X[p-2] & \cdots & R_X[0] \end{bmatrix}$$

表示 $p\times p$ 大小的自相关矩阵。则，

$$\boldsymbol{w}_o=\boldsymbol{R}_X{}^{-1}\boldsymbol{r}_X \tag{3.8}$$

注：上述练习和之前的计算机练习的主要区别在于，将 x(即输入数据或训练数据)建模为来自已知统计量的平稳随机过程的数据。在这种意义上产生的**维纳滤波器**是最优的，这就形成了应用于控制和通信系统的统计信号处理的基础。

58

在回归或一般的机器学习方法中，一旦存在一个训练集，我们必须小心一种称为**过拟合**(overfitting)的现象，这可以用图 3.4a 和图 3.4b 来解释。简言之，用于更好地拟合训练数据的更复杂的方法不一定能提供精确的推理(即图中的预测)。

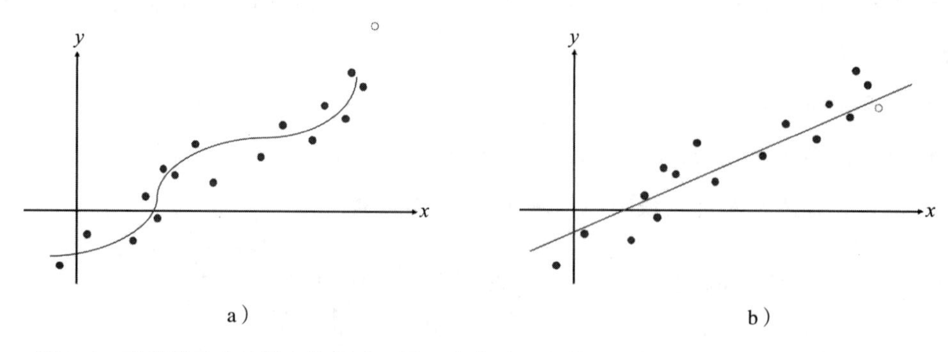

图 3.4　机器学习中过拟合的形成。图 a 中高阶回归曲线很好地拟合了训练数据，具有最小平方误差，因此能预测/推断点的值；图 b 中给定同样的训练数据集，线性回归也能给出实际上与真实值很接近的像图右侧圆环点那样好的预测/推断，但完全不同于高阶回归

▶**练习**：安东尼奥(Antonio)收集了一个 4 个点的数据集，每个点由来自某未知系统的输入值和输出值组成。这四点是：

(0.98，0.21)，(2.09，1.42)，(2.83，2.12)，(3.84，4.15)

基于这 4 个点，我们想要用多项式函数来找到输入值为 5.0 的最佳预测值。

(a) 基于训练数据，预测模型的形式为 $y=c_0+c_1x+c_2x^2+\cdots$，则对输入为 5.0，模型的最佳预测值是什么？

(b) 如果第 5 个点的真实输出值是 3.96，你如何解释(a)中预测输出值的不准确性？

简单回归的下一个问题是衡量回归的**拟合优度**(goodness of fit)。**可决系数**(coefficient of determination)r^2 能够测量由最小二乘回归线(或超平面)产生的线性逼近在实际拟合观测数据上的表现到底有多好。我们定义**总平方和**(Sum of Squares Total，SST)为：

59

$$SST=\sum_{i=1}^{n}(y-\overline{y})^2 \tag{3.9}$$

回归平方和(Sum of Squares Regression，SSR)为：

$$SSR=\sum_{i=1}^{n}(\hat{y}-\overline{y})^2 \tag{3.10}$$

然后，可决系数为：

$$r^2=\frac{SSR}{SST} \tag{3.11}$$

可供我们用来进行测量。

一个多世纪前的 1914 年，爱因斯坦(是的，就是那位创造了相对论的天才)第一次提出了对观测的时间序列进行统计分析。时间序列是一组观察值 x_t，t 是可数的，表示一个离散时间序列。我们想要开发分析 x_t 并从 x_t 中进行推断的技术。时间序列分析作为统计信号处理的主要学科之一，已广泛应用于跟踪、导航、声学、图像处理、遥感、信息检索以及金融与经济等领域。也就是说，时间序列处理的是带时间索引的数据。

例： 某只股票在 2018 年的日收盘价构成一个时间序列。

定义： 观测数据的时间序列模型$\{x_t\}$是对随机变量序列$\{X_t\}$的联合分布的一个说明，$\{x_t\}$可以看作这种随机过程的一个实现。

定义： MA(1)众所周知的**移动平均**(Moving Average，MA)时间序列可以表示为：

$$X_t = Z_t + cZ_{t-1} \tag{3.12}$$

考虑采样时间 $t_n = nT_s$(或者，任何内嵌计时序列)为数字信号处理，上式可重写成

$$x[n] = Z[n] + xZ[n-1] \tag{3.13}$$

定义： AR(1)：另一个知名的时间序列模型是**自回归**(Auto-Regressive，AR)模型

$$X_t = cX_{t-1} + W_t \tag{3.14}$$

其中 $W_t \sim G(0, \sigma^2)$是时刻 t 处的均值为 0，方差为 σ^2 的高斯分布。按数字信号处理的格式，可重写为

$$X[n] = cX[n-1] + W[n] \tag{3.15}$$

60

注： 请注意 AR 模型方程中所暗示的无限时间响应。也请注意$\{X_t\}$一般是时变的。然而，为了便于数学处理，可以假设其是一个平稳过程(因此是一个随机变量序列)。

▶**练习：** BayTech 公司在过去 5 个交易日的股价时间序列为 $x_1 = 23.35$，$x_2 = 24.42$，$x_3 = 25.31$，$x_4 = 24.96$，$x_5 = 24.37$，用回归方法预测下一天(即 x_6)的股价。

另一种类型的回归，**逻辑斯谛回归**(logistic regression)，考虑分类变量，如二元变量。为了便于我们的分析，下面我们考虑二元因变量的情况。二元逻辑斯谛回归的目标是，在给定训练样本情况下，对因变量为 0 或 1 的概率进行建模。为了进一步说明，令二元因变量 y 依赖于 M 个自变量 $\boldsymbol{x} = [x_1, x_2, \cdots, x_M]$。在已知 $\boldsymbol{x}$ 条件下 y

的条件分布是伯努利分布。因此，概率 $\Pr(y=1|\boldsymbol{x})$ 可以写成标准逻辑斯谛函数[⊖]的形式，也称为 sigmoid 函数：

$$P \triangleq \Pr(y=1|\boldsymbol{x})=\frac{1}{1+\mathrm{e}^{-g(\boldsymbol{x})}} \tag{3.16}$$

其中 $g(\boldsymbol{x})=w_0+w_1x_1+w_2x_2+\cdots+w_Mx_M$，$\boldsymbol{w}=[w_0, w_1, \cdots, w_M]$ 表示回归系数向量。类似地，

$$\Pr(y=0|\boldsymbol{x})=1-P=\frac{1}{1+\mathrm{e}^{g(\boldsymbol{x})}} \tag{3.17}$$

根据上述定义，我们有 $g(\boldsymbol{x})=\ln\left(\frac{P}{1-P}\right)$。因此，对于给定的因变量，其值为 y_n 的概率为 $P(y_n)=P^{y_n}(1-P)^{1-y_n}$。给定一组训练样本 $\{y_n, x_{n1}, x_{n2}, \cdots, x_{nM}\}$，$n=1, 2, \cdots, N$，在极大似然估计(MLE)方法的帮助下，我们能够估计回归系数向量 $\boldsymbol{w}=[w_0, w_1, \cdots, w_M]$。显然，逻辑回归可以看作广义线性回归的一种特殊情况。

61

▶练习： 图 3.5 中有 10 个浅色点和 10 个深色点及其坐标。为了在最小二乘准则下将这些点分为浅色组和深色组：

(a) 请找出一条线性回归曲线来分离这些点。

(b) 请考虑一个回归核(换句话说，逻辑斯谛回归)来分离这些点。提示：在这种情况下，一个简单的 sigmoid 函数将满足逻辑斯谛回归的目的。

(c) 另一种基于规则的**决策树**方法将在第 9 章介绍。

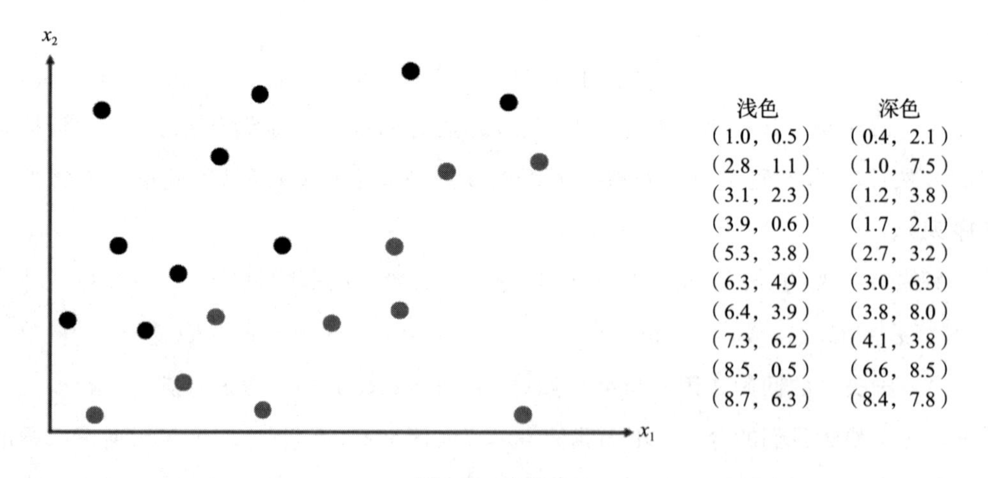

图 3.5　点聚类

⊖ 逻辑斯谛函数是一种常见的“S”形函数，是逻辑斯谛分布的累积分布函数(CDF)。

3.1.2 贝叶斯分类

贝叶斯分类器是一类基于贝叶斯定理的概率分类器，它通过计算给定一组训练样本的目标变量的后验概率分布来实现。例如，作为一种广泛使用的分类方法，朴素贝叶斯分类器可以在特征间具有较强独立性的简单假设条件下进行有效训练。此外，在MLE的帮助下训练朴素贝叶斯模型具有线性的时间复杂度，从而得到一个封闭形式的表达式。

令 $\boldsymbol{x}=[x_1, x_2, \cdots, x_M]$表示针对共 K 个类$\{y_1, y_2, \cdots, y_K\}$的 M 个独立特征。对 K 个可能的类标签 y_k，都有条件概率 $p(y_k|x_1, \cdots, x_M)$。根据贝叶斯定理，我们将条件概率分解为：

$$p(y_k|x_1, \cdots, x_M)=\frac{p(y_k)p(x_1, \cdots, x_M|y_k)}{p(x_1, \cdots, x_M)} \tag{3.18}$$

62

其中 $p(y_k|x_1, \cdots, x_M)$称为后验概率，而 $p(y_k)$是 y_k 的先验概率。假定 x_i 与 x_j，$j\neq i$ 是条件独立的，则有：

$$p(y_k|x_1, \cdots, x_M)=\frac{p(y_k)}{p(x_1, \cdots, x_M)}\prod_{m=1}^{M}p(x_m|y_k) \tag{3.19}$$

其中 $p(x_1, \cdots, x_M)$仅依赖于 M 个独立特征，可视为常量。

采用最大后验概率(MAP)作为朴素贝叶斯分类器的决策规则。给定特征向量$\overline{\boldsymbol{x}}=(\overline{x}_1, \overline{x}_2, \cdots, \overline{x}_M)$，其标签 $\overline{y}$ 可确定为：

$$\overline{y}=\underset{y_k\in\{y_1, \cdots, y_K\}}{\arg\max}\ p(y_k)\prod_{m=1}^{M}p(\overline{x}_m|y_k) \tag{3.20}$$

尽管其易于实现，并且有过于简化的假设，朴素贝叶斯分类器仍然已经在许多复杂的现实情况中取得了成功，如离群点检测、垃圾邮件过滤等。更多关于统计决策的概念将在第 4 章中介绍。

▶**练习(模式识别)**：在贝叶斯分类，包括第 4 章的统计决策中，一类常见的问题是**模式识别**(pattern recognition)。通常选择一组标准正交基$\{\phi_n(\cdot)\}_1^N$ 来表示感兴趣的模式，其中

$$\int\phi_i(\tau)\phi_j(\tau)d\tau=\delta_{ij} \tag{3.21}$$

模式 $s(\tau)$可由这样的正交基表示(展开)为：

$$s(\tau)=\sum_{n=1}^{N}s_n\phi_n(\tau) \tag{3.22}$$

这样我们就可以更精确地计算出贝叶斯分类器的后验概率值。在图 3.6 的上方，

有 6 个参考数字，都用 3×5 的方块表示，并且都是等概率出现的。

(a) 对于下方左侧模式，请开发识别数字的方法和算法。请注意，该图案既没有垂直对齐也没有水平对齐参考编号。

63

(b) 对于下方右侧模式，请修改(a)中的方法来识别那个数字。

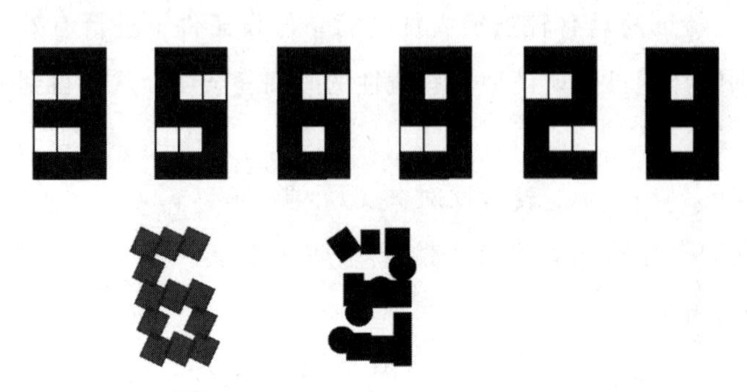

图 3.6　顶上的 6 个参考数字和 2 个待识别的模式

机器人通常必须识别一些不是从完美的角度，也不是在完美的条件下出现的参考点。图 3.6 的练习展示了这一点。

3.1.3　KNN

k 近邻(k-nearest neighbors，KNN)是非参数和基于示例的学习方法，既可以用于分类，也可以用于回归。由 Cover 和 Hart 在 1968 年提出的 KNN 算法是所有机器学习算法中最简单的一种。KNN 算法依靠在特征空间中测量对象与训练样本之间的距离，来确定对象的类或属性值。具体地说，在分类场景中，一个对象通过其 K 个近邻的多数投票将其分类到一个特定的类中。如果 $K=1$，则对象的类别与其最近邻的类别相同，这种情况称为最近邻分类器。相比之下，在回归场景中，对象的输出值是通过其 K 个最近邻值的平均值来计算的。

图 3.7 展示了 $K=4$ 情况下未加权的 KNN 机制。

假设有 N 对训练样本对，$\{(\boldsymbol{x}_1, y_1), (\boldsymbol{x}_2, y_2), \cdots, (\boldsymbol{x}_N, y_N)\}$，其中 y_n 为样本 $\boldsymbol{x}_n$ 的属性值或类标签，$n=1, 2, \cdots, N$。通常我们使用欧几里得距离或曼哈顿距离来计算对象 $\overline{\boldsymbol{x}}$ 与训练样本之间的相似度。令 $\boldsymbol{x}_n=[x_{n1}, x_{n2}, \cdots, x_{nM}]$ 包含 M 种不同的特征。因此，$\overline{\boldsymbol{x}}$ 与 $\boldsymbol{x}_n$ 之间的欧氏距离为：

64

$$d_e=\sqrt{\sum_{m=1}^{M}(\overline{x}_m-x_{nm})^2} \tag{3.23}$$

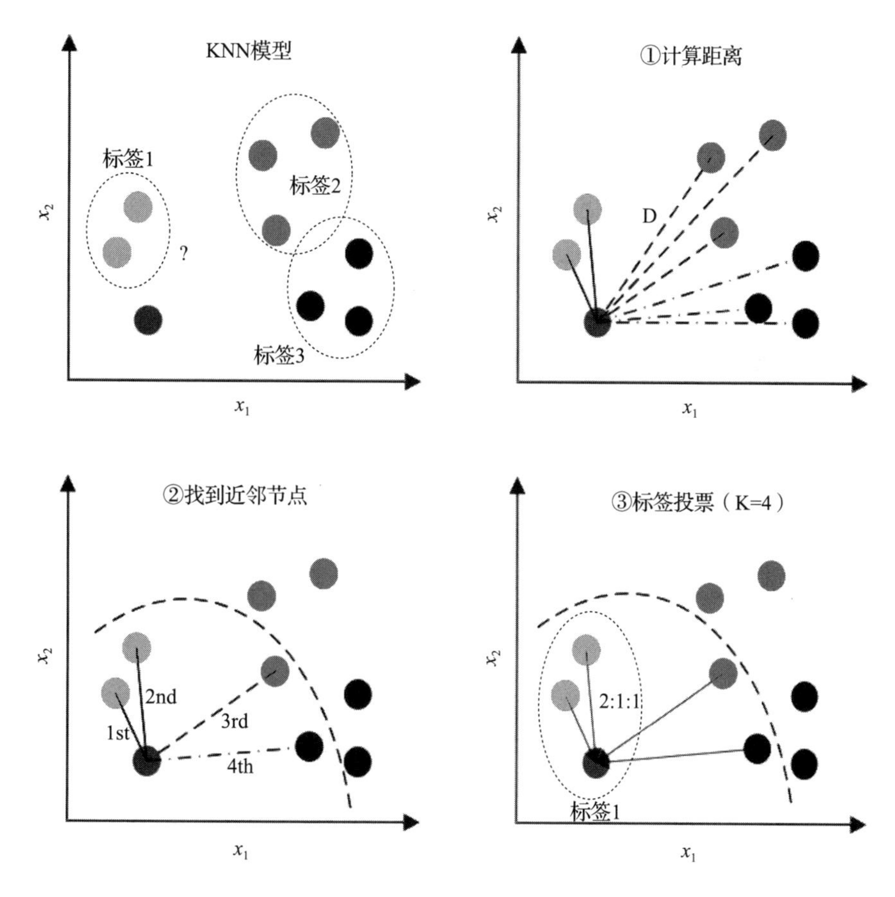

图 3.7 未加权 KNN 机制示意图，以 $K=4$ 为例

而它们的曼哈顿距离为：

$$d_m = \sqrt{\sum_{m=1}^{M} |\overline{x}_m - x_{nm}|} \tag{3.24}$$

根据相似性，$\overline{\boldsymbol{x}}$ 的类标签或属性值可以由它的 K 个最近邻进行投票或加权投票，即

$$\overline{y} \leftarrow \text{VOTE}\{K \text{ nearest } (\boldsymbol{x}_k, y_k)\} \tag{3.25}$$

KNN 算法的性能很大程度上取决于 K 的值，而 K 的最佳选择取决于训练样本。一般来说，较大的 K 有利于抵抗噪声数据的有害干扰，但模糊了不同类别之间的类边界。幸运的是，可以根据训练数据集的特点，通过多种启发式技术来确定一个合适的 K 值。

3.1.4 支持向量机

支持向量机 SVM 是另一种用于分类与回归的监督学习模型，它依赖于在高维空间中构造一个超平面或一组超平面来学习。最好的超平面是产生类之间最大间隔的超平面。然而，训练数据集在有限维空间中往往不是线性可分的。为了解决这个问题，支持向量机能够将原始的有限维空间映射到高维空间，在高维空间中训练数据集更容易被区分。

以线性二值支持向量机为例，有 N 个$\{(\boldsymbol{x}_1, y_1), (\boldsymbol{x}_2, y_2), \cdots, (\boldsymbol{x}_N, y_N)\}$训练样本，其中 $y_n=\pm 1$，表示点 $\boldsymbol{x}_n$ 的类标签。SVM 的目标是针对训练样本搜索一个间隔最大的超平面，该超平面能最好地将标签区分为 $y_n=1$ 和 $y_n=-1$ 的两类样本 $\boldsymbol{x}_n$。在这里，最大间隔意味着最近样本点和超平面之间的最大距离。超平面表示为：

$$\boldsymbol{\omega}^{\mathrm{T}}\boldsymbol{x}+b=0 \tag{3.26}$$

因此，我们可以量化训练样本$(\boldsymbol{x}_n, y_n)$的间隔为：

$$\gamma_n=y_n(\boldsymbol{\omega}^{\mathrm{T}}\boldsymbol{x}_n+b) \tag{3.27}$$

而且，我们假设当 $y_n=1$ 时 $\boldsymbol{\omega}^{\mathrm{T}}\boldsymbol{x}_n+b\geqslant 0$，而 $y_n=-1$ 时 $\boldsymbol{\omega}^{\mathrm{T}}\boldsymbol{x}_n+b\leqslant 0$ 是正确的分类。因为 $y_n(\boldsymbol{\omega}^{\mathrm{T}}\boldsymbol{x}_n+b)\geqslant 0$，因此大间隔意味着更好的正确分类。SVM 试图找到一个最优超平面，来最大化训练样本和考虑的超平面之间的最小间隔。给定一组线性可分的训练样本，经过归一化运算，SVM 可以表示为以下最优化问题：

66

$$\begin{aligned}&\max_{\boldsymbol{\omega},b}\min_{n=1,\cdots,N} y_n\left(\left(\frac{\boldsymbol{\omega}}{\|\boldsymbol{\omega}\|}\right)^{\mathrm{T}}\boldsymbol{x}_n+\frac{b}{\|\boldsymbol{\omega}\|}\right)\\&\text{s.t. } y_n(\boldsymbol{\omega}^{\mathrm{T}}\boldsymbol{x}_n+b)\geqslant\gamma,\ n=1, 2, \cdots, N,\\&\|\boldsymbol{\omega}\|=1\end{aligned} \tag{3.28}$$

其中 $\gamma=\min\limits_{n=1,\cdots,N} y_n\left(\left(\frac{\boldsymbol{\omega}}{\|\boldsymbol{\omega}\|}\right)^{\mathrm{T}}\boldsymbol{x}_n+\frac{b}{\|\boldsymbol{\omega}\|}\right)$。通过一些数学操作，式(3.28)可以简化为一个带有凸二次目标函数和线性约束的最优化问题，如下所示：

$$\begin{aligned}&\min_{\boldsymbol{\omega},b}\frac{1}{2}(\|\boldsymbol{\omega}\|)^2\\&\text{s.t. } y_n(\boldsymbol{\omega}^{\mathrm{T}}\boldsymbol{x}_n+b)\geqslant 1,\ n=1, 2, \cdots, N\end{aligned} \tag{3.29}$$

依靠拉格朗日对偶性，我们可以得到最优的 $\boldsymbol{\omega}$ 和 b。

如果训练样本不是线性可分的，支持向量机 SVM 能够将数据映射到一个高概率线性可分的高维特征空间中。这可能导致在原始空间中进行非线性分类或回归。幸运的是，在上述维度提升过程中，核函数对避免“维度灾难”起到了至关重要的作用。可选核函数有多种，如线性核函数、多项式核函数、径向基核函数、神经网络核函数等。此外，人们还设计了一些正则化方法来降低支持向量机对异常点的敏感性。

3.2　无监督学习

在本节中，我们将重点介绍一些典型的无监督学习算法，即 K 均值聚类、期望最大化（Expectation-Maximization，EM）、主成分分析（Principal Component Analysis，PCA）和独立成分分析（Independent Component Analysis，ICA）。

3.2.1　K 均值聚类

K 均值聚类是一种基于距离的聚类方法，其目的是将 N 个未标记的训练样本分为 K 个不同的有凝聚力的集群，每个样本属于一个集群。K 均值聚类用两个样本之间的距离来度量它们之间的相似性。K 均值聚类通常包括两个主要步骤，即根据样本与给定集群中心之间的最近距离，将每个训练样本分配到 K 个集群中的一个，并用分配给它的样本的均值更新每个集群中心。从而通过重复上述两步实现整个算法，直到达到收敛。

67

为了进一步说明，给定一组样本 $\{\boldsymbol{x}_1, \boldsymbol{x}_2, \cdots, \boldsymbol{x}_N\}$，其中 $\boldsymbol{x}_n=[x_{n1}, x_{n2}, \cdots, x_{nM}]$ 是 M 维向量。设 $\mathbb{S}=\{s_1, s_2, \cdots, s_K\}$ 表示聚类集，$\boldsymbol{\mu}_k$ 为 s_k 中样本的均值。K 均值聚类的目的是寻找最优的集群分割方法，具体如下：

$$\mathbb{S}^* = \underset{\{s_1, s_2, \cdots, s_K\}}{\arg\min} \sum_{k=1}^{K} \sum_{\boldsymbol{x} \in s_k} \|\boldsymbol{x}-\boldsymbol{\mu}_k\|^2 \tag{3.30}$$

然而式（3.30）是一个非确定性多项式可接受问题。幸运的是，有一系列高效的启发式算法可以快速收敛到局部最优解。

Lloyd 算法作为 K 均值聚类的低复杂度迭代优化算法之一，通常经过少量迭代就能获得满意的性能。特别地，给定 K 个初始集群中心 $\boldsymbol{\mu}_k$，$k=1, \cdots, K$，Lloyd 算法通过以下两个交替步骤得到最终的集群分割结果：

- 第1步，在第 r 轮迭代中，将每个样本分配到一个集群中。对 $n=1, 2, \cdots, N$ 和 i，$k=1, 2, \cdots, K$，如果有：

$$s_i^{(r)}=\{\boldsymbol{x}_n: \|\boldsymbol{x}_n-\boldsymbol{\mu}_i^{(r)}\|^2 \leqslant \|\boldsymbol{x}_n-\boldsymbol{\mu}_k^{(r)}\|^2, \ \forall k\} \tag{3.31}$$

则将样本 $\boldsymbol{x}_n$ 分配给第 i 个集群 s_i，即使它可能被分配给多个集群。

- 第2步，根据下式更新第 r 轮迭代形成的新的集群的新的中心：

$$\boldsymbol{\mu}_i^{(r+1)}=\frac{1}{|s_i^{(r)}|} \sum_{\boldsymbol{x}_j \in s_i^{(r)}} \boldsymbol{x}_j \tag{3.32}$$

其中，$|s_i^{(r)}|$ 表示第 r 轮迭代中第 i 个集群 s_i 中样本的数目。

68

当第1步中的任务是稳定的时候，则认为收敛是可达的。明确地说，达到收敛意味着当前这一轮形成的集群与上一轮形成的集群相同。由于它是一种启发式算法，不能保证它能收敛到全局最优。因此，聚类的结果很大程度上依赖于初始集群及其中心。

3.2.2 EM 算法

EM 算法[㊀]是一种迭代方法，用于搜索统计模型中参数的极大似然估计。通常，除了未知的参数外，统计模型还依赖于一些未知的隐变量，仅用所有未知的参数和隐变量对似然函数求导数很难得到一个封闭的解。EM 算法作为一种迭代算法，包含两步。在期望步(E 步)中，计算以给定参数和隐变量为条件的对数似然函数的期望值，而在最大化步(M 步)中，它通过最大化所考虑的期望对数似然来更新参数。

考虑到有可观测变量 $\boldsymbol{X}$ 和隐变量 $\boldsymbol{Z}$ 的统计模型，未知参数用 $\boldsymbol{\theta}$ 表示。未知参数的对数似然函数为：

$$l(\boldsymbol{\theta}; \boldsymbol{X}, \boldsymbol{Z}) = \log p(\boldsymbol{X}, \boldsymbol{Z}; \boldsymbol{\theta}) \tag{3.33}$$

因此，EM 算法设想如下：

- E 步，计算在 $\bar{\boldsymbol{\theta}}$ 的当前估计下的对数似然函数的期望值，即

$$Q(\boldsymbol{\theta} | \bar{\boldsymbol{\theta}}) = E_{\boldsymbol{Z} | \boldsymbol{X}, \bar{\boldsymbol{\theta}}}[\log p(\boldsymbol{X}, \boldsymbol{Z}; \boldsymbol{\theta})] \tag{3.34}$$

- M 步，将式(3.34)关于 $\boldsymbol{\theta}$ 极大化，以获得 $\bar{\boldsymbol{\theta}}$ 更新的估计，表示如下：

$$\bar{\boldsymbol{\theta}}' = \arg \max_{\boldsymbol{\theta}} Q(\boldsymbol{\theta} | \bar{\boldsymbol{\theta}}) \tag{3.35}$$

EM 算法在一些有用的统计模型如高斯混合模型(Gaussian Mixture Model，GMM)、隐马尔可夫模型(Hidden Markov Model，HMM)等的参数估计中起着至关重要的作用，这些模型都有利于聚类和预测。

69

3.2.3 主成分分析

最先进的大数据可能达到数十亿条记录和数百万个维度。所有数据变量都是彼此独立，它们之间没有相关结构，那是完全不可能的。对于数据科学家来说，**多重共线性**(multicollinearity)是一个挑战，即一些预测变量之间存在很强的相关性，这将导致解的不稳定性和结果的不一致性。贝尔曼(Bellman)首先指出，拟合多变量函数的样本量随着变量的数目[㊁]呈指数增长，这表明高维数据空间具有天然的稀疏性。过多的预测变量不仅不必要地复杂化了分析，而且也会导致过拟合。为了缓解这一技术挑战，**降维**(dimension reduction)或**特征提取**(feature extraction)成为大数据分析中最突出的

㊀ 建议读过第 6 章的引言后再阅读本节。

㊁ 见本章参考文献[4]。

问题。

在数据降维的方法中，**主成分分析**(Principal Components Analysis，PCA)起着基准的作用。主成分分析通过一组较少的预测变量的线性组合来解释预测变量的相关结构。这样的线性组合称为**成分**(components)。换句话说，PCA 概念的发展基于数据矩阵的特征值/特征向量。

假设原始(数据)变量 X_1，…，X_m 形成了 m 维空间中的一个坐标系。主成分表示一个新的坐标系，该坐标系通过沿具有最大变异性的方向旋转原坐标系而得到。在降维之前，通过适当的数据变换，将每个变量的均值设为零，方差为 1。也就是，设每个数据变量 $\boldsymbol{X}_i$ 为 $n\times1$ 大小的向量，并且

$$\boldsymbol{Z}_i=\frac{\boldsymbol{X}_i-\boldsymbol{m}_i}{\boldsymbol{\sigma}_{ii}} \tag{3.36}$$

其中 $\boldsymbol{m}_i$ 表示 $\boldsymbol{X}_i$ 的均值，$\boldsymbol{\sigma}_{ii}$ 表示 $\boldsymbol{X}_i$ 的标准差。换言之，

$$\boldsymbol{Z}=(\boldsymbol{V}^{1/2})^{-1}(\boldsymbol{X}-\boldsymbol{m}) \tag{3.37}$$

其中

$$\boldsymbol{V}^{1/2}=\begin{bmatrix}\sigma_{11} & 0 & \cdots & 0\\ 0 & \sigma_{22} & \cdots & 0\\ \vdots & \vdots & \ddots & \vdots\\ 0 & 0 & \cdots & \sigma_{mm}\end{bmatrix} \tag{3.38}$$

70

然后，将 $\boldsymbol{C}$ 表示为对称协方差矩阵。

$$\boldsymbol{C}=\begin{bmatrix}\sigma_{11}^2 & \sigma_{12}^2 & \cdots & \sigma_{1m}^2\\ \sigma_{21}^2 & \sigma_{22}^2 & \cdots & \sigma_{2m}^2\\ \vdots & \vdots & \ddots & \vdots\\ \sigma_{m1}^2 & \sigma_{m2}^2 & \cdots & \sigma_{mm}^2\end{bmatrix} \tag{3.39}$$

其中

$$\boldsymbol{\sigma}_{ij}^2=\frac{1}{n}\sum_{l=1}^{n}(\boldsymbol{x}_{li}-\boldsymbol{m}_i)(\boldsymbol{x}_{lj}-\boldsymbol{m}_j) \tag{3.40}$$

协方差的目的是测量两个变量如何一起变化。请注意，两个独立意味着不相关，但不相关并不意味着独立。相关系数为：

$$\rho_{ij}=\frac{\boldsymbol{\sigma}_{ij}^2}{\boldsymbol{\sigma}_{ii}\boldsymbol{\sigma}_{jj}} \tag{3.41}$$

相关矩阵定义为 $\boldsymbol{R}=[\rho_{ij}]_{m\times m}$。考虑标准化的数据矩阵 $\boldsymbol{Z}$，我们有：

$$E[\boldsymbol{Z}]=\boldsymbol{O}_{n\times m} \tag{3.42}$$

从而

$$Cor(\boldsymbol{Z})=(\boldsymbol{V}^{1/2})^{-1}\boldsymbol{C}(\boldsymbol{V}^{1/2})^{-1} \tag{3.43}$$

注： 标准化数据矩阵的协方差矩阵与相关矩阵相同。

标准化数据矩阵 $\boldsymbol{Z}=[\boldsymbol{Z}_1, \cdots, \boldsymbol{Z}_m]$，其特征向量为 $\boldsymbol{e}_1$，$\boldsymbol{e}_2$，…，则其第 i 个主成分由下式给出

$$\boldsymbol{Y}_i=\boldsymbol{e}_i^{\mathrm{T}}\boldsymbol{Z} \tag{3.44}$$

其中 $\boldsymbol{e}_i$ 是 $\boldsymbol{Z}$ 的第 i 个特征向量。主成分 $\boldsymbol{Y}_1$，$\boldsymbol{Y}_2$，…，Y_k，$k\leqslant m$ 是标准数据矩阵 $\boldsymbol{Z}$ 的线性组合，使得

- $\{\boldsymbol{Y}_i\}$的方差尽可能大。
- $\{\boldsymbol{Y}_i\}$不相关。

第一个主成分是如下线性组合

71

$$\boldsymbol{Y}_1=\boldsymbol{e}_1^{\mathrm{T}}\boldsymbol{Z}=\sum_{l=1}^{m}\boldsymbol{\varepsilon}_{l1}\boldsymbol{Z}_l \tag{3.45}$$

并且比任何其他的线性组合具有更大的可变性。换句话说，第一主成分起最重要作用并具有如下性质：

- 第一个主成分表示的线性组合 $\boldsymbol{Y}_1=\boldsymbol{e}_1^{\mathrm{T}}\boldsymbol{Z}$ 最大化方差 $\mathrm{Var}(\boldsymbol{Y}_1)=\boldsymbol{e}_1^{\mathrm{T}}\boldsymbol{R}\boldsymbol{e}_1$.
- 第 i 个主成分表示的线性组合 $\boldsymbol{Y}_i=\boldsymbol{e}_i^{\mathrm{T}}\boldsymbol{Z}$ 与所有其他主成分 $\boldsymbol{Y}_j$，$j<i$ 独立，并最大化 $\mathrm{Var}(\boldsymbol{Y}_i)=\boldsymbol{e}_i^{\mathrm{T}}\boldsymbol{R}\boldsymbol{e}_i$。

例： 图 3.8 给出了一个由三维数据空间推导二维主成分的简单示例。

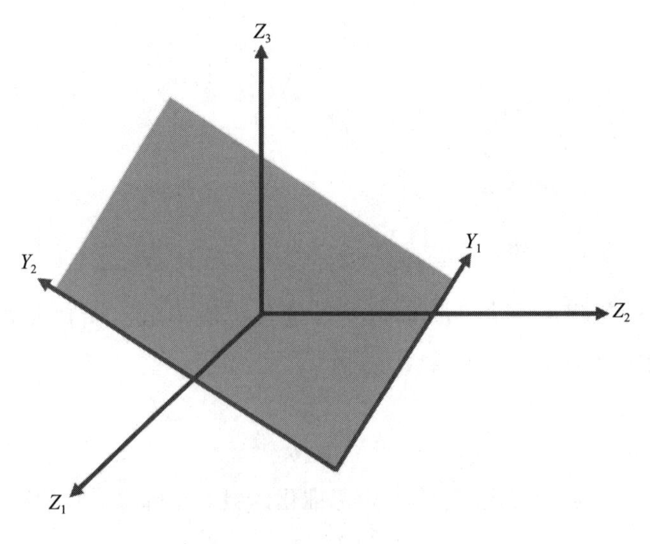

图 3.8　标准化数据空间和由主成分张开的空间/平面

命题： 设 λ_i 为特征向量 $\boldsymbol{e}_i$ 对应的特征值。

(a) 总可变性

$$\sum_{i=1}^{m}\mathrm{Var}(\boldsymbol{Y}_i)=\sum_{i=1}^{m}\mathrm{Var}(\boldsymbol{Z}_i)=\sum_{i=1}^{m}\lambda_i=m \tag{3.46}$$

(b) 部分相关性

$$\mathrm{Corr}(\boldsymbol{Y}_i,\ \boldsymbol{Z}_j)=\boldsymbol{e}_{ij}\sqrt{\lambda_i},\ i,\ j=1,\ \cdots,\ m \tag{3.47}$$

72

这里$(\lambda_1,\ \boldsymbol{e}_1)$，…，$(\lambda_m,\ \boldsymbol{e}_m)$是相关矩阵 $\boldsymbol{R}$ 的特征值-特征向量对，并且 $\lambda_1 \geqslant \lambda_2 \geqslant \cdots \geqslant \lambda_m$。

(c) $\boldsymbol{Z}$ 中的总可变性的比例由 λ_i/m 解释。

注： 从计算的角度来看，一旦得到了第一个主成分，接下来的几个主成分就更难得到。

▶**练习：** Niklas 参加了高尔夫校队，所有 12 名队员的身高(厘米，X)和体重(千克，Y)如下：

身高	182	188	178	180	179	171	167	195	188	175	183	186
体重	75	77	72	81	71	64	65	96	83	76	86	79

利用最小二乘准则来推断 $\mathbb{E}[Y|X]$，

(a) 请找出第一主成分。

(b) 请找出线性回归模型并与(a)比较。

3.3 深度神经网络

人类大脑可能是动作和推断的最有效的计算机器。大脑是一个高度复杂的、非线性的、并行的计算机，但与基于数字逻辑电路和总线结构的现代计算机的体系结构有很大的不同，人脑组织**神经元**(neurons)进行诸如模式识别、感知和控制等计算。**人工神经网络**(Artificial Neural Network，ANN)模仿人类大脑神经元之间的相互作用，在信息处理硬件上执行一套算法，提取特征用于聚类和分类。在普通的 ANN 模型中，每个人工神经元的输入都是实数信号，而每个人工神经元的输出则由其输入之和的非线性函数来计算，如图 3.9 所示。以下三个要素用于建模神经元：

(a) 一组**突触**(synapses)，可以用连接的链接来表示。在这些链接中，信号 x_l，$l=1$，…，L 作为权重为 w_{kl} 的第 l 个突触的输入。

(b) 一个加法器，根据各自的突触强度对加权输入信号求和。偏置 b_k 可以用来调节激活函数的净输入。

(c) 一个**激活函数**(activation function)$\psi(\cdot)$，也被称为**挤压函数**(squashing function)，用于限制输出信号的允许幅值范围。

73

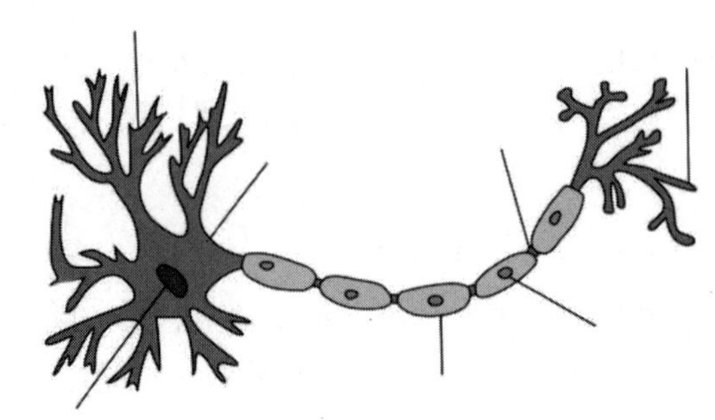

a）神经元的典型结构

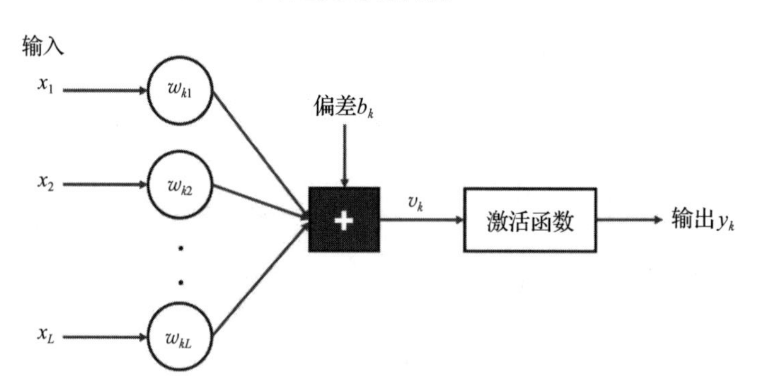

b）神经元的系统模型

图 3.9　第 k 个神经元的非线性模型：图 a 为维基百科上的神经元的一种典型结构；图 b 为系统模型

数学上，神经元模型为：

$$y_k=\psi\left(\sum_{l=1}^{L}w_{kl}x_l+b_k\right)=\psi(u_k+b_k)=\psi(v_k) \tag{3.48}$$

其中 u_k 是线性组合器的输出，v_k 表示**感应局部场**(induced local field)。

人工神经元及其连接通常使用权重来调整学习过程的强度。有好几种方法可以对激活函数建模：

- 阈值函数，其中典型的版本是赫维赛德函数：

$$\psi(v)=\begin{cases}1, & v\geqslant 0\\0, & v<0\end{cases} \tag{3.49}$$

- Sigmoid 函数，给出一对一的 S 形非线性关系。一个常见的例子是定义的逻辑斯谛函数：

$$\psi(v)=\frac{1}{1+\mathrm{e}^{-cv}} \tag{3.50}$$

74

以上激活函数的值域为(0，1)。有时，我们可能想要将输出值范围扩大到(−1，1)，则可用式(3.50)来替换式(3.49)：

$$\psi(v)=\begin{cases}1, & v\geqslant 0\\ 0, & v=0\\ -1, & v<0\end{cases} \tag{3.51}$$

我们也可以利用双曲正切函数来扩展式(3.50)的输出范围：

$$\psi(v)=\tanh(v) \tag{3.52}$$

而且，人工神经元以层的方式组织。不同层对其输入执行不同类型的变换。基本上，信号可能通过多个隐含层从第一层传播到最后一层。DNN 是一种深度人工神经网络，其特征是输入和输出层之间有多个隐含层。DNN 能够通过多种非线性转换对数据的复杂关系进行建模。在 DNN 中，额外的层可以组合较低层的特征，这在用更少的单元来建模复杂数据方面比只有一个隐含层的浅层网络更有利。此外，DNN 是一种前馈网络，数据沿输入层到输出层的方向流动，不会循环返回。

相比之下，循环神经网络(Recurrent Neural Network，RNN)是一种人工神经网络，其中一层的任何神经元都能够连接到上一层的神经元。换句话说，RNN 能够利用时间序列中的动态时间信息，并能够充分利用以前层的“记忆”来处理未来的输入。常用的训练 RNN 的算法包括实时循环学习、因果递归反向传播算法、基于时间的反向传播算法等。

卷积神经网络(CNN)是一类前馈深度人工神经网络，具有权重共享架构和平移不变性特征，因此需要最少的预处理。在一个基本的 CNN 架构中，它由一个输入层、一个输出层和多个隐含层组成，这些隐含层通常由卷积层、池化层和全连接层组成。特别是，卷积层调用一个卷积操作，也称为对输入的互相关操作，并产生一个依赖于包含的滤波器数量的多维特征映射。CNN 已经成功地应用于图像和视频识别，自然语言处理和推荐系统等领域。图 3.10 分别给出了 DNN、RNN 和 CNN 的基本架构。

75

深度学习可以与 AlphaGo© 等其他机器学习技术一起应用。

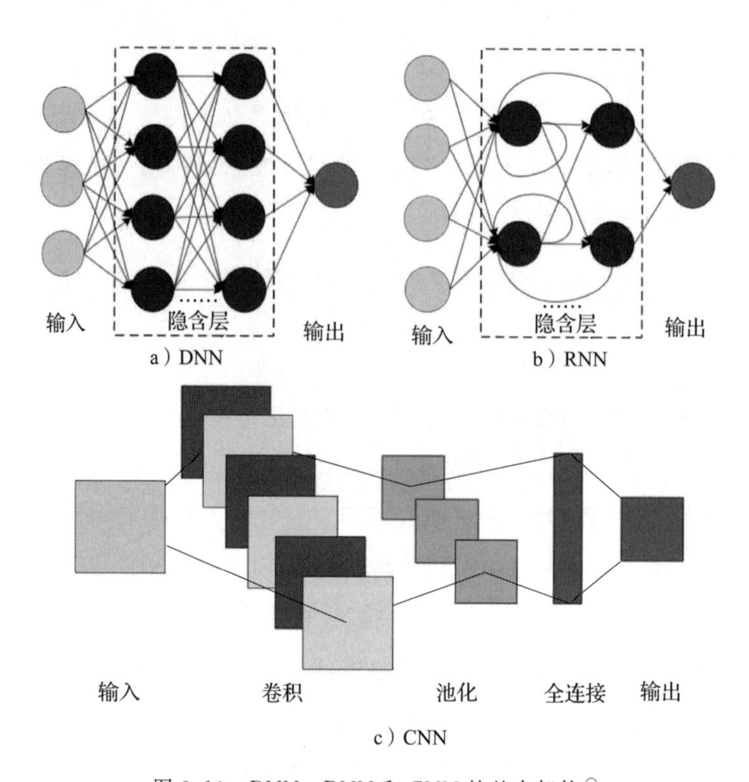

图 3.10 DNN、RNN 和 CNN 的基本架构[⊖]

3.4 数据预处理

一旦我们从传感器或数据采集中获得了原始数据集，在进行数据分析之前，由于数据字段、模型、策略等方面的考虑，必须对数据集中的缺失值、异常值、某些数据的不可能性或不一致性进行**校正**。因此需要**数据清洗**(data cleaning)，这实际上在数据分析中需要付出很大的努力，特别是机器人中带噪声的传感器数据。

例(缺失数据)：假设我们正在收集车辆的 GPS 数据集，以进行移动模式预测。一辆车正穿过林肯隧道，如图 3.11 所示。显然，由于无法接收到卫星的 GPS 信号，该车辆的 GPS 数据集中会有一些缺失值。我们如何填补缺失的数据？

解：线性插值是直接的解决方案。此外，现代车辆通常配备速度里程计和陀螺仪，以进一步精确地填补缺失的 GPS 数据。

数据清洗的另一个主要问题是识别数据集中的异常值，这种异常值可能会使我们

⊖ 见本章参考文献[8]。

的统计数据变得没有意义。为了说明这一点，图 3.12 提供了 25 种依靠汽油发动机的车型(轿车和 SUV)在测试 10 000 英里[一]后的平均油耗。我们可以观察到两种被视为异常值的不同寻常的情况：

- 一辆仅重 200 磅[二]的汽车的油耗为每加仑 8 英里。其他车辆的重量在 2000～5000 磅左右。
- 另一辆车重量超过 5000 磅，但油耗超过 50 英里每加仑，与趋势截然不同。

76

图 3.11　曼哈顿和新泽西之间的林肯隧道地图

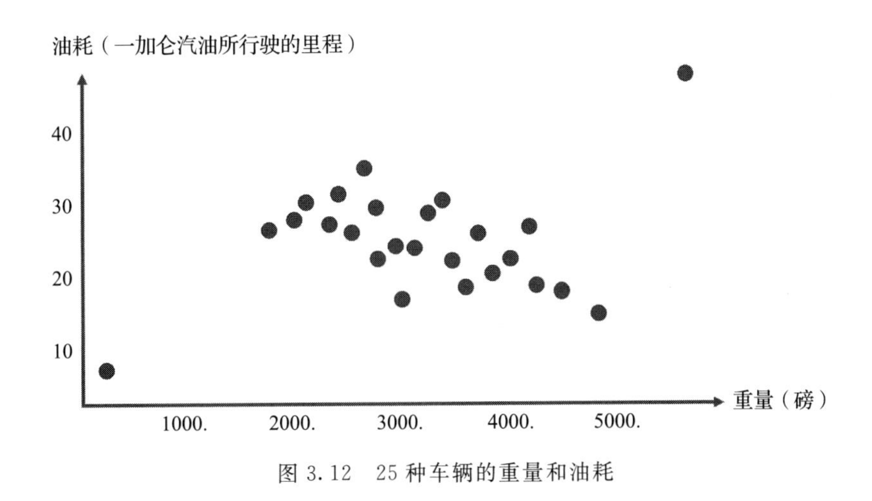

图 3.12　25 种车辆的重量和油耗

然而，以上的观察都基于人类的智能。有没有科学的方法来识别数据集中的异常

[一] 1 英里等于 1609.344 米。——编辑注
[二] 1 磅等于 0.453 592 37 千克。——编辑注

值？此外，我们是否可以自动地将异常值转换为规范化数据(即数据转换)，从而不会做出不好的推断？我们可以直观地观察样本均值和样本方差(以及样本标准差)。本节将介绍更精致的方法。

命题(极小极大归一化)：定义数据变量 X 的极小极大归一化为：

77

$$X_{mm}^{*}=\frac{X-\min(X)}{range(X)}=\frac{X-\min(X)}{\max(X)-\min(X)} \tag{3.53}$$

注：极小极大归一化将数据转换到[0，1]范围，中值 $\frac{\max(X)+\min(X)}{2}$ 变换为 $\frac{1}{2}$。

命题(零均值规范化)：对数据变量 X 中的样本 x，通过样本均值和样本方差(和样本标准差)定义其 Z 分数为：

$$Z(x)=\frac{x-\overline{X}}{\sigma(X)} \tag{3.54}$$

注：Z 分数是一个数据变量对正态分布的模拟分布。众所周知，在正态分布中，大于 3 个标准差的值发生的概率相当低(即小于 10^{-3})。

命题(偏度)：对数据变量 X，样本中位数为 v_X。X 的偏度 ξ_X 是：

$$\xi_X=\frac{3(m_X-v_X)}{\sigma_X} \tag{3.55}$$

注：对右边偏斜的数据，其均值大于中位数，因此 $\xi_X>0$，而对左边偏斜的数据，其均值小于中位数，因此 $\xi_X<0$。现实世界的数据通常是偏斜的。

例(美国家庭收入)：图 3.13 总结了 2014 年公示的部分统计数据。美国家庭平均收入为 75 738 美元，但中位数收入接近 56 000 美元，这是典型的右偏斜数据。

▶**练习**：以下地理数据集(x，y，z，t)中是否有异常值？

(35.107，126.299，35.72，1.003)

(35.110，126.328，35.43，2.082)

(35.663，127.019，38.92，5.185)

(34.988，126.630，36.02，6.178)

(35.149，126.712，36.83，7.284)

家庭收入	数目(千)[47]	百分比	百分位数	平均收入[47]	平均收入者人数[48]	平均住户人数[48]
总计	124,587	—	—	$75,738	1.28	2.54
Under $5,000	4571	3.67%	0	$1,080	0.20	1.91
$5,000 to $9,999	4320	3.47%	3.67th	$7,936	0.34	1.78
$10,000 to $14,999	6766	5.43%	7.14th	$12,317	0.39	1.71
$15,000 to $19,999	6779	5.44%	12.57th	$17,338	0.54	1.90
$20,000 to $24,999	6865	5.51%	18.01th	$22,162	0.73	2.07
$25,000 to $29.999	6363	5.11%	23.52th	$27,101	0.82	2.19
$30,000 to $34.999	6232	5.00%	28.63th	$32,058	0.94	2.27
$35,000 to $39.999	5857	4.70%	33.63th	$37,061	1.04	2.31
$40,000 to $44.999	5430	4.36%	38.33th	$41,979	1.15	2.40
$45,000 to $49.999	5060	4.06%	42.69th	$47,207	1.24	2.52
$50,000 to $54.999	5084	4.08%	46.75th	$51,986	1.32	2.54
$55,000 to $59.999	4220	3.39%	50.83th	$57,065	1.41	2.56
$60,000 to $64.999	4477	3.59%	54.22th	$62,016	1.46	2.64
$65,000 to $69.999	3709	2.98%	57.81th	$67,081	1.51	2.67
$70,000 to $74.999	3737	3.00%	60.79th	$72,050	1.57	2.73
$75,000 to $79.999	3484	2.80%	63.79th	$77,023	1.60	2.79
$80,000 to $84.999	3142	2.52%	66.58th	$81,966	1.63	2.79

图3.13 美国家庭收入的部分分布，选自维基百科

▶**练习：**给Hannah下列大学女子举重代表队中队员的标准身高(厘米)和体重(千克)。根据以下数据，应该把最后一个人的数据保存起来，用于将来的统计推断吗？请解释你的理由。 78

身高	165	168	178	180	173	171	167	185	188	175	183	157
体重	55	67	72	81	71	64	58	86	83	76	86	91

注：我们后面会讲到，机器人的操作基于大量的传感器数据，这些数据都是依靠无线通信来传输的，这些有噪声的数据如果不进行快速的预处理，可能会极大地影响机器人操作的精确性。 79

延伸阅读：有一些关于机器学习的好书，如参考文献[3，5，6]。对于机器学习在无线网络中的应用，读者可以阅读参考文献[7]和[8]，它们总结了本章的很多材料。

参考文献

[1] P. Klimek, U. Yegorov, R. Hanel, S. Thurner, "Statistical Detection of Systematic Election Irregularities", *Proceeding of National Academy of Science*, vol. 109, no. 41, pp. 16469–16473, October 9, 2012.
[2] V. N. Vapnik, "An overview of statistical learning theory", *IEEE Transactions on Neural Networks*, vol. 10, no. 5, pp. 988–999, May 1999.
[3] T. Hastie, R. Tibshirani, J. Friedman, *The Elements of Statistical Learning*, 2nd edition, Springer, 2009.
[4] R. Bellman, *Adaptive Control Processes: A Guided Tour*, Princeton University Press, 1961.
[5] C.M. Bishop, *Pattern Recognition and Machine Learning*, Springer, 2006.
[6] K.P. Murphy, *Machine Learning: A Probabilistic Perspective*, MIT Press, 2012.
[7] C. Jiang, H. Zhang, Y. Ren, Z. Han, K.C. Chen, L. Hanzo, "Machine Learning Paradigms for Next-Generation Wireless Networks", *IEEE Wireless Communications*, vol. 24, no. 2, pp. 98–105, April 2017.
[8] J. Wang, C. Jiang, H. Zhang, Y. Ren, K.-C. Chen, L. Hanzo, "Thirty Years of Machine Learning: The Road to Artificial Intelligence Pareto-Optimal Wireless Networks", *IEEE Communications Surveys and Tutorials*, vol. 22, no. 3, pp. 1472–1514, 3Q 2020.

80

第4章 马尔可夫决策过程

机器人或任何AI智能体的基本功能是做出决策或执行动作。更大的挑战是，机器人通常必须在不确定的情况下执行一个动作或一系列动作。由于不确定性通常可以用概率方法来处理，本章将引入决策的统计框架，首先以一次性决策的形式，然后是序列决策过程，特别是隐含在动态系统中的马尔可夫决策过程。

4.1 统计决策

决策是人类最基本的智力行为之一，而由伯努利(D. Bernoulli)引领的数学家们花了300多年的时间来分析理解决策过程。现代决策理论和统计决策理论㊀建立于20世纪，已成功应用于通信和信号处理㊁。让我们用下面的例子来说明决策过程中的不确定性。

例：Patrick是一名研究生，他开车到大学参加早上9点到11点的期末考试。不幸的是，当他早上9点到达教室旁边的停车场时，停车场已经满了。帕特里克面临两种选择：

(a) 开车到偏远的停车场，然后跑到教室，导致期末考试迟到20分钟，很可能导致成绩差。

(b) 违章在路边停车，罚款200元，但校园停车人员平均每3小时检查一次。

帕特里克应该怎么决定？这似乎与先验知识和成本结构有关。

在早期的统计中，**统计推断**(statistical inference)通常是通过频率推理来完成的，通常是通过论证“如果实验重复很多次会怎样”。当然，帕特里克不能在上面的例子中重复他的困境很多次，因此这需要一个更系统的方法。从广义上讲，决策理论的目的是试图帮助人类和机器做出理性和逻辑的决策。因此，决策理论应该能够回答以下问题：

㊀ 见本章参考文献[1]。

㊁ 见本章参考文献[2]。

- 什么是决策？
- 什么是好的决策？
- 我们如何正式评估决策？
- 我们如何形式化表达决策者面临的决策问题？

贝叶斯定理(Bayes theorem)在统计推理中对于推断一个决策是非常有用的。

贝叶斯定理：如果 X，Y 都是随机变量，则有

$$P(Y|X)=\frac{P(X|Y)P(Y)}{P(X)} \tag{4.1}$$

▶**练习(Monte Hall)**：在一个受欢迎的电视节目中，游戏的获胜者可以参加一个比赛获得现金奖励。规则如下：获奖者可以在三扇门中选择一扇，其中一扇门后有一大笔现金，另外两扇门后有只有“谢谢”两字。

- 一旦获胜者选择了其中一扇门，电视节目主持人就会打开另外两扇门中的一扇并显示“感谢”标志。主持人会问获胜者是否要改变他/她的选择。显然，主人知道后面的哪扇门有奖品。请为获胜者确定最佳策略，是改变还是不改变选择。
- 一旦获胜者选择了其中一扇门，地震就会发生，因此另外两扇门中的一扇随机打开，露出一个“感谢”标志。主持人会问获胜者是否要改变他/她的选择。请为获胜者决定是否要改变选择。

命题(观察数据的贝叶斯定理)：令 θ 表示未知参数，$\mathcal{D}$ 表示观察数据，$\mathcal{H}$ 表示整个假设空间。则，

82

$$P(\theta|\mathcal{D}, H)=\frac{P(\mathcal{D}|\theta, \mathcal{H})P(\theta|\mathcal{H})}{P(\mathcal{D}|\mathcal{H})} \tag{4.2}$$

注：用高级语言，上述命题意思是

$$后验=\frac{似然\times先验}{证据}$$

除了人工智能和机器学习，决策理论也是现代数字通信的基础。现代数字通信最简单的例子可以总结如下。

例：一对发射机和接收机使用公认的二元信号集$\{s_0(t), s_1(t)\}$分别表示“0”和“1”。发射机将选定的波形发送到信道中，以表示要传输的二进制信号。信道可以是无线介质或光纤，但都会带一些破坏波形的嵌入式噪声。接收机获取接收到的波形$r(t)$，以确定两个假设中的哪个为真：

$$H_0: r(t)=s_0(t)+n(t) \tag{4.3}$$

$$H_1: r(t)=s_1(t)+n(t) \tag{4.4}$$

如果接收机选择 H_0，则将接收到的波形解码为信号“0”。同样，如果接收机选择 H_1，则将接收到的波形解码为信号“1”。接收机扮演一个 AI 智能体的作用，根据接收到的波形智能地确定信号。图 4.1 说明了这个技术问题，如何设计一个数字通信接收机，根据接收到的波形和约定的信号波形来确定要发射的信号位。接收机或智能体必须检验上述方程中的两种假设来做决策，这就是统计中的**假设检验**(hypothesis testing)。

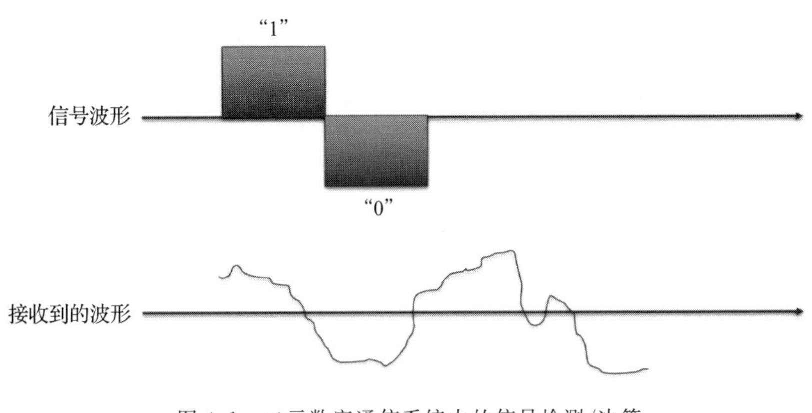

图 4.1 二元数字通信系统中的信号检测/决策

83

注：这种假设检验的一个简单而直观的实现是**匹配滤波器**(matched filter)。匹配滤波器的基本原理是设计一个最大化信噪比(Signal-to-Noise Ratio，SNR)的接收滤波器。加性高斯白噪声(Additive White Gaussian Noise，AWGN)在许多模式识别问题中都有广泛的应用，匹配滤波器的脉冲响应为：

$$h(t)=S^*(T-t), \quad 0\leqslant t\leqslant T \tag{4.5}$$

其中 $s_1(t)=-s_0(t)=S(t)$，$0\leqslant t\leqslant T$，符号 $*$ 表示复共轭。图 4.2 说明了匹配滤波器的操作。在这种情况下，匹配滤波器的脉冲响应就是保持不变的 $s_1(t)$的时间反转波形。假设完全同步，接收到的波形被送入匹配滤波器，然后每 T 个区间采样一次，再复位，得到 3 个采样值。由于对极信号波形的关系，决策阈值可以直观地设置为零(实际上，在数学上对于等可能的情况也是正确的)。对于大于 0 的样本值，确定为“1”，否则，确定为“0”以完成统计决策机制。同样的原理也可以推广到其他**统计模式识别**(statistical pattern recognition)问题，例如图 3.6 中的数字识别问题。

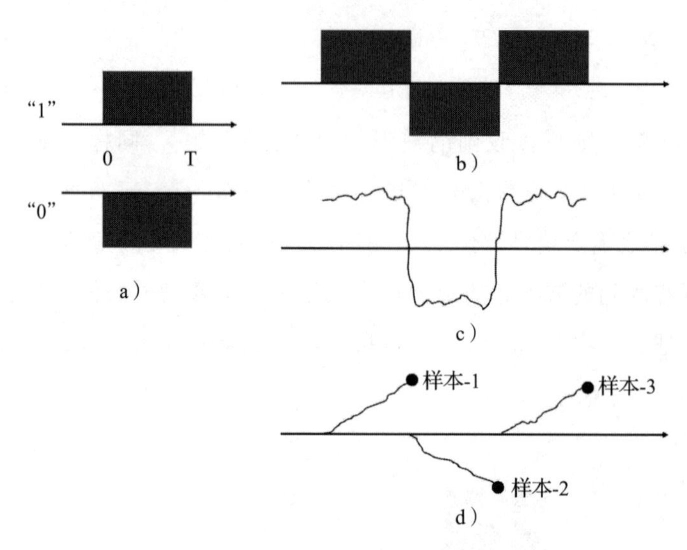

图 4.2　匹配滤波器的工作原理图 a 为一个对极二进制信号集；图 b 为发射 3 位"101"的波形；图 c 为接收波形；图 d 为使用"1"的信号波形匹配接收波形来获得 3 个样本值

84

注：除了数字通信之外，假设检验相当于一系列人工智能决策问题，比如分类、模式识别等。更一般地说，**统计推理**涉及不同类型的问题：**假设检验**、**估计**、**预测**和**排序**。

4.1.1　数学基础

基于早期的经验做出决策是人类的一种自发行为，由于不确定性，早期的经验常常被建模为统计数据。统计决策理论是在有统计知识的情况下进行决策的数学框架。经典统计学使用样本信息直接推断参数 θ。(现代)决策理论则结合两方面的信息做出最佳决策，一方面通过结合问题相关方面的样本信息，另一方面则结合在 20 世纪 60 年代提出的两种成分：

- 亚伯拉罕·瓦尔德提出的决策的可能结果。
- 由 L.J. 萨维奇引入的**先验**(prior)信息。

因此，一个决策问题涉及一组状态集合 $\mathcal{S}$，一组决策的潜在结果集合 $\mathcal{X}$。一个决策(或称为一个行为或动作)被认为是从状态空间到结果集的映射。也就是说，在每个状态 $s \in \mathcal{S}$ 中，一个行为 a 产生一个定义良好的结果 $a(s) \in \mathcal{X}$。决策者必须在没有准确了解世界现在状态的情况下对行为进行排序。换句话说，行为具有不确定性。

行为的结果通常可以根据相对吸引力进行排序，也就是说，有些结果比其他结果更好。由于冯·诺依曼和摩根斯特恩在博弈论中的开创性工作，这通常通过**效用**函数

u 进行数值建模，该函数为每个结果 $x \in \mathcal{X}$ 分配一个效用值 $u(x) \in \mathbb{R}$。为了对关于状态的知识的不确定性进行建模，我们通常假设 $\mathcal{S}$ 上的概率分布 π 作为先验信息，这可以通过经验或统计方法提前获得。

通常，决策规则会继续选择一个行动，以产生更优的期望效用

$$E[U] = \sum_{s \in \mathcal{S}} \pi(s) u[a(s)] \tag{4.6}$$

当然，我们通常倾向于更大的效用，这将导致效用最大化。在许多情况下，我们会考虑成本、风险或动作的代价，这意味着成本的最小化，例如，设计一个如机器人或通信接收机这样的高可靠系统。

85

例： 数字通信系统在信号检测方面要求极高的精度。误码率(Bit Error Rate，BER)或错误概率通常用来衡量接收机的性能。错误被视为行动的代价。BER 的常见要求是 10^{-6}，这意味着在接收端的平均 100 万个决策中有一个错误。

一个由 M 个元素(或不同的决策)组成的**决策空间**定义为 $\mathcal{A} = \{a_0, a_1, \cdots, a_{M-1}\}$。决策规则 $\delta(s) = a \in \mathcal{A}$ 通过评估效用将状态映射到行为。非随机划分规则从 $\mathcal{A}$ 中选择一个动作，随机决策规则决定 $\mathcal{A}$ 中元素的概率分布，即 $p_\delta[\delta(x) = a_m]$，$m = 0, \cdots, M-1$。

最后，必须选择合适的决策规则。如果代价函数和先验概率 $\pi(\cdot)$ 都已知，则采用贝叶斯决策规则。如果代价函数已知，但先验概率未知，则使用**极小极大**决策规则。最后，在代价函数和先验概率都未知的情况下，可以采用 Neyman-Pearson 决策规则。

4.1.2　贝叶斯决策

贝叶斯决策基于已知先验概率和代价(或等价术语，如风险和损失)。我们使用下面的例子来说明如何进行贝叶斯决策。

例(二元假设检验)： 假设我们想通过测量电压来检测电缆上的电信号。对每次测量，实践经验暗示有信号的先验概率为 1/2，即 $\pi_1 = \pi_0 = 1/2$。如果信号存在，测量的电压应该是一个正常数 A。否则，测量的电压预计为 0。然而，内含的均值为 0 和方差为 σ^2 的加性高斯噪声干扰了测量，即 $n \sim G(0, \sigma^2)$。错误检测的代价为常数 C_b。这正好精确构成了如下的二元**假设检验**问题：

$$H_1(\text{信号存在})：y=A+n \tag{4.7}$$

$$H_0(\text{信号不存在})：y=n \tag{4.8}$$

随后的**似然函数**为

$$f_1(y|H_1)=\frac{1}{\sqrt{2\pi\sigma^2}}e^{-\frac{1}{2}(y-A)^2} \tag{4.9}$$

$$f_0(y|H_0)=\frac{1}{\sqrt{2\pi\sigma^2}}e^{-\frac{1}{2}y^2} \tag{4.10}$$

如图4.3所示，判决机制只是简单地确定哪个假设更有可能。更准确地说，它等价于比较$\pi_1 f_1(y|H_1)$和$\pi_0 f_0(y|H_0)$来确定哪个更大。

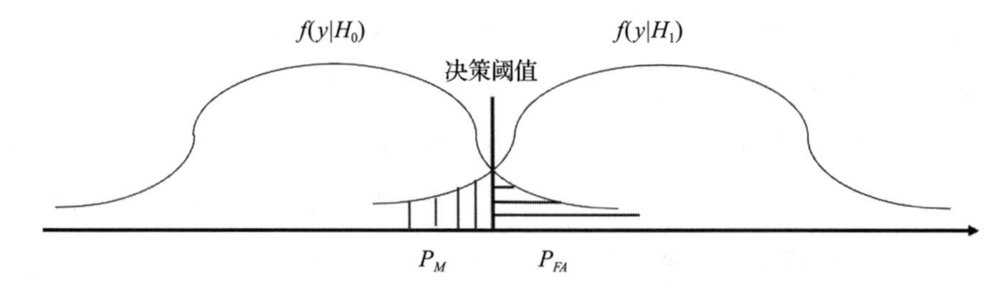

图4.3　两种假设的似然函数

我们通常将其表述为如下的**似然比检验**(likelihood ratio test)：

$$L(y)=\frac{\pi_1 f_1(y|H_1)C_b}{\pi_0 f_0(y|H_0)C_b} \underset{H_0}{\overset{H_1}{\gtrless}} 1 \tag{4.11}$$

为了消除指数运算，我们引入对数，这是一个一对一的函数，能够在比较中保持关系，因此形成了**对数似然比检验**(log likelihood ratio test)：

$$l(y)=\log L(y)=Ay-\frac{1}{2}A^2 \underset{H_0}{\overset{H_1}{\gtrless}} 0 \tag{4.12}$$

其中$\pi_1=\pi_0=1/2$。上式暗示在获得噪声测量值y后，采用简单的决策机制来确定

$$H_1：\text{如果 } y>\frac{A}{2}$$

$$H_0：\text{如果 } y<\frac{A}{2}$$

如果$y=A/2$，则可以随机或任意选择一个决策。

这种二元决策/检测的错误概率为

$$P_e=\pi_1 P(H_0|H_1)+\pi_0 P(H_1|H_0)$$

$$=\frac{1}{2}Q\left(\frac{A/2}{\sigma}\right)+\frac{1}{2}Q\left(\frac{A/2}{\sigma}\right)=Q\left(\frac{A/2}{\sigma}\right) \tag{4.13}$$

其中 $Q(x)=\int_x^{\infty}\frac{1}{\sqrt{2\pi}}\mathrm{e}^{-t^2/2}\mathrm{d}t$ 是高斯尾部函数。

87

注： 该方法可以很容易地推广到 M 个已知先验分布的候选决策对象中。

上面的例子是一维数据。为了处理高维数据（例如第 3 章的模式识别练习），我们考虑以下 M 元假设检验：

$$H_i:\ y(t)=s_i(t)+n(t),\quad i=1,\ \cdots,\ M \tag{4.14}$$

假设我们有一组正交基函数 $\{\phi_k(t)\}_{j=1}^N$，满足：

$$\int_0^{\infty}\phi_i(t)\phi_j(t)\mathrm{d}t=\delta_{ij} \tag{4.15}$$

因此有：

$$n_i=\int_0^{\infty}n(t)\phi_i(t)\mathrm{d}t \tag{4.16}$$

引理： 假设 $n(t)$ 是均值为零，功率谱密度为 $N_0/2$ 的高斯白噪声，则：

(a) $\{n_i\}$ 是联合高斯的。

(b) $\{n_i\}$ 是彼此不相关的，因此是相互独立的。

(c) $\{n_i\}$ 是均值为零，功率谱密度为 $N_0/2$ 的独立同分布高斯。

相似地，我们展开 $\boldsymbol{s}_i(t)$ 为：

$$s_{ij}=\int_0^{\infty}s_i(t)\phi_j(t)\mathrm{d}t \tag{4.17}$$

因此，$\boldsymbol{s}_i=(s_{i1},\ s_{i2},\ \cdots,\ s_{iN})^{\mathrm{T}}$。我们成功将一个连续函数变换到一个 N 维**信号空间**中的信号向量。对于模式分类或模式识别问题，信号空间是一个有用的概念，而这里的信号检测就是一种分类问题。

注： 如果我们仅仅已知 $s_i(t)$，$i=1$，$\cdots$，M，而 $\{\phi_k(t)\}_{j=1}^N$ 未知，我们可以使用格拉姆-施密特方法得到一组标准正交基函数。

对于观测信号 $y(t)$，我们有：

$$y_i=\int_0^{\infty}y(t)\phi_i(t)\mathrm{d}t \tag{4.18}$$

组成 $\boldsymbol{y}$。则，似然函数

$$f_Y(\boldsymbol{y}\,|\,H_i)=\prod_{j=1}^{N}f_{Y_j}(y_j\,|\,H_i),\quad i=1,\ \cdots,\ M \tag{4.19}$$

88

其中乘积形式来自其独立性。由于 AWGN，

$$f_Y(\boldsymbol{y}|H_i)=\left(2\pi\frac{N_0}{2}\right)^{-N/2}\exp\left[-\frac{1}{2\frac{N_0}{2}}\sum_{j=1}^{N}(y_i-s_{ij})^2\right] \tag{4.20}$$

结果对数似然函数为：

$$l(H_i)=\left[-\frac{1}{N_0}\sum_{j=1}^{N}(y_i-s_{ij})^2\right] \tag{4.21}$$

最终决策由下式确定

$$\hat{i}=\underset{i}{\operatorname{argmax}}\, l(H_i) \tag{4.22}$$

由于

$$\sum_{j=1}^{N}(y_i-s_{ij})^2=\|\boldsymbol{y}-\boldsymbol{s}_i\|^2 \tag{4.23}$$

因此，通过选择

$$\hat{i}=\underset{i}{\operatorname{argmin}}\|\boldsymbol{y}-\boldsymbol{s}_i\|^2 \tag{4.24}$$

来作出决策。这意味着是通过确定最接近(按平方欧几里得距离)观测值 $\boldsymbol{y}$ 的 $\boldsymbol{s}_i$ 来做决策。图 4.4 在信号空间中说明了这个概念。因为在欧几里得距离中，观测 $\boldsymbol{y}$ 最接近 $\boldsymbol{s}_i$ (也就是图中右上角的线)，因而选择 H_i，表示传输的是信号 S_i。

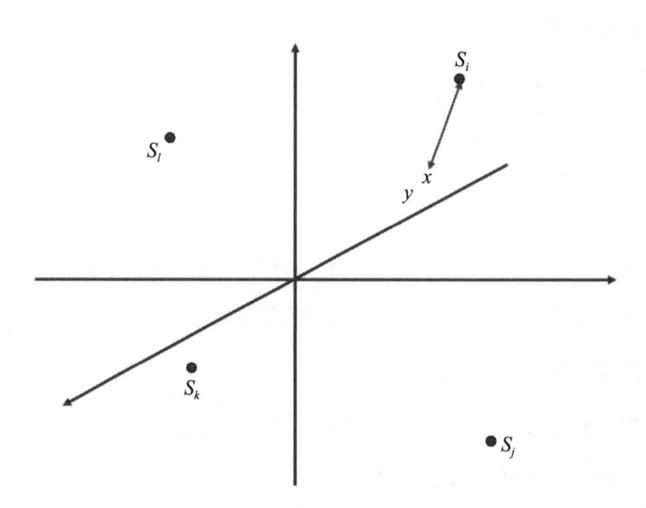

图 4.4　有信号星座图和观测的信号空间

注：上述框架一般适用于统计模式识别或信号分类/检测。

▶练习：陨石等可能地来自外太空和太阳系内部，唯一的区别就是辐射。据统计，太阳系陨石的辐射强度呈参数为 λ_0 的泊松分布。类似地，外太空陨石的辐射强度则服从参数为 $\lambda_1>\lambda_0$ 的泊松分布。请设计一个机器人，根据辐射测量来区分新收集到的陨石是来自外太空还是太阳系内部。

▶练习： 假设我们用莫尔斯电码传输一个等概率的英文字母。Eugene 听着无线电并把接收到的声音记为 • • —，但也有很小的概率犯如下错误：(i) 错将 • 记为-，或将-记为 •；(ii)第 4 个传输符号并不存在但被记下来了。这两种情况是独立的。类型(i) 出错的概率为 $0<\varepsilon<1/2$，而类型(ii)出错的概率为 2ε。请根据 Eugene 的记录确定哪个字母是最有可能被发送的，如图 4.5 所示。

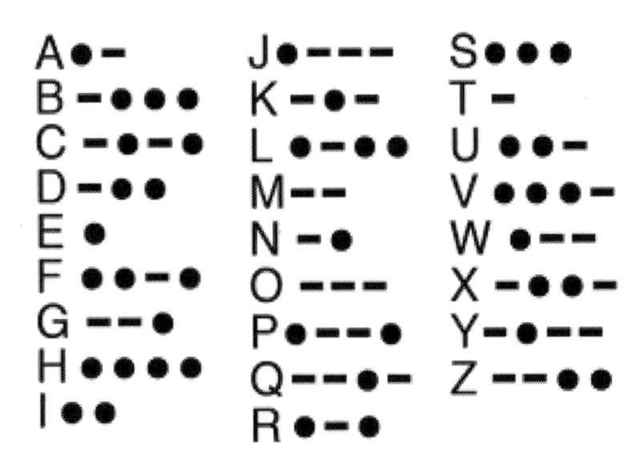

图 4.5　长(用-)和短(用 •)传输的莫尔斯电码

注： 在先验概率 $\pi(\cdot)$不完全已知的情况下，比方说是一个虚拟变量 θ，这在工程中是很常见的，以下开发**广义似然比检验**(Generalized Likelihood Ratio Test，GLRT)来进行贝叶斯决策是常用的方法。我们首先选择决策参数 θ 的**最不利分布**(least favorable distribution)$w_i(\theta)$，$i=0$，1；然后根据加性噪声分布，建立二值情形下的 GLRT：

90

$$L(y)=\frac{\int f_n(y-s_1(\theta))w_n(\theta)\mathrm{d}\theta}{\int f_0(y-s_0(\theta))w_0(\theta)\mathrm{d}\theta} \tag{4.25}$$

最不利分布的一种常见实现基于**最大熵原理**(maximum entropy)，而均匀分布是根据**信息论**(information theory)使熵最大化的一个例子。

▶练习(复合决策)： 二进制频移键控(Binary Frequency Shifted Keying，BFSK)调制使用如下二进制信号来构成二进制检测。在已知 θ 的情况下，可实现相干解调/检测，从而检测等可能的正交信号 $0\leqslant t\leqslant T$。

$$\Omega_0=\{A\sqrt{2}\cos(2\pi f_0 t+\theta) \tag{4.26}$$

$$\Omega_1=\{A\sqrt{2}\cos(2\pi f_1 t+\theta) \tag{4.27}$$

其中 $0\leqslant t\leqslant T$，$|f_1-f_0|\gg 1$。BFSK 的非相干检测作为二元**复合假设检验**(composite hypothesis testing)进行，这里 θ 是一个未知的随机变量，通常假设在$[0,2\pi]$上服从均匀分布。这种情况下的样本空间不是二进制的，实际上是由无穷多个点组成的两个子集。通过在 θ 上平均，我们可以构造一个广义似然比检验来建立最优接收器。请遵

循以下步骤：(1)构造信号空间；(2)确定 θ 的最不利分布；(3)确定决策规则；(4)计算每位能量 E_b；(5)给出均值为0和两边功率谱密度为 $N_0/2$ 的加性高斯白噪声(AWGN)下的平均错误概率，给定错误作为代价，平均错误概率为 $P_{e,\mathrm{BFSK}}=Q\left(\sqrt{\frac{E_b}{N_0}}\right)$。

注：如果我们知道代价函数而不知道假设的先验概率分布，一般是一个**极小极大**(minimax)决策问题，而解，如果存在，可以由**均衡器方程**(equalizer equations)或**最不利分布**导出。更多细节可以在本章参考文献[2]中找到。或者，如果有足够的数据，我们可以估计假设的先验概率分布。当没有假设的先验概率分布的决策涉及多个智能体时，**博弈论**(game theory)通常是有用的。

91

4.1.3　雷达信号探测

无线电探测和测距(Radio Detection and Ranging，RADAR)是在第二次世界大战期间发明的，用于提供飞机的早期预警，现在是一种在机器人中广泛使用的技术。雷达的原理是把无线电波发送到一定的方向。如果存在一个目标(比如一架具有优良反射性的金属组成的飞机)，反射回这些波形，那么传输时刻和接收时刻之间的时差 Δt 可用来确定在这个方向上的物体距离 $d=c(2\Delta t)$，其中 c 是光速。

例：如果我们想设计一个移动机器人沿着建筑物的走廊移动，一个关键的功能是避免撞到墙壁。一种可能的设计是使用雷达来探测前方的墙壁，甚至通过扫描环境来构建断层摄影图像。近年来，激光雷达作为一种比雷达更加强大的技术担任了自动驾驶汽车的视觉功能。

雷达探测形成了如下的二元假设检验问题：

$$H_1(\text{信号出现}):\ y=s+n \tag{4.28}$$

$$H_0(\text{信号未出现}):\ y=n \tag{4.29}$$

为了简化问题，在不丧失一般性的前提下，设常数 s 表示接收无线电波形的能量，n 为均值为0，方差为 σ^2 的AWGN。有两种类型的错误：

- **虚警**(false alarm)概率 $P_{FA}=P_{01}$，称为**第一类错误**，表示没有出现信号，但检测为出现信号。
- **漏警**(missing)概率 $P_M=P_{10}$，称为**第二类错误**，表示信号出现，但检测为没有信号出现。

因此，检测概率为 $P_D=P_{11}=1-P_{10}$。由于代价函数难以定义，先验概率也难以知道，雷达探测问题在决策时应采用 Neyman-Pearson 准则。因此，雷达探测的最优化问题是：对于给定的虚警概率 $P_{FA}=\alpha$，最大化 $P_D=P_{11}$。

也就是说，在 $\mathcal{A}=\{a_0,\ a_1\}$这个二元假设检验中，给定：

$$P_{FA}=\int_{\mathcal{X}}\delta(a_1\,|\,y)f(y\,|\,H_0)\mathrm{d}y=\alpha,\quad 0<\alpha<1 \tag{4.30}$$

我们想要找到一个决策规则 $\delta(a_1\,|\,y)$来最大化

92

$$P_D=\int_{\mathcal{X}}\delta(a_1\,|\,y)f(y\,|\,H_1)\mathrm{d}y \tag{4.31}$$

这里 $\mathcal{X}$ 表示观测空间，且 $y\in\mathcal{X}$。

雷达探测问题的实现成为一个似然比检验问题：如果$\dfrac{f(y\,|\,H_1)}{f(y\,|\,H_0)}>K$，则声称出现信号。它导致如果 $y\cdot s>\dfrac{\|s^2\|}{2}+\sigma^2\log K=\eta$，则确定信号出现，其中 η 为判定阈值，可由虚警概率确定。

接收器或检测器的性能可以用图 4.6 所示的受试者操作特征曲线(Receiver Operating Characteristic Curve，ROC)来表示。图中显示了两种极端情况(按照信噪比，Signal-to-Noise Ratio，SNR)，而黑色曲线表示一种常见情况。

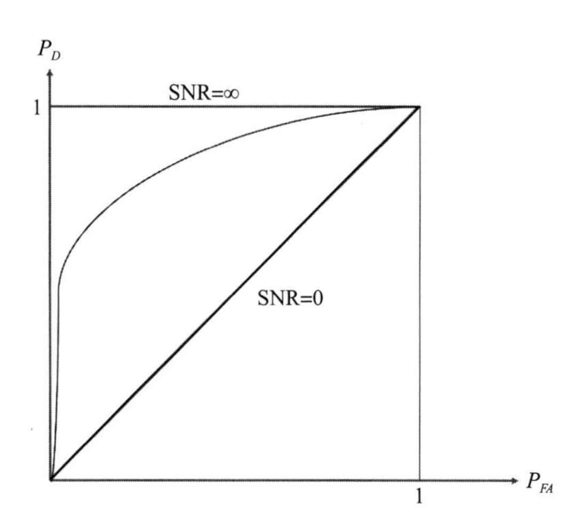

图 4.6　受试者操作特征曲线(ROC)

▶**练习：**雷达在机器人技术中有着广泛的应用，使得移动机器人可以感知环境。对于式(4.28)和式(4.29)的雷达探测问题，假设 $\|s\|^2=100$，且 $n\sim G(0,\ 1)$。当 $P_{FA}\leqslant 10^{-2}$ 时，请设计该雷达探测机制。

注：雷达探测需要获得反射波形，这通常涉及一些未知的参数，因此复合假设和 GLRT 可以同时应用于雷达探测。

4.1.4　贝叶斯序贯决策

到目前为止，我们讨论了给定固定数量样本(即观察)的检测(即决策或假设检验)。
93
然而，为了达到更好决策的目的，可以在获得一些未确定的样本后再做决策。这种使用依赖于观测序列的随机数量样本的检测或决策称为**序贯检测**或**序贯决策**过程。

假设在观测空间 $\mathcal{X}=\mathbb{R}^n$ 上的独立同分布(i. i. d.)观测序列 $Y_k=\{y_k,\ k=1,\ 2,\ \cdots\}$进行定义在$(\mathbb{R},\ \mathcal{B})$上的 $\mathcal{P}_0$，$\mathcal{P}_1$ 假设检验。也就是，

$$H_0:\ Y_k\sim\mathcal{P}_0 \tag{4.32}$$

$$H_1:\ Y_k\sim\mathcal{P}_1 \tag{4.33}$$

为避免无限长操作，将**停止规则**定义为 $\mathcal{O}=\{o_j,\ j=0,\ 1,\ \cdots\}$，其中 $o_j\in\{0,\ 1\}^j$，最终决策规则定义为 $\mathcal{D}=\{\delta_j,\ j=0,\ 1,\ \cdots\}$。**序贯决策规则**是一对序列$(\mathcal{O},\ \mathcal{D})$。对于观测序列 y_1，y_2，$\cdots$，y_k，$\cdots$，规则$(\mathcal{O},\ \mathcal{D})$做决策 $\delta_N(y_1,\ \cdots,\ y_N)$，其中 N 为**停止时间**(stopping time)，定义为 $N=\min\{n\,|\,o_n(y_1,\ \cdots,\ y_n)=1\}$，表示停止观察(或采样)并作出决策。请注意，停止时间 N 显然是随机的。

为了推导最优贝叶斯决策，假设 H_0，H_1 的先验分别设为 π_0，π_1。采样每个观测值的代价为常数 $C>0$，因而采 n 个样本的代价为 nC。一个给定的序贯决策规则的条件代价是：

$$c_0(\mathcal{O},\ \mathcal{D})=E_0\{\delta_N(y_1,\ \cdots,\ y_N)\}+CE_0(N) \tag{4.34}$$

$$c_1(\mathcal{O},\ \mathcal{D})=1-E_1\{\delta_N(y_1,\ \cdots,\ y_N)\}+CE_1(N) \tag{4.35}$$

其中下标对应假设。因而平均贝叶斯代价为：

$$R(\mathcal{O},\ \mathcal{D})=\pi_0c_0(\mathcal{O},\ \mathcal{D})+\pi_1c_1(\mathcal{O},\ \mathcal{D}) \tag{4.36}$$

而想要的贝叶斯序贯规则是最小化 $R(\mathcal{O},\ \mathcal{D})$。

如图 4.7 所示，序贯决策/检测的操作如下。假设 $\pi_L<\pi_1<\pi_U$，则最优检验至少取一个样本，这样可以提供更多关于假设是否为真的信息。代替先验概率 π_1，采用 $\pi_1(y_1)$作为在给定观测值 y_1 的情况下，H_1 的实际后验概率。采样 y_1，$\cdots$，y_{n-1} 后不停止，最优序贯检验，再选取另一个观测值 y_n，这时停止并选择：

- 如果 $\pi_1(y_1,\ \cdots,\ y_n)\leqslant\pi_L$，则选择 H_0。
94
- 如果 $\pi_1(y_1,\ \cdots,\ y_n)\geqslant\pi_U$，则选择 H_1。
- 如果 $\pi_L<\pi_1(y_1,\ \cdots,\ y_n)<\pi_U$，则不选择，而再选取另一个采样。

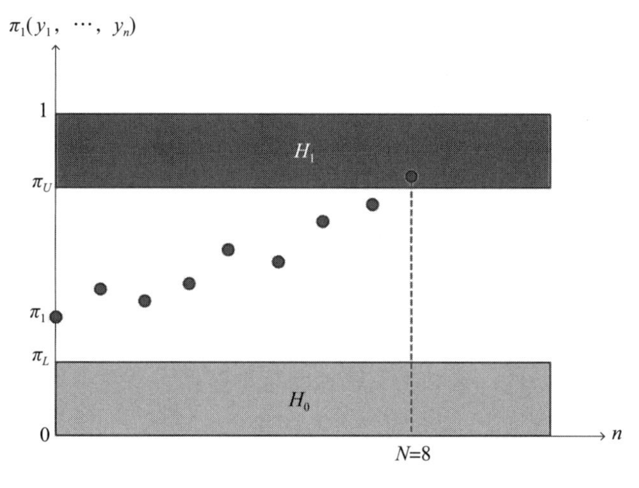

图 4.7　序贯检测的实现

因此，序贯决策由如下的停止规则描述：

$$\mathcal{O}_n(y_1, \cdots, y_n)=\begin{cases}0, & \text{如果 } \pi_L<\pi_1(y_1, \cdots, y_n)<\pi_U \\ 1, & \text{其他}\end{cases} \tag{4.37}$$

和终止决策规则：

$$\delta_n(y_1, \cdots, y_n)=\begin{cases}1, & \text{如果 } \pi_1(y_1, \cdots, y_n)\geqslant\pi_U \\ 0, & \text{如果 } \pi_1(y_1, \cdots, y_n)\leqslant\pi_L\end{cases} \tag{4.38}$$

注：在大多数情况下，$\pi_1(y_1, \cdots, y_n)$在 H_1 下肯定收敛到 1，在 H_0 下收敛到 0。

注：合理设计下的序贯决策应比一次决策具有更好的性能。因此，序贯检验以 1 的概率结束。但是，π_L 和 π_U 的推导可能并不容易。

4.2　马尔可夫决策过程

除了基于一段时间的观察做出决策的序贯决策以外，前面章节中的所有决策方法通常都被认为是**一次性决策**(one-shot decision)。在顺序决策的最优性下，我们想更多地探索一般的**多阶段决策**(multi-stage decision)，它将决策过程分成若干阶段或步骤，每个阶段通常涉及一个变量的优化。通常采用递归算法在不同阶段进行计算，以在最后阶段得到整个问题的可行最优解。每个阶段的优化都会产生一个决策或一个动作，因此决策序列被称为**策略**(policy)。代表系统状态或性质的一些状态与每个阶段都有关，可能影响决策。

95

此外，在许多情况下，决策可能不是静态的，特别是在存在不确定性和动态性的情况下。决策的结果可能会影响系统或机制。例如，在一个商业交易中，用户 Alice 正在和用户 Bob 协商价格，如果 Alice 能先确定是否 Bob 值得信赖，那么接下来的价格谈判都会受到影响。因此，可以将系统状态(即状态)引入决策机制。如果系统可以建模为一个马尔可夫链，那么我们就有**马尔可夫决策过程**(Markov Decision Process，MDP)，这是人工智能中**强化学习**(reinforcement learning)的基础。

特别是，智能体(即机器人)做出了一个序贯决策，在这个决策中，智能体立即从它的决策中获得了奖励(或效用、代价等)，形成了如图 4.8 所示的场景。在本章中，我们将进一步探讨这种场景，这对于系统控制特别有用。

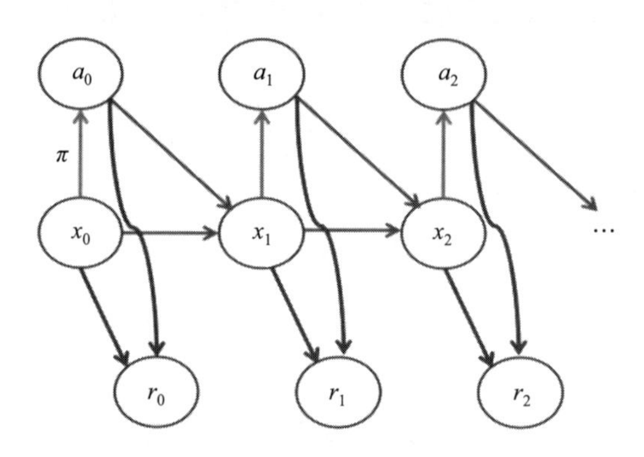

图 4.8　有奖励的序贯决策过程

4.2.1　马尔可夫决策过程的数学基础

96

现实世界的决策往往会遇到多目标或不相称的情况，在不确定性和风险下的决策，或有来自决策的影响。利用受控马尔可夫过程的动力学特性，将随机环境下离散阶段序贯决策的数学优化问题发展为**马尔可夫决策过程**。当转移概率受行为(即决策)的影响时，马尔可夫过程成为受控马尔可夫过程，这比动态规划的意义更加丰富。

在 MDP 中，决策者(也称为智能体)和环境之间的交互是由**状态**(state)，**动作**(action)和**奖励**(reward)来描述的。智能体不能任意改变的任何内容都认为是环境的一部分。智能体观察环境的信息模式，建立自己的状态意识。根据它的当前状态，它拥有一些动作选择，通过这些动作它将会转移到另一种状态，然后从环境中获得一些实值奖励。一系列的状态-动作-奖励发生在所谓的**决策轮**(decision epoch)。一个 MDP 包含许多决策轮，我们称之为 MDP 的**视界长度**(horizon length)。智能体的目标，也就是 MDP 分析的目标，是为选择动作的每个决策轮确定一个规则，从而使收集的奖励是最优的。

为了用数学的方法来表达 MDP，设$\{X_k \in \mathcal{S}\}$表示第$k \in \{0, 1, 2, \cdots, K\}$轮时的状态序列，这里$K \leqslant \infty$为视界长度，$\mathcal{S}$是状态空间。在第$k$轮决策时采取的动作用$a_k$表示，其中$a_k$属于动作空间$\mathcal{A}$。更准确地说，动作空间依赖于当前状态，用$\mathcal{A}(x_k)$表示。实值奖励$R_{k+1}$表示在$k$轮后的累积奖励。因为奖励是基于最后状态$x_k$和动作$a_k$来给定的，所以有时候我们会使用$r(x_k, a_k)$来强调它们的关系。使用奖励$R_{k+1}$的符号(而不是$R_k$)是因为它抓住了这样一个事实：在历经$k$轮训练之后，奖励$R_{k+1}$和后继状态$x_{k+1}$是一起确定的。

图 4.9 说明了智能体和环境之间的交互。显然，我们可以简单地将 MDP 描述为一个序列：

$$X_0, A_0, R_1, X_1, A_1, R_2, X_2, A_2, \cdots, R_K, S_K$$

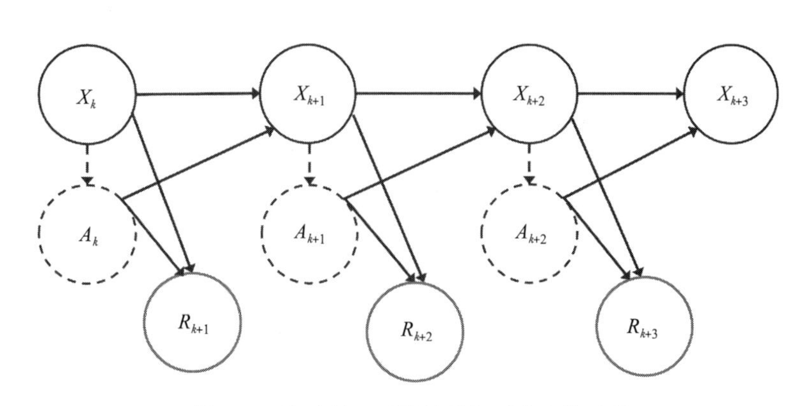

图 4.9 从时刻k开始的马尔可夫决策过程

在决策行为的过程中，智能体遵循对应于每轮$k \in \{0, 1, \cdots, K\}$的决策规则$\{\delta_k\}$，它告诉智能体要根据其状态来选取哪种行为。也就是说，决策规则δ_k是一个函数，将每个$x \in \mathcal{S}$映射到一个动作$a \in \mathcal{A}$上。一般来说，我们把决策规则序列称为策略，用$\pi = \{\delta_0, \cdots, \delta_k\}$来表示。如果决策规则无论在哪轮都是一样的，那么策略就是**稳定的**(stationary)，我们用$\overline{\pi} = \{\delta, \delta, \cdots\}$来表示。

MDP 分析的目标是推导出一个最优策略π^*，其中最优策略是指无论智能体处于何种状态，执行该策略都将带来最大的期望未来奖励。

$$\pi^* \triangleq \arg\max_{\pi} v_\pi(x) \quad \forall x \in \mathcal{S} \tag{4.39}$$

其中$v_\pi(x)$定义为智能体在状态x遵循策略π的**状态值函数**(state-value function)(或者简记为**值函数**)。测量值的准则就是简单的未来期望奖励，即：

$$v_\pi(x) \triangleq E_\pi\left[\sum_{i=k+1}^{K} R_i \,\middle|\, X_k = x\right]$$

在有限视界的情况下，$K<\infty$，只要实值奖励 $R_i<\infty$，值函数就一定有界。当 MDP 末端的状态为某些特定的状态时，即 $X_K=x_{trm}$，有时**终端奖励**(terminal reward) $\gamma(x_{trm})$是给定的。终端奖励只在有限阶段 MDP 中累积。

在许多情况下，MDP 执行的持续时间或跨度不清楚，考虑无限视界长度更合适。为保证值函数收敛，需要一个 $0\leqslant\beta<1$ 的折扣因子。因此，值函数的一般形式可以写成

98

$$v_\pi(x)=E_\pi\left[\gamma(x_{trm})\mathbb{1}\{K<\infty\}+\sum_{i=k+1}^{K}\beta^{i-k-1}R_i\,\middle|\,X_k=x\right] \tag{4.40}$$

其中折扣因子 β 满足

$$\begin{cases}0\leqslant\beta<1 & \text{如果 } K=\infty\\ 0\leqslant\beta\leqslant1 & \text{如果 } K<\infty\end{cases} \tag{4.41}$$

除了状态-值函数，我们还可以评估对于策略 π 的状态-动作对(x,a)。用 $q_\pi(x, a)$表示，称为策略 π 的**动作-值函数**(action-value function)：

$$q_\pi(x,a)\triangleq E_\pi\left[\gamma(x_{trm})\mathbb{1}\{K<\infty\}+\sum_{i=k+1}^{K}\beta^{i-k-1}R_i\,\middle|\,X_k=x,A_k=a\right] \tag{4.42}$$

其条件恒等于式(4.41)的条件。

4.2.2　最优策略

在研究值函数 $v_\pi(x)$之前，我们引入另一个符号 G_k 表示在 k 轮之后收到的(折扣)奖励的总和

$$G_k=\sum_{i=k+1}^{K}\beta^{i-k-1}R_i \tag{4.43}$$

因此，值函数成为

$$v_\pi(x)=E_\pi\left[\sum_{i=k+1}^{K}\beta^{i-k-1}R_i\,\middle|\,X_k=x\right] \tag{4.44}$$

$$=E_\pi\left[R_{k+1}+\beta\sum_{i=k+2}^{K}\beta^{i-k-2}R_i\,\middle|\,X_k=x\right] \tag{4.45}$$

$$=E_\pi[R_{k+1}+\beta G_{k+1}\mid X_k=x] \tag{4.46}$$

最后一行的第二项实际上与该轮和下一个状态所执行的动作有关。假设 $\pi(a\mid x)$是在状态 $X_k=x$ 时选择动作 $A_k=a$ 的概率，则令接下来的奖励 $R_{k+1}=r$，后继状态 $X_{k+1}=x'$由函数 $p(r, x'\mid x, a)$确定，上述方程转化为：

99

$$\sum_{a\in\mathcal{A}(x)}\pi(a\mid x)E_\pi[R_{k+1}+\beta G_{k+1}\mid X_k=x,A_k=a]$$
$$=\sum_{a\in\mathcal{A}(x)}\pi(a\mid x)\sum_{x'}\sum_{r}p(r,x'\mid x,a)[r+\beta E_\pi[G_{t+1}\mid X_{t+1}=x']]$$

从而，可得

$$v_\pi(x)=\sum_{a\in\mathcal{A}(x)}\pi(a|x)\sum_{x'}\sum_{r}p(r,x'|x,a)[r+\beta v_\pi(x')] \tag{4.47}$$

式(4.47)称为 $v_\pi(x)$ 的**贝尔曼方程**(Bellman equation)，它表明了状态值函数与其后继状态值之间的关系。有这种价值函数的好处是，对于任何状态 x_k，在每一决策轮 k，最优决策规则 δ_k 是选择能使期望奖励和下一个状态的折扣值之和最大化的行动。

$$\begin{aligned}\delta_k^* &=\arg\max_{a\in\mathcal{A}(x_k)}\sum_{a\in\mathcal{A}(x)}\pi(a|x)\sum_{x'}\sum_{r}p(r,x'|x,a)[r+\beta v_\pi(x')]\\ &=\arg\max_{a\in\mathcal{A}(x_k)}\sum_{x'}\sum_{r}p(r,x'|x,a)[r+\beta v_\pi(x')],\quad \forall x_k\in\mathcal{S}\end{aligned} \tag{4.48}$$

收集每轮的所有决策规则就构成了一个最优策略 $\pi^*=\{\delta_1^*,\cdots,\delta_K^*\}$。

4.2.3　开发贝尔曼方程的解

虽然我们知道最优策略应该如何满足，但关于精确解的路径问题仍然存在。但可以看出，式(4.67)中仅剩的不确定性是值函数 $v_\pi(\cdot)$。一旦我们有了精确的，或者说最优的值函数，π^* 的具体公式就会出现。更准确地说，在最优状态值函数中，每一个状态的值在所有的策略中都是最大化的。

$$v^*(x)=\max_\pi v_\pi(x),\quad \forall x\in\mathcal{S}$$

因此，无论 MDP 从哪个状态开始，如果一个策略能找到最优值函数，那么该策略就是最优的。

$$v_{\pi^*}(x_0)=v^*(x_0),\quad \forall x_0\in\mathcal{S}$$

100

现在，引入三个有希望能引导我们求解 MDP 问题的命题。第一个命题表明只存在一个最优值函数，即实值函数集合中的唯一不动点。第二和第三个命题为两种获得最优策略的一般方法——**值迭代**和**策略迭代**，提供了基础。

命题 1　(贝尔曼方程的唯一解)。已知奖励和状态转移概率 $p(r,x'|x,a)$ 时，最优值函数 v^* 是贝尔曼方程的唯一解。

命题 2　(值迭代的收敛性)。从任意 $v_0\in\mathcal{V}$ 开始，按下式更新的任何序列 $\{v_k\}$ 都收敛到 v^*。

$$v_{k+1}(x)=\max_{a\in\mathcal{A}(x)}\sum_{x'}\sum_{r}p(r,x'|x,a)[r+\beta v_k(x')],\quad \forall x\in\mathcal{S} \tag{4.49}$$

命题 3　(策略迭代的收敛性)。从任何平稳策略 $\bar{\pi}_0$ 开始，如果通过下式更新值函数，

$$v_{\bar{\pi}_i}(x)=\sum_{a\in\mathcal{A}(x)}\bar{\pi}_i(a|x)\sum_{x'}\sum_{r}p(r,x'|x,a)[r+\beta v_{\bar{\pi}_i}(x')],\quad \forall i=1,2,\cdots, \tag{4.50}$$

当所有状态值收敛后，对策略进行改进，通过下式构造另一个平稳策略 $\bar{\pi}_{i+1}=\{\delta_{i+1},\delta_{i+1},\delta_{i+1},\cdots\}$：

$$\delta_{i+1}(x)=\arg\max_{a\in\mathcal{A}(x)}\sum_{x'}\sum_{r}p(r,x'|x,a)[r+\beta v_{\bar{\pi}_i}(x')] \tag{4.51}$$

值函数$\{v_{\bar{\pi}_i}\}$的序列将收敛到唯一最优 v^*。

注：对于这些命题，有几个明确的证明版本。然而，我们仅在下面给出一个简单的解释。

定义 $\mathcal{S}$ 上任意实值函数 v 的两个算子 H_δ 和 H：

$$(H_\delta v)(x)=E_\pi[R_{k+1}+\beta v(x')|X_k=x]$$

$$Hv=\sup_\delta\{H_\delta v\}$$

则递归方程可写为

$$v_{k+1}=Hv_k,\quad k=0,\cdots,K-1$$

101

$$\delta=\delta^*_{K-k}，当且仅当\ H_\delta v_k=Hv_k$$

现在，我们将注意力转向无限视界折现问题。令 $\mathcal{V}$ 为 $\mathcal{S}$ 上的所有实值函数集合。$H:\mathcal{V}\to\mathcal{V}$。定义：

$$\|v\|=\max\{|v(i)|: i\in\mathcal{S}\}$$

而且，$\forall u, v\in V$，

$$\|Hu-Hv\|\leqslant\beta\|u-v\|$$

$\beta<1$ 保证了 H 是一个收缩算子，因而蕴含 H 在 V 中有唯一不动点。也就是说，存在一个唯一的点 $v^*\in\mathcal{V}$ 使得 $v^*=Hv^*$。(命题 1 的证明)而且，对于任何使得 $v_0\in\mathcal{V}$ 且 $v_{k+1}=Hv_k$ 成立的序列$\{v_k\}$，

$$\lim_{k\to\infty}\|v^*-v_k\|=0$$

是命题 2 中值迭代的确切概念。

例(单臂赌博机)：Matthew 去拉斯维加斯参加一个会议。在飞机从拉斯维加斯机场起飞前，他找到了一台老虎机玩。如果他支付 c 元来拉杠杆，则他赢 1 元的概率是 q，赢 0 元的概率是 $1-q$。当然，他可以决定不玩。不幸的是，Matthew 不知道 q。然而，他可以通过多玩几次来更新形成的概率分布 $f(q)$，$q\in[0,1]$，并据此来总结他对 q 的信念。

单臂赌博机问题可以通过定义“不玩”对应的过程 0 和“玩”对应过程 1 来建模。$\mathcal{S}^0=\{0\}$，$r^0=0$，且 $p^0(0|0)=1$。对于玩的选项，f 是定义在$[0,1]$的概率密度函

数，也称为贝叶斯推理中的**先验分布**。设 Q 表示在一次游戏动作中返回的随机变量，其密度函数为 f。因此，一次游戏的奖励为

$$r^1(f)=E_f[Q]-c \tag{4.52}$$

一种建模这个例子中的马尔可夫过程的方法基于关于 q 的更新知识。假设修正(后验)的分布 f'。根据贝叶斯定理，转移概率满足：

$$p^1(f \mid f')=\begin{cases} E_f[Q], & f'=\dfrac{qf(q)}{E_f[Q]} \\ 1-E_f[Q], & f'=\dfrac{(1-q)f(q)}{1-E_f[Q]} \end{cases} \tag{4.53}$$

102

假设 Matthew 在这一轮中获胜的概率是 $E_f[Q]$。根据贝叶斯定理，我们有：

$$P(Q \approx q \mid \text{win})=\frac{qf(q)}{\int_0^1 qf(q)\mathrm{d}q} \tag{4.54}$$

这在一般情况下是不可行的。我们可以采取两种可能的方法来解决这一困境：

- 选择一个参数族或密度的**共轭族**，使得式(4.54)中的计算在其中是封闭的。
- 表示对应胜败数的状态空间 $\mathcal{S}^1$。

▶**练习(准入控制)**：在计算机网络中，源节点有数据包要通过某些可能导致延迟的路径来传输达到目的节点。为了避免网络内部的流量阻塞，我们引入了如下的准入控制机制：在源节点上形成一个数据报文队列。一旦源节点确认目标节点成功接收到了数据包，就发出传输许可来传输队列中数据包。这样我们就可以确保网络中传输最大数量的数据包。请使用 MDP 来建模最优的准入控制。

4.3　决策及规划：动态规划

在前一节中，我们阐述了求解 MDP 并获得最优策略的一般方法。只要给出与状态和奖励有关的概率分布，就可以很容易地得到最佳策略。事实上，这就是典型的控制问题。基本上，术语**预测**(prediction)和**控制**(control)与 MDP 中的任务有关：

- 环境动力学、系统动力学以及计算来自决策者之外的任何东西的期望反馈(或者估计)是一个预测问题。
- 基于对环境或系统的认识，最优策略可以为决策者提供理想的控制。

例：住在坦帕市的 Tom 三天后要去旧金山。他从来没有看过一场湖人的比赛，他

103想去看一次，但他最多只能付得起 50 美元的票钱。他查了一下 TicketExchange. com 售票网站，发现只有 50 美元的座位可供选择。然而，在比赛开始前，总是有可能再次发行更便宜的门票。除了可以先买现有的票，看到便宜的票再退票之外，他应该什么时候买票，才能使他既可以不用花太多钱又能看比赛呢？

解：假设 Tom 每小时检查一次网站，而机票的可用性为状态。他画出了状态转移图。注意在这种情况下，奖励结构可以由我们自己定义。如果 Tom 买了 20 美元的票，则我们令奖励为 30；如果他买了 50 美元的票或没有买，则奖励为 0；如果他没有得到任何票，则奖励为－20。这是一种非常直接的方法，通过 Tom 可以节省多少钱来建模奖励。至于负的奖励，可以想象假设便宜的票都卖光了，Tom 需要买一张 70 美元的票。此外，每当 Tom 购买机票时，状态将转移到终端状态，用 x_T 表示。回顾状态值的定义是期望的未来奖励，因此终端状态的值必须为零。因为在结束状态之后就没有持续的过程了，所以未来的奖赏肯定是零。该马尔可夫系统的状态转移图如图 4.10 所示。

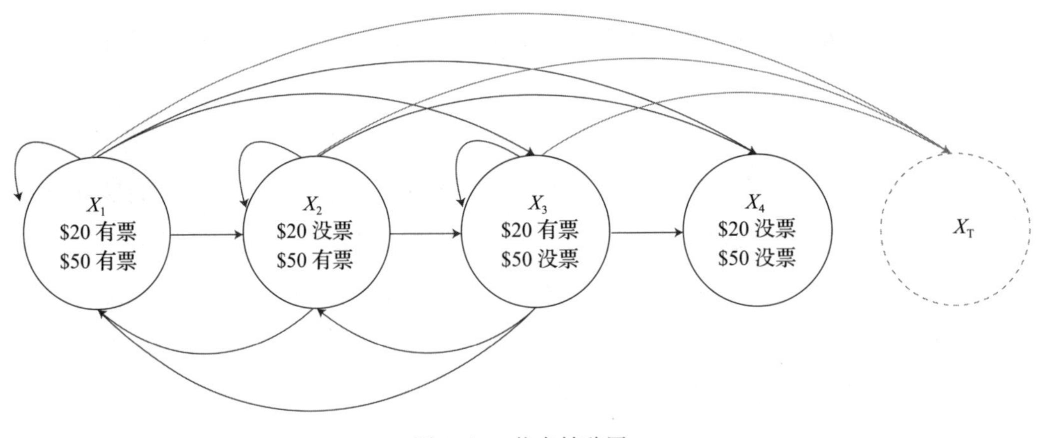

图 4.10　状态转移图

显然，如果有 20 美元的票，Tom 应该立即预订。以状态 x_1 为例，他有三种选择：a_1(花 20 美元买一张)、a_1(花 50 美元买一张)和 a_3(不买)。

$$q(x_1, a_1) \doteq \sum_{x'} p(r, x' | x_1, a_1)[r + \beta v(x')] = 30 + \beta v(x_T) = 30$$

104

$$q(x_1, a_2) \doteq \sum_{x'} p(r, x' | x_1, a_2)[r + \beta v(x')] = 0 + \beta v(x_T) = 0$$

$$\begin{aligned} q(x_1, a_3) &\doteq \sum_{x'} p(r, x' | x_1, a_3)[r + \beta v(x')] \\ &= p_{11}[0 + \beta v(x_1)] + p_{12}[0 + \beta v(x_2)] + p_{13}[0 + \beta v(x_3)] + p_{14}[0 + \beta v(x_4)] \\ &< 30 \end{aligned}$$

其中 p_{ij} 表示从 x_i 到 x_j 的转移概率。最后一个不等式的存在是由于最大状态值为 30，折扣因子 $q(x_1, a_3)$ 肯定小于 30。因此，根据贪婪策略，Tom 应该选择动作-价值函数最大化的动作——购买 20 美元的票。

当当前状态是 x_2 时，他有两个选择：a_1(50 美元买一张)和 a_2(不买)。动作值是：

$$q(x_2, a_1) \doteq p(r, x' | x_2, a_1)[r+\beta v(x')]=0$$

$$q(x_2, a_2) \doteq p(r, x' | x_2, a_2)[r+\beta v(x')]$$

$$=p_{21}[0+\beta v(x_1)]+p_{22}[0+\beta v(x_2)]+p_{23}[0+\beta v(x_3)]+p_{24}[0+v(x_4)]$$

据他所知，$v(x_1)=v(x_3)=30$，$v(x_4)=-20$，而 $v(x_3)$ 仍然未知。但如果不知道门票销售将如何变化，他就无法比较两种动作-价值，从而无法做出最优决策。只有精灵告诉他状态转移概率，他才能决定现在是否购买门票，这也解释了知识在决策过程中的重要性。

例(认知无线电)：尽管可以考虑更多维度的无线电资源，这里我们只考虑一组频带来表示一般情况。假设我们感兴趣的频带(通常是 PS 操作)是一组带编号的频带 $\mathcal{M}=\{1, 2, \cdots, M\}$。在 t_n 时刻，认知无线电(Cognitive Radio，CR)操作允许更新频谱利用率。第 n 个观察(或分配)时间间隔为 $[t_n, t_{n+1})$。由于被建模为马尔可夫链的每个链路(即频带)的机会性，第 i 个频带遵循可用概率为 π_i 的伯努利过程，并且是不随时间而变化的。

我们定义以下指示函数，就像在 IEEE802.11 无线局域网络中的载波侦听多址(Carrier Sense Multiple Access，CSMA)协议中定义的空闲信道指示一样： 105

$$\mathbf{1}_i[n]=\begin{cases}1 & \text{如果信道 } i \text{ 在}[t_n, t_{n+1})\text{可用} \\ 0 & \text{其他}\end{cases} \tag{4.55}$$

对于完美的频谱感知，我们可以可靠地确定式(4.55)。然而，任何频谱感知都存在一些脆弱的情况，因此在决定媒体访问控制时需要更多的考虑。根据式(4.55)，在第 i 个频带的伯努利随机变量的概率质量函数(Probability Mass Function，PMF)为：

$$f_{\mathbf{1}_i[n]}(x|\pi_i)=\pi_i x+(1-\pi_i)\delta(x) \tag{4.56}$$

假设 $\{\mathbf{1}_i[n]\}_{i=1}^{M}$，$n=1, \cdots, L$ 独立是合理的，其中 L 表示观测区间深度。令 $\boldsymbol{\pi}=[\pi_1, \cdots, \pi_M]$。为了可靠的 CR 运行，频谱感知是必要的，这样 CR－Tx 就可以获得关于每个频段可用性的信息。然而，对于 CR 链接上的网络操作，策略将与 $\boldsymbol{\pi}$ 高度相关。

情况 1　$\boldsymbol{\pi}$ 是已知的。

情况 2　$\boldsymbol{\pi}$ 是未知的。

情况 3　$\boldsymbol{\pi}$ 可通过一些 CR 感知或层析术方法(参见本章参考文献[4])来检测或估计出。

传统的 CR 功能如下：在 t_n 时刻，CR 得知所选频带 s_n 的可用性(通常通过频谱感知)。当 $\mathbf{1}_{s_n}[n]=1$ 时，信息量 B 能传输成功。对于 L 个时间段，总吞吐量为：

$$W=\sum_{n=1}^{L}\mathbf{1}_{S_n}(n) \tag{4.57}$$

在已知 $\boldsymbol{\pi}$ 的情况下，CR 的频谱感知策略是简单地选择通道 $i=\underset{i\in\mathcal{M}}{\operatorname{argmax}}\pi_i$ 来感知。因此，存取决策是基于一定的决策准则和条件进行最优或次优决策的，而部分观察马尔可夫决策过程则非常适合这种情况的数学建模。

到目前为止，我们只考虑了与控制问题相关的场景，也就是说，我们已经假设了一个已知的环境动力学的完美模型。尽管我们面临的大多数任务并不符合我们的假设，但称为**动态规划**(dynamic programming)的一系列算法仍然值得介绍，它们在计算最优控制/策略方面是有用的。事实上，当系统模型未知时，所产生的问题(即预测)可以被单独处理。

106

支持动态规划的基本论点是前一节的命题 2 和命题 3。基于命题 2，一种名为**值迭代**的算法允诺通过最优值函数找出最优策略。另一种方法是基于命题 3 的**策略迭代**，它也指引了一种寻找最优策略和最优值函数的方法。

命题 4(值迭代算法)：

(i) 对所有的 $x\in\mathcal{S}$，任意初始化 $v(x)$(例如，$v(x)=0$，$\forall x\in\mathcal{S}$)。

(ii) 对每个状态 $x\in\mathcal{S}$，分配 $v(x)$ 给 $g(x)$。

(iii) 对每个状态 $x\in\mathcal{S}$，关于 $g(x)$ 来更新其值函数：

$$v(x)=\max_{a\in\mathcal{A}(x)}\sum_{x'}\sum_{r}p(r,\ x'\mid x,\ a)[r+\beta g(x')]$$

(iv) 如果 $\sum_{x\in\mathcal{S}}|g(x)-v(x)|<\Delta$，其中 Δ 是一个充分小的数，则转向步骤(v)，否则返回(ii)。

(v) 输出最优策略 π^* 使得：

$$\pi^*(x)=\arg\max_{a\in\mathcal{A}(x)}\sum_{x'}\sum_{r}p(r,\ x'\mid x,\ a)[r+\beta v(x')],\quad \forall x\in\mathcal{S}$$

命题 5(策略迭代算法)：

(i) 对所有的 $x\in\mathcal{S}$，任意初始化 $v(x)$ 和 $\pi(x)\in\mathcal{A}(x)$。

(ii) 对每个状态 $x \in \mathcal{S}$，分配 $v(x)$ 给 $g(x)$。

(iii) 对每个状态 $x \in \mathcal{S}$，在当前策略 π 下更新其值函数：

$$v(x)=\sum_{x'}\sum_{r}p(r, x'|x, \pi(x))[r+\beta v(x')]$$

(iv) 如果 $\sum_{x\in\mathcal{S}}|g(x)-v(x)|<\Delta$，其中 Δ 是一个充分小的数，则转向步骤(v)，否则返回(ii)。

(v) 对每个状态 $x \in \mathcal{S}$，分配 $\pi(x)$ 给 $\delta(x)$。

(vi) 对每个状态 $x \in \mathcal{S}$，关于 $v(x)$来更新其决策规则：

$$\pi(x)=\arg\max_{a\in\mathcal{A}(x)}\sum_{x'}\sum_{r}p(r, x'|x, a)[r+\beta v(x')], \quad \forall x \in \mathcal{S}$$

107

(vii) 如果对每个状态 $x \in \mathcal{S}$ 都有 $\delta(x)=\pi(x)$，继续第(viii)步，否则返回(ii)。

(viii) 输出最优策略 $\pi^*=\pi$。

策略迭代中从(ii)到(iv)为**策略评估**(policy evaluation)过程。在这些步骤中，我们在相同的策略下不断修改状态值，直到值函数收敛。在后面的(v)到(vii)步骤中，基于收敛值函数，我们尝试对现行策略进行改进。这就是所谓的**策略改进**。策略评估可以帮助我们了解策略的好坏，从而促进策略的改进。另一方面，值迭代算法并不试图维护策略。步骤(iii)中发生的唯一更新与前面的值函数有关，与策略无关。当最优状态值出现时，推导出最优策略。

▶练习(换工作)：一开始，Geoffrey 得到一份每周挣 1000 美元的工作。他可能会工作一周得到薪水，因为这个工作就是以周记，或为下周寻找一个替代的工作(即本周没有收入)。如果他决定在这周工作，就有 10%的机会在下周丢掉工作(也就是说，有 90%的机会在下周保住工作)。如果他寻找另一份工作，这周没有收入，但替代性的周收入将保持不变的概率为 0.8，增加 5%的概率为 0.12，减少 5%的概率为 0.08。

(a) 请将这个问题概括地描述为 MDP 问题，以便在有限的阶段 T 内最大化他的总收入，定义 $q=10\%$，$w=1000$(美元)，$\varepsilon=5\%$，$s_+=0.12$，$s_-=0.08$。

(b) 在 $T=50$ 的情况下，数值上计算其期望收入。

(c) 请为 Geoffrey 确定每周的一般策略，是寻求替换工作还是不寻求替换继续工作。

▶练习(旅行商问题)：TSP 是最广为人知的动态规划问题。假设这个推销员要去 n 个城市，我们知道城市 i 和城市 j 之间的距离是 $d(i, j)$，$i, j \in \{1, 2, \cdots, n\}$。请找到访问所有城市的最短路径。直接计算是一个复杂度随 n 增长的 NP 难问题。因此，我们需要一个算法来有效地计算这个问题。

108

▶**练习(库存管理)：** 销售 L 品牌高价跑车的汽车经销商面临的周需求分布如下。

周需求车辆数目	0	1	2
概率	0.3	0.5	0.2

经销商在每个周末查看并确定是否应该下订单，以及随后要订购的汽车数量。订购的汽车在下单一周后到达。由于该经销商资金有限，无论是库存还是订单，总数量都不应超过 5 辆。下一笔订单的成本是 900 美元，与订购的数量无关。如果有需求，但没有库存，销售利润就会损失 3500 美元。与库存中未售出的汽车相关的成本(包括利息和管理等)是每周 300 美元。请将此最优化问题描述为马尔可夫决策过程，并找出最优策略。

4.4　MDP 的应用：搜索移动目标

假设一个由 AI 操作的移动目标可以在 X 个可能的网格(或块)中移动。由于该移动目标只能移动到地理上相邻的网格上，其移动行为可以建模为一个马尔可夫链，其转移概率矩阵为 $\mathbb{P}$。我们打算设计一个搜索机器人，在时刻 $k \in \{0, 1, 2, \cdots, K\}$，$K < \infty$ 时从动作空间 $\mathcal{A}$ 中选择一个动作。一个动作 $a \in \mathcal{A}$ 可以是一个特定的网格或一组网格，例如图 4.11 中的视线观察。在时刻 k，观察被阻挡的概率为 $q(a)$，因此搜索机器人的动作 a 以概率 $1-q(a)$ 来执行。与雷达探测类似，对于任何没有由于动作 a 而阻塞的网格，漏掉的概率为 $\beta(a)$，即检测的概率为 $1-\beta(a)$。对于已知 $\mathbb{P}$、q、β 的搜索机器人的 AI 计算，如何搜索网格来找到移动目标？

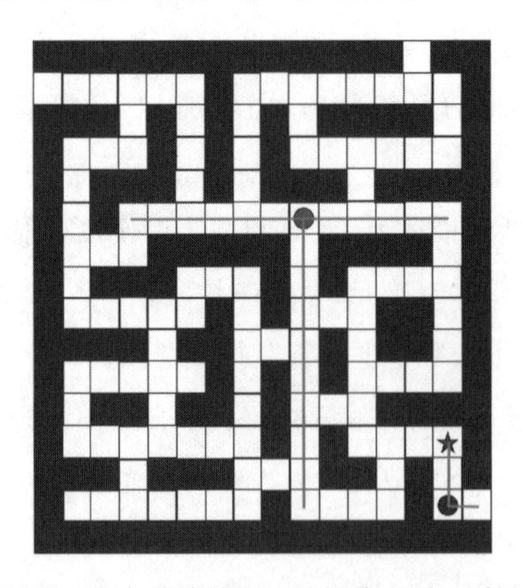

图 4.11　如果搜索机器人能进行如黑直线所示的视线观测，则黑色块时被阻挡而不可观测的，右下搜索机器人能观测星型目标，但中间搜索机器人看不到星型目标

假设一个搜索机器人可以在 $K<\infty$ 个连续的时间点内寻找移动目标，这意味着这是一个有限视界 MDP 问题。给定移动目标在 X 个网格内移动，将参数状态空间表示为 $\mathcal{X}=\{1, 2, \cdots, X, T\}$，其中 T 对应一个虚构的终端状态，表示如果在 K 步搜索之前检测到目标，则终止搜索。后续观测空间记为 $\mathcal{Y}=\{F, \overline{F}, B\}$ 约束满足问题，其中 F 表示“找到目标”，B 表示“搜索被阻挡”。搜索问题表述如下：

109

- **马尔可夫状态动力学**：将搜索建模为有限视界 MDP，通过定义 $x_k \in \mathcal{X}$ 为移动目标在时刻 $k=0, 1, 2, \cdots, K$ 时的状态，将移动目标的位置视为具有转移概率矩阵 $\boldsymbol{P}$ 的有限状态马尔可夫链。为了建模在移动目标发现后搜索过程的终端动力学，观测转移概率矩阵 $\boldsymbol{P}^y$，$y \in \mathcal{Y}$：

$$\boldsymbol{P}^F=\begin{bmatrix} 0 & 0 & \cdots & 1 \\ \vdots & \vdots & & \vdots \\ 0 & 0 & \cdots & 1 \end{bmatrix} \tag{4.58}$$

并且

$$\boldsymbol{P}^{\overline{F}}=\boldsymbol{P}^B=\begin{bmatrix} \boldsymbol{P} & 0 \\ 0^{\mathrm{T}} & 1 \end{bmatrix} \tag{4.59}$$

其中 $P(x_{k+1}=j \mid x_k=i, y_k=y)=\boldsymbol{P}_{ij}^y$，终端状态 T 是仅在检测到移动目标时才发生的吸收状态。初始状态是 $\pi_0(i)$，$i \in \{1, 2, \cdots, X\}$。

- **动作**：搜索机器人选择动作 $a_k \in \mathcal{A}$，其中 $\mathcal{A}$ 的动作是搜索一个网格或一组网格。

110

- **观察**：在时刻 k，$y_k \in \mathcal{Y}=\{F, \overline{F}, B\}$。定义阻挡概率 $q(a)$ 和丢失概率 $\beta(a)$。$\forall a \in \mathcal{A}$，$j=1, 2, \cdots, X$。

$$P(y_k=F \mid x_k=j, a_k=a)=\begin{cases} (1-q(a))(1-\beta(a)), & a \text{ 搜索网络 } j \\ 0, & \text{其他} \end{cases}$$

$$P(y_k=\overline{F} \mid x_k=j, a_k=a)=\begin{cases} (1-q(a)), & a \text{ 没有搜索网络 } j \\ \beta(a)(1-q(a)), & \text{其他} \end{cases}$$

$$P(y_k=B \mid x_k=j, a_k=a)=q(a) \tag{4.60}$$

对于终端状态 T，显然有：

$$P(y_k=F \mid x_k=T, a_k=a)=1$$

- **奖励**：如前所述，$r(x_k, a_k)$ 表示移动目标在状态 x_k 时选择 a_k 的奖励。奖励设计是翘起机器人动作达到控制目的的重要激励机制。有几种方法可以定义奖励函数：

(i) **最大化检测概率**：奖励是检测到移动目标的概率(即 F 的观测)。

$$r(x_k=j, a_k=a)=P(Y_k=F|x_k=j, a_k=a), \quad j=1, \cdots, X \tag{4.61}$$

$$r(x_k=T, a_k=a)=0 \tag{4.62}$$

(ii) **最小化搜索延迟**：任何搜索步骤直到到达终端状态 T 扣除一个单位的奖励(或产生一个单位的成本)。

$$r(x_k=j, a_k=a)=-1, j=1, \cdots, X \tag{4.63}$$

$$r(x_k=T, a_k=a)=0 \tag{4.64}$$

每个搜索步骤可能会消耗不同级别的资源，因此式(4.63)可以是 $c(a)$，与动作 a 相关的代价。

● **性能准则**：设 $\mathcal{I}_k$ 为时刻 k 时可用的历史信息，则：

111

$$\mathcal{I}_0=\pi_0; \mathcal{I}_k=\{\pi_0, a_0, y_0, \cdots, a_{k-1}, y_{k-1}\}, \quad k=1, \cdots, K \tag{4.65}$$

一个**搜索策略** π 是由 $\pi=\{\delta_0, \cdots, \delta_{K-1}\}$，$\delta_k$：$\mathcal{I}_k \to \mathcal{A}$ 的决策规则组成的序列。因此，性能准则就是工作函数：

$$J_\pi(\pi_0)=E_\pi\left\{\sum_{k=1}^{K-1} r(x_k, \delta_k(\mathcal{I}_k))|\pi_0\right\} \tag{4.66}$$

现在**最优搜索**是找到对所有初始分布最大化式(4.66)的策略，即：

$$\pi^*=\underset{\delta\in\mathcal{A}}{\operatorname{argmax}} J_\pi(\pi_0) \forall \pi_0 \in \Pi(X) \tag{4.67}$$

注：代替奖励函数 $r(x_k, a_k)$，代价函数 $c(x_k, a_k)$在 MDP 中也被广泛使用，它与奖励的意义相反，但在优化上是等价的，将奖励的最大化变为代价的最小化。奖励与代价之间的直观关系可以看做 $c(x_k, a_k)=-r(x_k, a_k)$或者 $c(x_k, a_k)=1/r(x_k, a_k)$。如果使用了式(4.66)的代价函数，则我们考虑最小化式(4.67)。

▶**练习**：在图 4.12 的白色网格中，五角星代表移动目标随机向前移动或右/左移动，其中“随机”意味着向前移动的可能动作集合{前，左，右}中具有同等的可能性。在不知道五角星位置的情况下，一个基于 MDP 的搜索算法开包括：(i) 选择开始网格；(ii) 继续搜索相邻的网格(上、下、左、右)和停留在同一个网格；(iii) 在同一个网格中重复观察，丢失的概率 $P_M=0.01$，阻塞的概率 $q(o)=0.6$。因为五角星被禁止进入黑色网格，任何黑色的网络都不考虑到红

图 4.12　移动机器人在网格区域内移动，而黑色网格表示阻挡

星的移动中，从而也不在搜索过程中。请根据搜索时间(即步数)找出最优的 MDP 搜索。

112

4.5 多臂赌博机问题

MDP 实际上揭示了一个困境，探索与利用。Nathan 通常去餐馆吃午餐，他非常清楚自己午餐能吃到什么，并感到满意。然而，有一家新餐厅刚刚开业，这可能会提供更好的食物，但也可能会体验到不太美味的食物。Nathan 要去原来的那个还是新的那个？这种情况在智能体的决策中很常见，如图 4.13 所示。

图 4.13 探索与利用

如果我们了解了环境的所有信息，我们就能够通过模拟穷举或其他智能方法找到最佳策略。这种困境来自信息的不完全：我们需要收集足够的信息来做出最佳的总体决策，同时将风险控制在可控范围内。有了利用，我们利用我们知道的最好的选择。而有了探索，我们会冒一些风险去收集关于未知选项的信息。最好的长期策略可能包括短期的牺牲。例如，一次探索试验可能会彻底失败，但它警告我们在未来不要太频繁地采取这种行动。这种权衡通常在机器人和人工智能中很有用。

现在让我们研究一个有趣的问题。如果一个人超过 21 岁，一旦他进入赌场看到一排老虎机，如图 4.14 所示，那么玩这些机器的最佳策略是什么？这个问题被称为**多臂赌博机**(Multi-Armed Bandit，MAB)问题。1952 年，罗宾斯首次提出了 MAB，自那以后，它被广泛地用于为一个通过探索它的环境，同时利用它现有的和可靠的知识，旨在获得新知识的自动化智能体所面临的权衡建模。MAB 实际上具有丰富的洞察力，可以应用于许多不同的问题。例如：

113

- 临床试验：在传统的临床试验中，患者被随机分为两个大小相等的组。更好的治疗通常可以很有信心地确定，有一半的患者正在接受测试。适应性试验动态地分配更多的患者接受更好的治疗。现代适应性临床试验可分为 K 族。分组序贯试验的设计基于试验可以根据中期结果过早停止的方式，例如某一特定治疗的表现。样本量的重新估计允许在试验中重新调整患者群体大小的设计。特别是，放弃失败者设计，允许放弃或增加某些治疗。当然，这样的试验首先会放弃更没希望的治疗方法[⊖]。

- 网络中的路由：在通信网络中，一个典型的路由问题是在 K 个候选路径中选择一条网络路径，而一个等价的问题是将一个任务分配给一个并行或分布式处理器。每条路径都与它的带宽/容量和延迟相关联。因此，每一条路径都可以看作 MAB 的一条摇臂。
- 在线广告：每次用户访问一个网站，显示 K 个可能的广告中的一个。如果用户点击广告，就会获得奖励。不需要事先了解用户、广告内容和网页内容等。

- 经济应用：除了赌博问题，还有很多金融场景可以应用，进一步的问题(如博弈理论应用中的纳什均衡计算)也相当于 MAB。

图 4.14　赢的概率未知的多臂赌博机问题

MAB 问题很好地说明了探索与利用之间的困境。回到图 4.14 中的问题，一种朴素的方法是在一个老虎机上玩许多回合(即如学习或动态系统中的场景)。根据大数定律，我们最终可以得到这台老虎机的“真实”概率。然而，这种方式可能会很浪费资源，也不能保证找到全局最优奖励。

考虑到贪婪策略(即持续玩老虎机)，一种可能的理论处理方法是最大化连续玩这些老虎机(即赌博机中的摇臂)所获得的奖励。图 4.14 中 MAB 的问题可以看作一个描

⊖ 见本章参考文献[6]。

述为动作空间和奖励的二元组($\mathcal{A}$，$\mathcal{R}$)的**伯努利多臂赌博机**(Bernoulli multi-armed bandit)：

- 有 K 台老虎机，奖励概率为 p_1，p_2，…，p_K。
- 在每次实例或情节中，智能体执行动作 $a_t \in \mathcal{A}$，并立即获得奖励 r_t。
- $\mathcal{A}$ 为动作空间，对应于与老虎机的交互。动作 a 的回报是期望奖励 $Q(a)=E[r|a]=p$。具体地说，在时刻 t 的老虎机 i 上的动作 a_t 意味着 $Q(a_t)=p_i$。
- $\mathcal{R}$ 是一个奖励函数，对于伯努利赌博机来说是随机的。在时刻 t，$r_t=\mathcal{R}(a_t)$以概率 $Q(a_t)$返回奖励“1”，或以概率 $1-Q(a_t)$返回奖励“0”。

我们可以注意到，这正是不带状态空间 $\mathcal{S}$ 的马尔可夫决策过程的简化版本。目标是在时间视界范围 T 内使累积奖励 R_T 最大化：

$$R_T = \sum_{t=1}^{T} r_t \tag{4.68}$$

最优动作 a^* 的最优奖励概率 p^* 是

$$p^* = Q(a^*) = \max_{a \in \mathcal{A}} Q(a) = \max_{1 \leqslant i \leqslant K} p_i \tag{4.69}$$

如果我们知道拥有最佳奖励的最佳动作，那么我们的目标就等价于通过不选择最佳动作而最小化潜在的**遗憾**(regret)或损失。

115

因此，总损失或总遗憾是：

$$\mathcal{L}_T = E\left[\sum_{t=1}^{T}(p^* - Q(a_t))\right] \tag{4.70}$$

前面的讨论表明朴素的或纯粹的利用还不够好。一个好的赌博机策略应该包含各种探索方式。以下是一些被广泛采用的算法。

▶**练习(换工作)**：请使用 MAB 求解 4.3 节中的这个问题。

4.5.1　ε-贪婪算法

我们可以认为**贪婪算法**(greedy algorithms)是最简单和最常见的求解在线决策问题的方法，它涉及两个步骤来产生每个动作：(1)从历史数据中估计模型；(2)对于估计的模型，选择最优动作，对任何平局则任意选择。从某种意义上说，这种算法是贪婪的，因为选择动作只是为了最大化即时奖励。

类似于小变异概率的进化算法，大部分时间(概率为 $1-\varepsilon$)ε-贪婪算法利用最有希望的动作，但偶尔进行随机探索(概率为 ε)。动作值是根据过去的经验来估计的，并通过平均与观察到的目标动作 $a_{1:t}$ 相关联的奖励来实现。在如图 4.14 所示的伯努利赌博机中，我们有

$$\hat{Q}_t(a)=\frac{1}{N_t(a)}\sum_{\tau=1}^{t} r_t \cdot \mathbb{I}_{a_\tau=a} \tag{4.71}$$

其中 $\mathbb{I}$ 是指数函数，$N_t(a)=\sum_{\tau=1}^{t}\mathbb{I}_{a_\tau=a}$ 是统计一个具体动作 a 被选上的次数的计数变量。大多数时候(即概率为 $1-\varepsilon$)，智能体利用到时间 t 为止学会的可能的最佳动作，$a_t^*=\underset{a\in\mathcal{A}}{\arg\max}\hat{Q}_t(a)$，同时以小概率 ε 进行随机探索。

4.5.2 上置信界

随机探索提供了尝试智能体所不了解的选项的机会。然而，随机性可能会导致一些已经知道的坏动作。为了避免这种低效的探索，我们可以进行：

116

(a) 及时减少参数 ε。

(b) 对那些高不确定性的选择持乐观态度，因此更倾向于尚未获得置信值估计的动作，这表明智能体应该探索具有更高潜力达到最优值的动作。

上置信界(Upper Confidence Bound，UCB)算法的目标是通过奖励值的上置信界 $\hat{U}_t(a)$来提供这种潜力的度量，使得真值 $Q(a)$以高概率低于界 $Q^t(a)+U^t(a)$。这个上界 $U^t(a)$应该是 $N_t(a)$的函数，且 $N_t(a)$的试验次数越多，说明这个上界越紧。

应用 UCB 算法，智能体典型地选择最贪婪的动作来最大化上置信界。

$$a_t^{\mathrm{UCB}}=\underset{a\in\mathcal{A}}{\arg\max}\hat{Q}_t(a)+\hat{U}_t(a) \tag{4.72}$$

剩下的问题是如何估计这个上置信界。在没有关于分布的先验知识的情况下，适用于任何有界分布的 **Hoeffding 不等式**是有用的。让 X_1，…，X_t 是独立同分布的[0，1]区间上的随机变量。因此，**样本均值**为 $\overline{X}_t=\frac{1}{t}\sum_{\tau=1}^{t}X_\tau$。对于 $u>0$，

$$\mathbb{P}[\mathbb{E}(X)>\overline{X}_t+u]\leqslant \mathrm{e}^{-2tu^2} \tag{4.73}$$

对于一个特定的动作 $a\in\mathcal{A}$，我们可以视：

- $r_t(a)$为随机变量。
- $Q(a)$为真均值。
- $Q^t(a)$为样本均值。
- $u=\hat{U}_t(a)$为上置信界。

因此，

$$\mathbb{P}[Q(a)>\hat{Q}_t(a)+U_t(a)]\leqslant \mathrm{e}^{-2tU_t^2(a)} \tag{4.74}$$

换句话说，真实均值高概率低于样本均值和上置信界之和。因为 $\mathrm{e}^{-2tU_t^2(a)}$ 很小，我

们定义：

$$\rho = \mathrm{e}^{-2tU_t^2(a)} \tag{4.75}$$

则为了完成 UCB 算法，

$$U_t(a) = \sqrt{\frac{-\log \rho}{2N_t(a)}} \tag{4.76}$$

117

及时减小 ρ 值是值得期待的。为了利用更多的观测得到更准确的置信界估计，设 $\rho = t^{-4}$，我们可以得到如下 UCB1 算法：

$$U_t(a) = \sqrt{\frac{2\log t}{N_t(a)}} \tag{4.77}$$

$$a_t^{\mathrm{UCB1}} = \operatorname*{argmax}_{a \in \mathcal{A}} Q(a) + \sqrt{\frac{2\log t}{N_t(a)}} \tag{4.78}$$

对于 UCB 和 UCB1 算法，由于不假设奖励分布的先验知识，因此一般采用 Hoeffding 不等式进行估计。然而，在许多情况下，有可能获得一些先验信息来开发**贝叶斯 UCB**。例如，在多臂赌博机问题中，如果每个老虎机的奖励是高斯分布的，我们可以建立 95%置信区间来设置 $\hat{U}_t(a)$。

4.5.3　汤普森采样

汤普森采样(Thompson sampling)是一个相当简单的想法，但令人惊讶的是效果很好。

例(概率匹配)：在一个二元决策问题中，训练期间，H_1 为真的概率为 80%，H_0 为 20%。最大化正确预测数量的最优贝叶斯策略是什么呢？这是直接通过概率匹配来选择预测动作的，该策略建议以$(0.8)^2+(0.2)^2=0.68$ 的概率来正确预测。然而，一个朴素的预测 H_1 的决策机制总是能给出 80%预测正确的概率。这个概率匹配的例子证明有用。

回到 MAB 问题。在每个时间段中，根据 $a \in \mathcal{A}$ 是最优的概率来选择动作 a：

$$p^*(a \mid h_{0:t}) = \mathbb{P}[Q(a) > Q(a'),\ \forall a' \neq a \mid h_{0:t}] \tag{4.79}$$

$$= E_{\mathcal{R} \mid h_{0:t}}[\mathbb{I}_{\operatorname{argmax}_{a \in \mathcal{A}} Q(a)}] \tag{4.80}$$

其中 $p^*(a \mid h_{0:t})$是给定历史数据下选择动作 a 的概率。

例(伯努利赌博机)：对于 K-摇臂赌博机，$a_t = k \in \mathcal{A} = \{1, 2, \cdots, K\}$成功概率为 $p_k \in [0, 1]$。成功概率 $p_1, \cdots, p_k$ 是玩家(即智能体)不知道的，并且在时间上是

118

固定的，这可以通过实验来学习。目标是最大化早期定义的 R_T，这里 T 一般远大于 K。对于这种伯努利赌博机问题的一个朴素方法是将一些固定的时间段分配给探索，方法是将摇臂均匀随机抽样，同时在其他时间段则瞄准选择成功的动作。这正是在探索与利用之间寻求最佳策略。然而，经过决策科学和控制工程的深入研究，即使对于这样简单的伯努利赌博机问题，这种方法仍然是浪费的。对于伯努利赌博机在网络广告上的应用，摇臂对应的是可以在网站上展示的不同的横幅广告。成功就代表广告的一次点击，而 p_k 则代表访问该网站的用户群体中的点击率或转化率。

更现实和有用的应用场景不仅是从历史数据中学习，而且还可以系统地探索以提高未来的性能。例如，谷歌地图或苹果地图有一个功能，当你根据实时交通状况选择出发地和目的地时，会推荐最短路径(距离或旅行时间)，图 4.15 中展示了推荐的深色路线和另外两个浅色备选路线。这个在线最短路径的简化版本见下例。

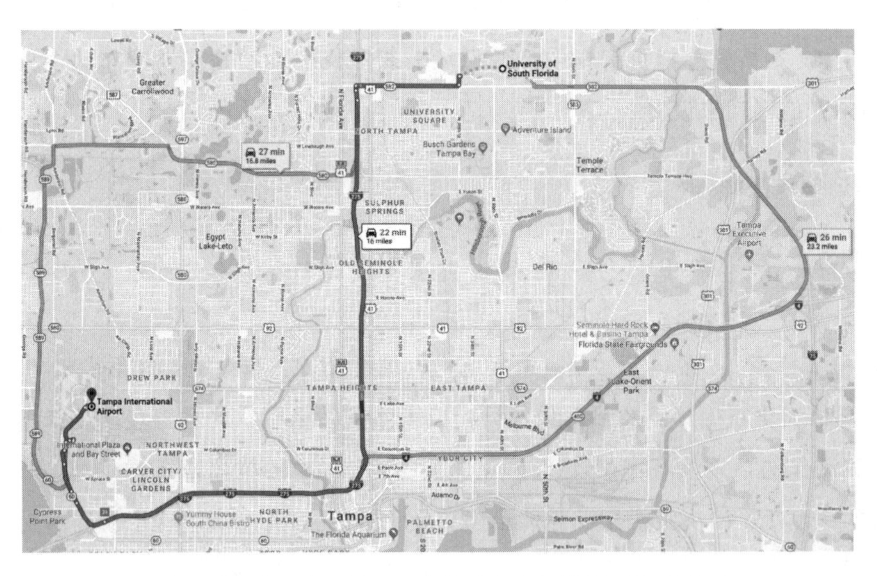

图 4.15　在线路线示例：从南佛罗里达大学到坦帕国际机场

例(在线最短路径问题)： Christine 早上开车从家(K-Bar 农场)到她在南佛罗里达大学(USF)的办公室。她希望选择通勤时间最少的路线，但她不确定不同路线的通勤时间。在大量的旅行后，她如何有效地学习并最小化总旅行时间呢？

解： 我们通过创建一个如图 4.16 所示的图来形成这个在线最短路径问题 $\mathcal{G}=\{\mathcal{V},\mathcal{E}\}$，源顶点为汉娜湖，目的顶点为 USF。每个顶点可以认为是一个交叉点，如果存在一条直接的道路段连接两个交叉口，则在图中存在两个顶点 i，$j\in\mathcal{V}$，一条边$(i,$

$j)\in\mathcal{E}$。假设沿一条边 $e\in\mathcal{E}$ 行驶，平均时间为 θ_e。如果这些参数是已知的，Christine 会选择路径(e_1，…，e_n)，由连接顶点 1 和 $N=10$ 的一系列相邻边组成，使得期望的总时间 $\theta_{e_1}+\cdots+\theta_{e_n}$ 最小，跟传统最短路径问题一样。

119

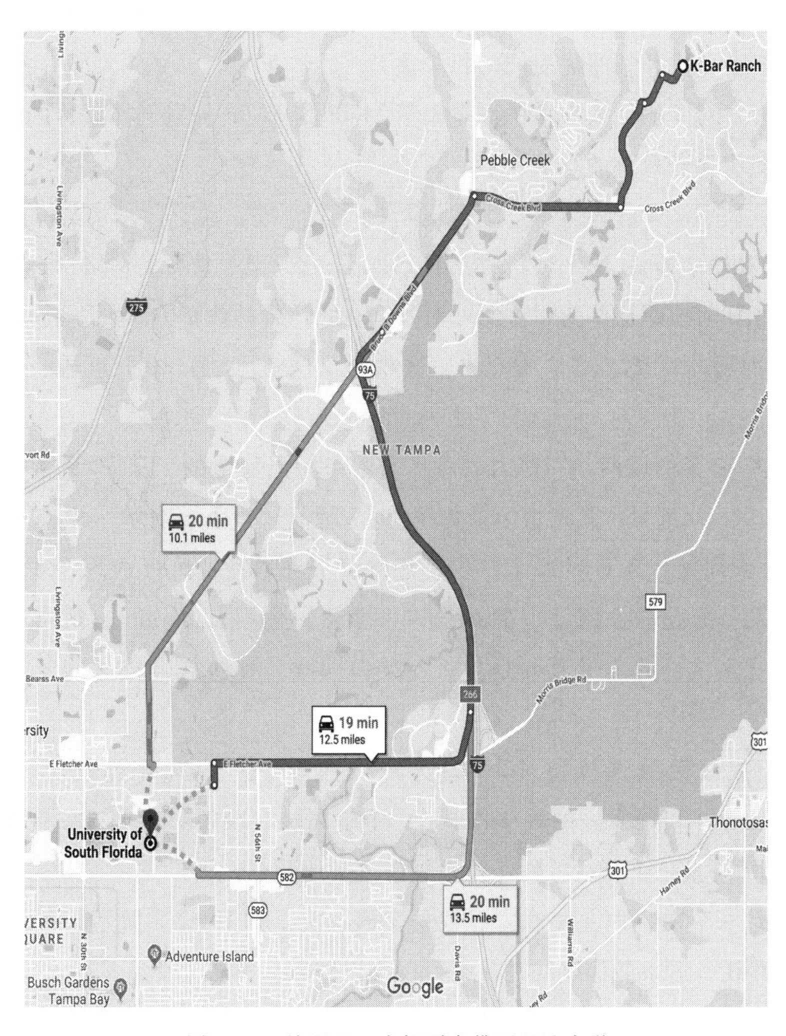

图 4.16　从 K-Bar 农场到南佛罗里达大学

对于在线最短路径问题，Christine 根据时间段序列选择路径。在时间周期 t，遍历边 e 的实现时间 $\tau_{t,e}$ 独立地取自具有均值 θ_e 的经验分布。Christine(即智能体)依次选择一条路径 x_t，沿路径的每条边观察实现的旅行时间 $\tau_{t,e\mid e\in x_t}$，产生等于总旅行时间的成本 $c_t=\sum_{e\in x_t}\tau_{t,e}$。通过智能地探索，她希望在许多时间段 T 内最小化累积旅行时间 $\sum_{t=1}^{T}c_t$。从概念上讲，这与伯努利赌博机问题相似，但是计算上不可行。因此，需要一种有效的方法来利用问题的统计和计算结构。

自然思维认为，智能体在离开源点时设置一个计时器，到达目的地时进行检查，只有效地跟踪选定路径的旅行时间，这就是汤普森采样背后的基本思想。这与伯努利赌博机模型很接近，在伯努利模型中，只会观察到被选中摇臂的实际奖励(或代价)。我们可以进一步考虑相邻路段之间的相关性。

综上所述，对于机器人技术中许多关于MDP和MAB的案例，其目的是开发探索与利用之间具有显著效率的算法。

120

▶**练习(在线广告)：** MAB广泛应用于对电子商务至关重要的网络广告。这个简单的练习演示了如何应用这些知识。网站对每个在线广告的收费方式如下：30天收费10美元，30天内超过10次点击，每点击一次收费3.5美元，而30天形成一个从零开始的收费周期。

根据许多30天的周期，周期内的总点击数是相当稳定的。从30天前开始，网站发布了新的广告A到H，其点击记录如图4.17所示，一个x表示一次点击。对于即将到来的30天周期，A-H的8个广告都想继续下去。首席执行官Sergio对此有不同的看法，他的目标是减少网站上的在线广告数量。你同意Sergio的观点吗？如果不同意，得出这个结论的定量原因是什么？如果同意，哪些广告与你的定量分析保持一致？

121

▶**练习(在线路线选择)：** Julie每天从她在舍瓦尔的家开车到USF，地图见图4.18。假设由于可能发生的堵车和事故，上午高峰时段的交通是繁忙且多变的。我们打算为Julie开发一个在线软件，让她更有效率地开车。

122

(a) 假设Julie在T时刻离开家。根据交通状况，如图4.19所示，软件通知Julie最好的开车路线。这条最佳路线是什么，以及识别它的算法是什么？

(b) 每5分钟更新一次交通状况，从而更新每个路段的行驶时间。请开发用于在线更新路由的在线算法和对应的软件。如果更新路线与当前路线不同，Julie会得到变更通知，并按照更新路线走。Julie到达USF的最后的路线是什么(请详细说明每一次变更的路线)？

(c) 在(b)中整个行程的计算复杂度是多少？

(d) 根据长期历史数据，图4.18展示了朱莉最常见的两条路线。请开发一种计算效率更高的在线路由算法。与(b)算法相比，在线路更新以及相关的复杂度和所需内存是否存在差异？

123

天	A	B	C	D	E	F	G	H
1	×	×			×			
2			×		×			×
3	×							××
4				×			××	
5		×						××
6	×					×		
7			×				×	
8	×							×
9		×					×	
10	×							×
11					×	×		
12		×			×	×		
13		×		×			×	
14			×				×	
15	×			×				
16			×			×		
17	×						×	
18	×			×				
19		×			×			
20	×		××					
21				×		×		
22					×	×		
23	×				×			
24		×					×	
25	×		×					
26			×			×		
27	×				×			
28		×						×
29	×			××				
30				×		×		

图 4.17　广告 A-H 的点击记录

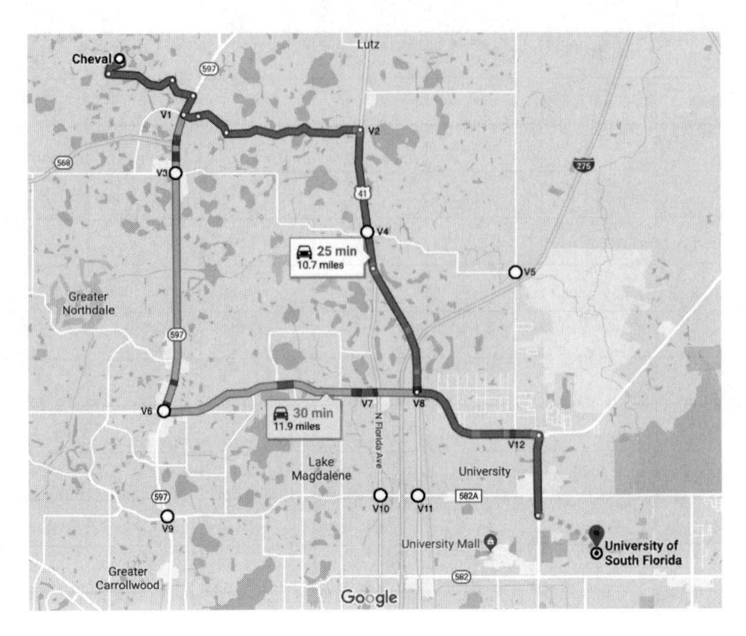

图 4.18　从舍瓦尔(C)到 USF(U)的街道地图

	T	T+5	T+10	T+15	T+20	T+25	T+30	T+35	T+40
C-V1	3	3	3	3	3	3	3	4	5
V1-V2	6	6	6	6	8	8	8	6	5
V1-V3	2	3	4	2	2	2	1	1	1
V2-V4	2	2	3	2	2	2	2	2	2
V3-V4	8	8	8	8	8	8	9	9	8
V3-V6	5	8	11	15	12	9	7	5	5
V4-V5	5	4	3	4	6	5	5	4	5
V4-V7	4	4	3	3	4	5	4	5	4
V4-V8	4	5	4	4	5	4	4	4	4
V5-V12	5	3	4	3	3	8	6	5	4
V6-V7	8	9	9	8	8	8	9	12	11
V6-V9	3	3	4	3	3	3	4	2	3
V7-V8	2	2	1	1	3	2	2	2	2
V7-V10	3	3	3	3	3	3	4	3	3
V8-V12	5	9	7	5	5	6	5	5	6
V8-V11	3	3	3	4	3	3	3	3	3
V9-V10	9	10	11	11	10	9	10	9	10
V10-V11	2	2	2	1	3	2	2	2	3
V11-U	5	5	4	4	5	7	6	5	5
V12-U	5	9	7	5	4	5	5	6	6

图 4.19　每 5 分钟更新的每个道路段的旅行时间

注：这个练习很好地描述了 GPS 路线指引的原则之一。

附录：马尔可夫链

随机过程 X_t 是由时间 t 索引的随机变量的集合。如果 t 是可数的，则 X_t 是**离散时间**(discrete-time)的随机过程。而且，一个随机过程 X_t 是一个**马尔可夫过程**(markov process)，如果给定过程的现在，该过程的未来是独立于过去的。也就是说，

$$P(X_{t+1}=x_{t+1} \mid X_t=x_t, \cdots, X_1=x_1)=P(X_{t+1}=x_{t+1} \mid X_t=x_t) \tag{4.81}$$

离散值马尔可夫随机过程是一个**马尔可夫链**(Markov chain)。如果离散值的个数是有限的，则它是**有限状态马尔可夫链**(Finite-State Markov Chain，FSMC)，这是机器人人工智能的主要关注点。FSMC 中的状态集合记为 $\mathcal{S}$，设 $\mathcal{S}=\{1, 2, \cdots, N\}$，即在这个 FSMC 中有 N 个状态。状态转移概率定义为：

$$P_{ij}^{t}=P(X_{t+1}=j \mid X_t=i) \tag{4.82}$$

我们特别感兴趣的是齐次 FSMC，这意味着状态转移概率是关于时间指标不变的。$\forall t$，

$$P_{ij}=P(X_{t+1}=j \mid X_t=i) \tag{4.83}$$

124

通常使用**状态转移图**来表示马尔可夫链的行为，尤其是齐次 FSMC。因此，状态转移矩阵定义为一个 $N \times N$ 矩阵 $\mathbb{P}=[\boldsymbol{P}_{ij}]$。

如果 FSMC 中不存在环路状态和目的状态(sink states)，随着时间的推移，FSMC 将达到稳定状态。FSMC 中状态 n 的稳态概率分布可表示为 π_n^s，可计算为：

$$(\pi_1^s, \cdots, \pi_N^s) \cdot \mathbb{P}=(\pi_1^s, \cdots, \pi_N^s) \tag{4.84}$$

$$\sum_{n=1}^{N} \pi_n^s=1 \tag{4.85}$$

其中上述两式都是基于稳定状态和总概率的不变特性。

例：在自动化生产线上，机器人每分钟执行同样的任务。由于精度的原因，它的输出被评为“可接受”或“不可接受”。观察到机器人任务的马尔可夫性质：如果前一分钟“可接受”，那么这一分钟“可接受”的概率为 0.9(即“不可接受”的概率为 0.1)。如果前一分钟是“不可接受”，那么这一分钟“可接受”的概率为 0.8(即“不可接受”的概率为 0.2)。该机器人的性能可以用如图 4.20 所示的 FSMC 来表示。

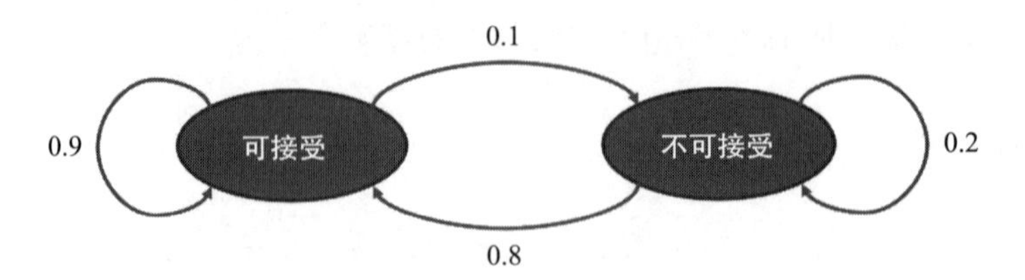

125

图 4.20 两状态马尔可夫链

▶**练习：** 长期来看，这个机器人在精度上输出“可接受”的概率是多少？

▶**练习：** 机器人在一维轴上随机行走。每一次，机器人以相同的概率(即 1/2)向左或向右移动一步。假设机器人从轴的原点出发。

(a) 一旦机器人移动到 N_{win} 或 $-N_{loss}$，过程终止。在 N_{win} 终止的概率是多少？这被称为赌徒破产问题，因为 N_{win} 通常是一个很大的数，而 N_{loss} 通常是相对较小的数(即类似于赌场中玩家的资本，通常是一个相对较小的数字)，因此随 N_{win} 趋近∞，在 N_{win} 终止的概率接近 1。

(b) 假设机器人向左或向右移动的概率不同，比如向左移动的概率略小，为 $0<p<1/2$。一旦机器人到达 N_v 或 $-N_v$，过程就终止。在 $-N_v$ 终止的概率是多少？

(c) 机器人离开原点后再回到原点的概率是多少？提示：这个问题涉及的是一个无限状态的马尔可夫链，请查阅随机过程的相关书籍，如本章参考文献[8]。

延伸阅读： 参考文献[2]深入介绍了信号检测和估计的知识。参考文献[3]提供了马尔可夫决策过程的数学基础。参考文献[5]提供了动态规划的数学基础。关于汤普森采样的更多细节可以在参考文献[7]的 Python 编程中找到。

参考文献

[1] J.O. Berger, *Statistical Decision Theory*, 1985.
[2] H.V. Poor, *Introduction to Signal Detection and Estimation*, 2nd edition, Springer.
[3] M.L. Puterman, Markov Decision Processes, Wiley, 1994.
[4] C.-K. Yu, S.M. Cheng, K.-C. Chen, “Cognitive Radio Network Tomography”, the special issue of Achievements and Road Ahead: The First Decade of Cognitive Radio *IEEE Transactions on Vehicular Technology*, vol. 59, no. 4, pp. 1980-1997, April, 2010.
[5] D.P. Bertsekas, *Dynamic Programming*, Prentice-Hall, 1987.
[6] V. Kuleshov, D. Precup, “Algorithms for the Multi-Armed Bandit Problems”, *Journal of Machine Learning*, vol. 1, 2000.
[7] Daniel J. Russo, B. Van Roy, A. Kazerouni, I. Osband, Z. Wen, “A Tutorial on Thompson Sampling”, arXiv: 1707.02038v2, 2017.
126
[8] S. Ross, *Stochastic Processes*, 2nd edition, Wiley, 1995.

第5章　强化学习

在前面的章节中，我们介绍了马尔可夫决策过程(MDP)的许多典型应用，包括：

- 库存问题
- 路线问题
- 存取控制
- 序贯资源分配
- 秘书问题(即动态规划)

当状态转移统计和动态系统的建模已知时，尽管仍然可能遭受计算复杂度问题，MDP可以处理数学上可行的情况。然而，我们更感兴趣的是处理环境是动态的情况，即 $p(r, x'|x, a)$不是先验已知的，或者没有可用的系统模型。人工智能的一个分支，被称为**强化学习**(Reinforcement Learning，RL)，与MDP密切相关，对于解决这种情况下的问题非常有用。强化学习的本质是从经验中学习。许多方法通常可以分为：

- 基于模型的强化学习：基于经验来学习 $P(r, x'|x, a)$并据此推导出策略。
- 无模型强化学习：根据经验直接学习价值函数或评估不同的策略，在策略空间中搜索，如使用梯度上升搜索。对于许多机器人和人工智能问题，在实践中不可能存在精确的模型，无模型是采用机器学习技术的强大动机。

作为一个快速的结论，监督学习处理数据和标签的输入；无监督学习处理无标签数据输入；强化学习处理的是与环境的交互，尤其对机器人问题感兴趣。

例：通过深度 Q 学习(一种强化学习)玩雅达利(Atari)游戏就是一个很好的例子。

5.1　强化学习基础

强化学习问题的三个基本要素分别是智能体、奖励和环境。智能体与环境交互，并配备传感器以确定环境的状态，以便采取动作来更改状态。当智能体采取动作时，环境就会提供奖励。可以总结如图5.1所示。智能体想要学习产生最大累积奖励的最佳动作序列。

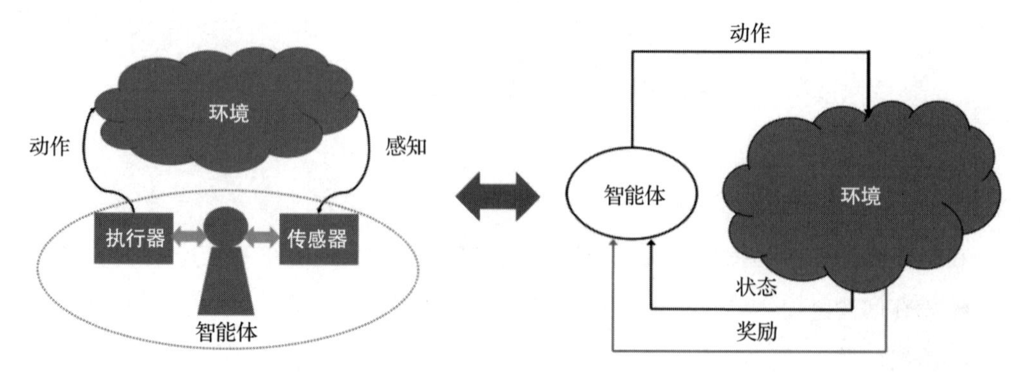

图 5.1 机器人和强化学习模型

在动作集合中的所有动作，哪一个会给予更高的奖励是不确定的。决策者只有不断试验，才能做出定性评价。然而，在跨很多轮再执行决策时，决策者将面临选择有经验的有利动作(即利用)或执行未经尝试的动作(即探索)之间的权衡。下面的小节介绍了一类特殊的 MDP，它已应用于计算机系统、网络系统和管理科学的许多问题，并解释了利用与探索的重要性。

5.1.1 重访多臂赌博机问题

K-摇臂赌博机是一个假设的带有 K 个杠杆的老虎机，但它只有一种状态。玩家的动作是选择并拉动其中一个杠杆，而特定的奖励则与这种动作相关。我们的目标很简单，就是决定拉哪根杠杆来获得最大的奖励。这是一个简单的模型，因为：

128

- 仅有一个状态(一台老虎机)。
- 仅需要去确定动作。
- 即时奖励(从动作观察到价值)。

$V(a)$是动作 a 的价值。初始时 $V(a)=0$，$\forall a\in\mathcal{A}$。当我们执行动作 a 时，我们得到奖励 $r_a\geqslant 0$。如果奖励是确定性的，$V(a)=r_a$。如果奖励是随机的，奖励的数量由概率分布 $p(r|a)$来定义。我们可以将 $V_t(a)$定义为在时刻 t 的动作 a 的价值的估计，它可以是在时间 t 之前选择动作 a 时所有奖励的平均值。

假设赌场里有 K 台赌博机。每台机器产生的奖励都遵循不同的正态分布均值 μ_k。也就是说，如果赌徒玩第 k 台机器，他得到的奖励是 r_k，其中

$$p(r_k|a_k)=\frac{1}{\sqrt{2\pi}}\exp\left(-\frac{(r_k-\mu_k)^2}{2\pi}\right)$$

此外，分布均值会在每一天的开始重置。John 和 Bob 每天都去赌场，花好几个小时赌博。John 既保守又有远见。他总是选择能够提供最高平均奖励的机器来玩，也就是说，他选择了具有最大价值的动作（即玩某个赌博机）。这个**贪婪策略**表明约翰总是执行最优动作：

$$a^* = \arg\max_a V_t(a)$$

Bob 更有冒险精神，有时他不想做出看似优越的选择。因此，他用概率 $1-\varepsilon$ 来玩价值最高的机器。其他三台机器则机会均等。我们称为 **ε-贪婪策略**（$\varepsilon<1$），Bob 在第 k 轮的动作是：

$$a_t = \begin{cases} a^* & \text{概率为 } 1-\varepsilon \\ a \neq a^* & \text{概率为 } \dfrac{\varepsilon}{|\mathcal{A}|-1} \end{cases} \tag{5.1}$$

例： 假设 $K=10$，并且连续 2000 天每天玩 1000 次，John 和 Bob 的第一次、第二次、第三次游戏，等等，平均都发生在这 2000 天里。

我们观察到 John 经常在早期阶段（大约在第 50 次游戏之前）锁定次优动作。Bob 从未放弃尝试所有的选项，结果平均每天结束时获得更高的奖励，尽管在一开始，他获得的奖励似乎比 John 少，如图 5.2 所示。

129

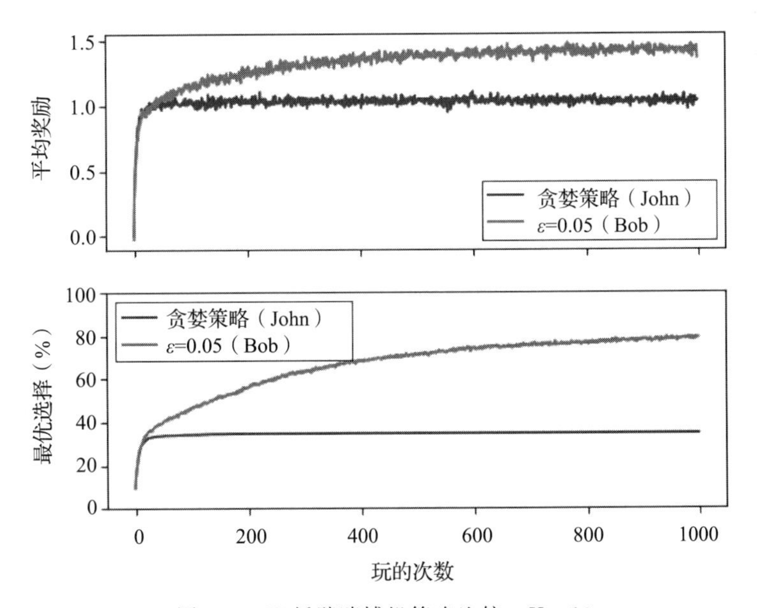

图 5.2　K-摇臂赌博机策略比较，$K=10$

注：这个例子说明了在策略中同时进行利用与探索的重要性：利用基于当前信息做出可能的最佳决策，探索则收集更多信息。然而，最好的长期策略可能会导致短期的牺牲。

当我们想在决策过程中利用时，我们选择具有最大价值的行动。也就是说，

$$a^{*}=\underset{a}{\operatorname{argmax}} V(a) \tag{5.2}$$

强化学习的可能泛化包括：

- 更多的状态，例如不同的老虎机有不同的奖励概率 $p(r|x_i, a_j)$，以及学习在状态 x_i 中采取动作 a_j 的价值 $V(x_i, a_j)$。请注意，在以下关于强化学习的文本中，我们将使用 $Q(x_i, a_j)$表示状态-动作值 $V(x_i, a_j)$。因此，$Q(.,.)$或 Q-值具体对应状态-动作值。
- 动作不仅会影响奖励，还会影响下一个状态。
- 奖励被延迟，我们必须立即从延迟的奖励来估计值。

130

在 K-摇臂赌博机问题中仔细寻找估计动作的值，我们可以通过实际收到的平均奖励获得直观的评估：

$$Q_t(a)=\frac{\sum_{i=1}^{t-1} R_i \cdot \mathbb{I}_{A_i=a}}{\sum_{i=1}^{t-1} \mathbb{I}_{A_i=a}} \tag{5.3}$$

这里 A_i 为时间 i 处 K-MAB 的决策，奖励为 R_i。大数定律表明 $Q_t(a) \rightarrow q^*(a)$。动作的贪婪选择暗含：

$$A_t=\underset{a}{\operatorname{argmax}} Q_t(a) \tag{5.4}$$

Q_{n+1} 表示 n 次动作后智能体动作值的估计。采用如下的代数操作，

$$\begin{aligned}
Q_{n+1} &= \frac{1}{n}\sum_{i=1}^{n} R_i \\
&= \frac{1}{n}\left(R_n + \sum_{i=1}^{n-1} R_i\right) \\
&= \frac{1}{n}\left(R_n + (n-1)\frac{1}{n-1}\sum_{i=1}^{n-1} R_i\right) \\
&= \frac{1}{n}(R_n + (n-1)Q_n) \\
&= Q_n + \frac{1}{n}[R_n - Q_n]
\end{aligned}$$

这表明迭代格式如下：

$$NewEstimate \leftarrow OldEstimate + StepSize[Target - OldEstimate] \tag{5.5}$$

这对开发在线算法很有帮助。因此，我们总结在线更新如下。

命题 1 （在线更新）：

$$Q_{t+1}(a) \leftarrow Q_t(a) + \eta[r_{t+1}(a) - Q_t(a)] \tag{5.6}$$

其中 $r_{t+1}(a)$是在 $t+1$ 时刻采取动作 a 后的奖励；η 为学习因子(为了收敛的目的，可以随时间逐渐减小)；r_{t+1} 是期望的奖励输出；$Q_t(a)$表示当前预测；$Q_{t+1}(a)$是动作 a 在 $t+1$ 时刻的期望值，随着 t 的增加收敛于 $p(r|a)$的均值。

131

当面对一个非稳定的环境时，我们可能会更看重最近的奖励而不是过去很久的奖励。例如，引入一个常数步长参数 $\alpha \in [0, 1]$，

$$Q_{n+1} = Q_n + \alpha[R_n - Q_n] \tag{5.7}$$

迭代后，

$$Q_{n+1} = (1-\alpha)^n Q_1 + \sum_{i=1}^{n} \alpha(1-\alpha)^{n-i} R_i \tag{5.8}$$

这表明权重根据指数 $1-\alpha$ 呈指数衰减，作为**指数的最近加权平均值**。

5.1.2　强化学习基础

在学习过程中，作为决策者的智能体与环境交互，并配备传感器来确定环境的状态，以便采取动作改变状态。当智能体执行动作时，环境就会提供奖励。随着时间的推移，智能体对外界开发出序贯决策。到目前为止，已经确定了以下几类序贯决策过程：

编程：一个智能体可以通过编程来处理所有可能的情况。对于每个可能的状态，可以预先指定一个动作，例如卷积解码器。然而，由于系统的复杂度或不确定性，编程可能是不可行的。

搜索和规划：早在 20 世纪 90 年代末，深蓝就采用了穷举搜索算法，在国际象棋比赛中击败了人类世界冠军卡斯帕罗夫。在处理不确定性时，可采用**容许启发式**(admissible heuristics)方法。

学习：强化学习通过观察每个状态，适应不确定性来解决问题，而不需要系统设计者检查所有的场景。如果一个机器人直接执行一个序贯决策算法，它被称为**在线学习**(online learning)。如果环境模拟器可用来训练样本，它被称为**离线学习**(offline learning)。

132

▶**练习(平衡杆问题)**：图 5.3 描述了一个用于机器人平衡杆强化学习的经典例子。请定义这种强化学习的状态。你能分配奖励并将杆的平衡建模为一个强化学习问题吗？

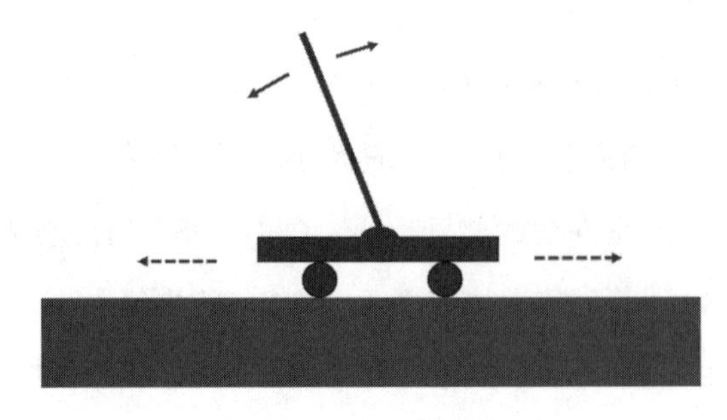

图 5.3　平衡杆问题

▶**练习(八皇后)**：请使用 RL 来解决第 2 章中的八皇后问题。

5.1.3　基于马尔可夫过程的强化学习

研究 RL 的一个广泛使用的公式化表达是马尔可夫决策过程(MDP)。图 5.4 展示了 RL 的基本要素及其交互。机器人通常被称为智能体，它采取动作并观察来自环境的奖励。MDP 框架很好地捕捉了机器人的这种连续决策。在 MDP 中，决策者(即智能体或机器人)与环境之间的交互是通过**状态**、**动作**和**奖励**来描述的。智能体观察环境的信息模式，建立自己的状态认知。根据其当前的状态，它拥有一些动作选择，这些动作选择将自己转移到另一种状态，然后从环境中获得一些实际价值的奖励。一系列的状态-动作-奖励发生在所谓的决策轮。一个 MDP 由许多决策轮组成，我们称之为 MDP 的视界长度。智能体的目标，也就是 MDP 分析的目标，是为选择动作的每个决策轮确定一个规则，来最优化收集的奖励。

133

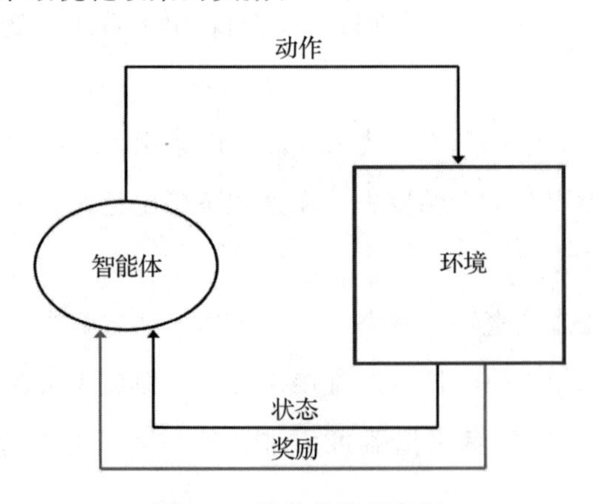

图 5.4　强化学习示意图

为了用数学的方法来表达MDP，设$\{S_t \in \mathcal{S}\}$表示第$t \in \{0, 1, 2, \cdots, K\}$轮的状态序列，这里$K \leqslant \infty$为视界长度，$\mathcal{S}$是状态空间。在决策轮$t$时采取的动作用$a_t$表示，其中$a_t$属于动作空间$\mathcal{A}$。更准确地说，动作空间依赖于当前状态，用$\mathcal{A}(s_t)$表示。实值奖励$R_{t+1}$是$t$轮后的累积奖励。奖励是基于最后状态$S_t$和动作$A_t$来给定的，使用奖励$R_{t+1}$的符号(而不是$R_t$)是因为它抓住了这样一个事实：在$t$轮训练之后，奖励$R_{t+1}$和后继状态$S_{t+1}$是一块确定的。图5.5说明了状态、动作和奖励之间的关系。箭头的方向表示它会在哪个部分产生影响。如图所示，就像我们已经描述的，状态和动作共同影响返回的奖励和下一个状态。

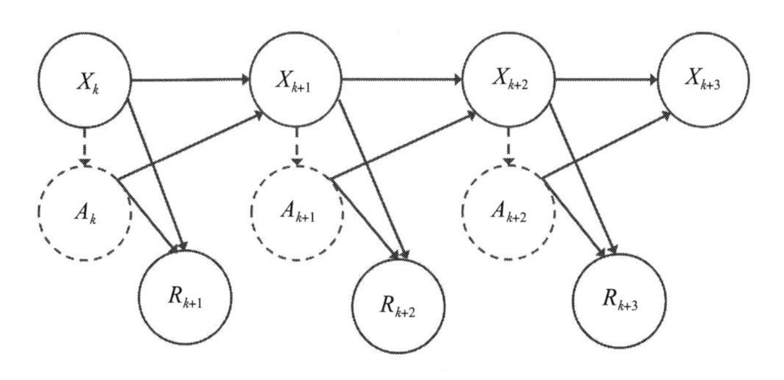

图5.5 强化学习的MDP形式化表达

对于一个有限的MDP，其状态和动作的数量都是有限的，它在任何时间t的动态可以通过一个离散的概率函数p：$\mathcal{S} \times \mathcal{A} \times \mathcal{S} \times \mathcal{R} \to [0, 1]$的参数来刻画。具体来说，对于任何特定的值$s$，$s' \in \mathcal{S}$，$r \in \mathcal{R}$，$a \in \mathcal{A}(s)$，

$$p(s', r \mid s, a) \doteq Pr\{S_{t+1} = x', R_{t+1} \mid S_t = x, A_t = a\}$$

由此可以计算出两个常用的函数。一个是**状态转移概率**(state-transition probability)，

$$p_{ss'}^{a} \doteq Pr\{S_{t+1} = s' \mid S_t = s, A_t = a\} = \sum_{r \in \mathcal{R}} p(s', r \mid s, a)$$

134

我们经常称s'为后继状态，另一个术语是给定任何状态-动作对的**期望奖励**(expected reward)，

$$r(s, a) \doteq \sum_{r \in \mathcal{R}} r \sum_{s' \in \mathcal{S}} p(s', r \mid s, a)$$

在决策动作的过程中，智能体遵循对应于每轮$t \in \{0, 1, \cdots, K\}$的特定决策规则$\{\delta_t\}$，它告诉它应该对自己的状态采取什么动作。也就是说，决策规则δ_t是一个将每个状态$s \in \mathcal{S}$映射到一个动作$a \in \mathcal{A}$的函数。一般来说，我们把决策规则序列称为**策略**，用$\pi = \{\delta_0, \cdots, \delta_K\}$表示。如果决策规则在任何轮都是相同的，则策略是稳定的，我们用$\overline{\pi} = \{\delta, \delta, \cdots\}$表示。

MDP分析的目标是推导出一个最优策略 π^*，其中最优策略是指无论智能体处于何种状态，执行该策略都将带来最大的期望未来奖励。

$$\pi^* \doteq \underset{\pi}{\operatorname{argmax}} v_\pi(s) \quad \forall s \in \mathcal{S} \tag{5.9}$$

其中 $v_\pi(s)$被定义为在 s 状态下遵循策略 π 的智能体的**状态-值函数**(或简称**值函数**)。衡量该值的准则就是简单的未来期望奖励，即

$$v_\pi(s) \doteq E_\pi\left[\sum_{i=t+1}^{K} R_i \mid S_t = s\right]$$

在许多情况下，不清楚MDP将持续多久，考虑无限视界长度更合适。为保证值函数收敛，需要一个折扣因子 $0 \leqslant \gamma < 1$。因此，值函数的一般形式可以写成：

$$v_\pi(s) \doteq E_\pi\left[\sum_{i=t+1}^{K} \gamma^{i-t-1} R_i \mid S_t = s\right] \tag{5.10}$$

这里折扣因子满足 $0 \leqslant \gamma < 1$。除了状态-值函数，我们还可以评估策略 π 的状态-动作对。用 $q_\pi(s, a)$表示，称为**策略 π 的动作-值函数**，

135

$$q_\pi(s, a) \doteq E_\pi\left[\sum_{i=t+1}^{K} \beta^{i-t-1} R_i \mid S_t = s, A_t = a\right] \tag{5.11}$$

如果我们用另一种符号 G_t 来表示在 t 轮之后收到的(折扣)奖励的总和：

$$G_t = \sum_{i=t+1}^{K} \gamma^{i-t-1} R_i$$

值函数成为

$$v_\pi(s) \doteq E_\pi\left[\sum_{i=t+1}^{K} \gamma^{i-t-1} R_i \mid S_t = s\right] \tag{5.12}$$

$$= E_\pi\left[R_{t+1} + \gamma \sum_{i=t+2}^{K} \gamma^{i-t-2} R_i \mid S_t = s\right] \tag{5.13}$$

$$= E_\pi\left[R_{t+1} + \gamma G_{t+1} \mid S_t = s\right] \tag{5.14}$$

最后一行的第二项实际上与那轮所采取的动作和下一个状态有关。如果我们设 $\pi(a \mid s)$为在状态 $S_t = s$ 选择动作 $A_t = a$ 的概率，令接着的奖励为 $R_{t+1} = r$ 和由函数 $p(r, s' \mid s, a)$确定的后继状态为 $S_{t+1} = s'$，式(5.14)变为：

$$\sum_{a \in \mathcal{A}(s)} \pi(a \mid s) E_\pi\left[R_{t+1} + \gamma G_{t+1} \mid S_t = s, A_t = a\right]$$

$$= \sum_{a \in \mathcal{A}(s)} \pi(a \mid s) \sum_{s'} \sum_{r} p(r, s' \mid s, a)\left[r + \gamma E\pi[G_{t+1} \mid S_{t+1} = s']\right]$$

$$\Rightarrow v_\pi(s) = \sum_{a \in \mathcal{A}(s)} \pi(a \mid s) \sum_{s'} \sum_{r} p(r, s' \mid s, a)\left[r + \gamma v_\pi(s')\right] \tag{5.15}$$

式(5.15)为 $v_\pi(s)$的贝尔曼方程，它隐含了状态值函数与其后继状态值之间的关系。

具有这种值函数形式的好处是，对于任何状态 s_t，在每一个决策轮 t，最优决策规则 δ_t 是选择最大化期望奖励和下一状态的折扣值之和的动作。

5.1.4 贝尔曼最优性原理

解决一个强化学习任务大致意味着，找到一个在长期内获得大量奖励的策略。因此，如果一个策略 π 的期望回报大于或等于策略 π' 对所有状态的期望回报，则该策略 π 好于或等于策略 π'。即 $\pi \geqslant \pi'$，当且仅当对于所有状态 $s \in \mathcal{S}$，都有 $v_\pi(s) \geqslant v_\pi'(s)$。可能存在不止一个最优策略，但是我们用 π^* 来表示它们。并且它们共享相同的状态-值函数，称为**最优状态值函数**，记为 v_*，定义为：

136

$$v_*(s) = \max_\pi v_\pi(s), \quad \forall s \in \mathcal{S}$$

最优策略也具有相同的最优动作-值函数：

$$q_*(s, a) = \max_\pi q_\pi(s, a), \quad \forall s \in \mathcal{S}, \quad a \in \mathcal{A}(s)$$

将最优值函数代入式(5.15)所示的贝尔曼方程，得到状态 s 的**贝尔曼最优性方程**，

$$\begin{aligned} v_*(s) &= \max_{a \in \mathcal{A}(s)} q_{\pi_*}(s, a) \\ &= \max_a E_{\pi_*}[R_{t+1} + \gamma G_{t+1} \mid S_t = s, A_t = a] \\ &= \max_a E[R_{t+1} + \gamma v_*(S_{t+1}) \mid S_t = s, A_t = a] \\ &= \max_a \sum_{s', r} p(s', r \mid s, a)[r + \gamma v_*(s')] \end{aligned}$$

直观地说，贝尔曼最优方程表达了这样一个事实：在最优策略下，一个状态的值必须等于该状态下采取最佳动作的期望回报。

一旦我们得到了最优状态-值函数 v_*，就很容易推导出最优策略。有三个命题，有希望引出 v_* 的解。第一种证明了有限 MDP 中只存在一个最优值函数，即在实值函数集合中存在唯一不动点。第二个和第三个命题为获得最优策略的两种一般方法：**值迭代**和**策略迭代**提供了依据。

命题 2(贝尔曼方程的唯一解)：已知奖励和状态转移概率 $p(r, s' \mid s, a)$ 时，最优值函数 v_* 是贝尔曼方程的唯一解。

命题 3(值迭代的收敛性)：从任意 $v_0 \in \mathcal{V}$ 开始，并由下式更新的任意序列 $\{v_t\}$，

$$v_{t+1}(s) = \max_{a \in \mathcal{A}(s)} \sum_{s'} \sum_r p(r, s' \mid s, a)[r + \beta v_t(s')], \quad \forall x \in \mathcal{S} \tag{5.16}$$

收敛到 v^*。

137

命题 4(策略迭代的收敛性)：如果值函数通过下式更新，则从任意稳定策略 π_0

开始

$$v_{\bar{\pi}_i}(s)=\sum_{a\in\mathcal{A}(s)}\bar{\pi}_i(a|s)\sum_{s'}\sum_r p(r,s'|s,a)[r+\beta v_{\bar{\pi}_i}(s')],\quad \forall i=1,2,\cdots, \tag{5.17}$$

当所有状态值收敛后，对策略进行改进，构造另一个平稳策略 $\bar{\pi}_{i+1}=\{\delta_{i+1},\delta_{i+1},\delta_{i+1},\cdots\}$如下：

$$\delta_{i+1}(s)=\arg\max_{a\in\mathcal{A}(s)}\sum_{s'}\sum_r p(r,s'|s,a)[r+\beta v_{\bar{\pi}_i}(s')] \tag{5.18}$$

则值函数序列$\{v_{\bar{\pi}_i}\}$将收敛到唯一最优解 v^*。

▶练习(平衡杆)：在图 5.3 中，假设我们只考虑场景为平面，这意味着平台只能以可能的 0、1、2、3、4、5 米/秒的速度左右移动，杆只能顺时针或逆时针移动。假设平台可以精确地知道具有均匀密度(从而重量分布也是均匀的)的杆子的角度。请设计一个强化学习算法来平衡杆子。

5.2　Q 学习

强化学习可以分为两类：**基于模型的学习**和**无模型的学习**。在基于模型的学习中，智能体试图估计环境的参数，以拟合环境动态的模型。通常采用神经网络、高斯过程等模型来实现。利用系统的近似函数，可采用动态规划方法(如值迭代和策略迭代法)来求解最优策略。

5.2.1　部分可观测状态

在许多工程项目中，智能体并不确切地知道状态，而依赖某些机制(如传感器来观察)来估计状态。下图演示了这个场景，其中 b 是状态的估计。例如，一个机器人来打扫房间。这种新设置非常类似于 MDP，除了在采取动作 a_k 后，新的状态 x_{k+1} 是未知的，但我们有一个观测 y_{k+1}，可以视为 x_k 和 a_k 的随机函数 $p(y_{k+1}|x_k,a_k)$。这被称为**部分可观测** MDP(POMDP)，如图 5.6 所示。当 $y_{k+1}=x_{k+1}$ 时，POMDP 化为 MDP。请注意，我们可以以随机的方式推断状态。

138

然而，即使状态转移遵循马尔可夫过程，马尔可夫性质也并不一定适用于观察。在任何时候，智能体都可以计算最有可能的状态并相应地采取动作(或者进一步收集信息的动作)。为了维护马尔可夫过程，智能体维护一个总结其经验的内部信念状态 b_k。智能体根据上一个动作 a_k、当前动作 a_{k+1}、前一个信念 b_k，使用状态估计器来更新信念状态 b_{k+1}。策略 π 根据当前的信念状态生成下一个动作 a_{k+1}(在基于模型的方法中请与实际状态进行比较)。信念状态在给定初始信念状态(在任何动作之前)和智能体过去的观察-动作历史的环境状态上有一个概率分布。因此，学习的精神涉及如下这样的信念状态-动作对，而不是实际的状态-动作对，

$$Q(b_t, a_t)=E[r_{t+1}]+\gamma\sum_{b_{t+1}}P(b_{t+1}|b_t, a_t)V(b_{t+1}) \tag{5.19}$$

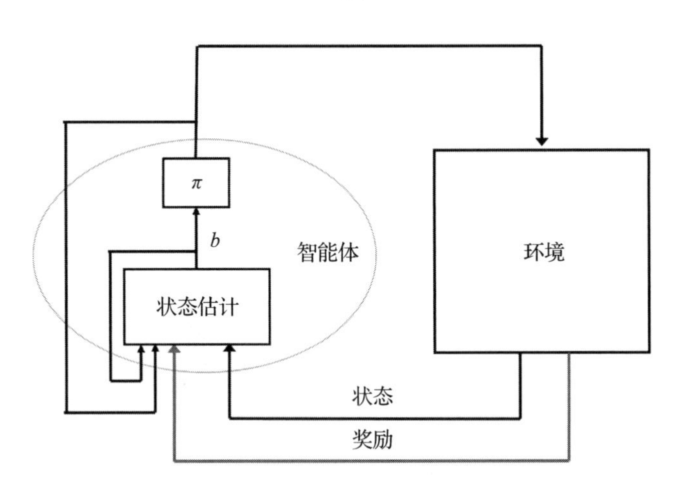

图 5.6 部分可观测强化学习

部分观察到的强化学习公式与自主智能体和如机器人或自动驾驶汽车这样的机器的现实设计相一致。 139

5.2.2 Q学习算法

Q学习是由Watkins于1992年设计的，它为智能体在面对不了解环境动态(即状态转移概率和奖励函数)的情况下的任务提供了一种学习方法。因为智能体是逐步确定最优策略的，因此Watkins将Q学习分类为增量式动态规划。

在Q学习中，智能体根据后继状态下的最大动作-值更新每轮决策的动作-值函数。它只使用即时回报，并基于下一个状态的最佳表现来完善它的动作-值函数$q(s, a)$。Q学习备份图如图5.7所示。学习步骤如下：

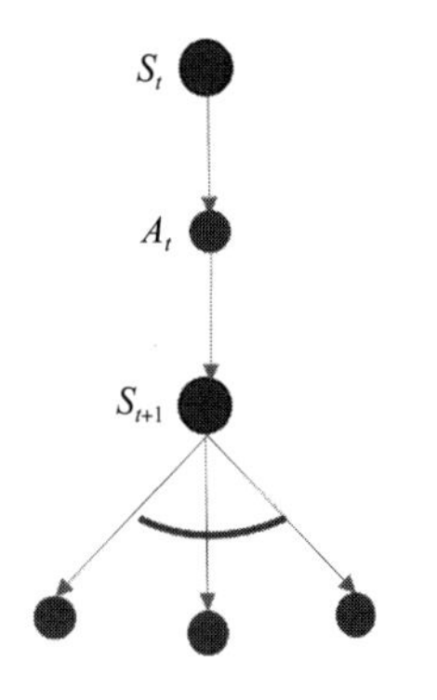

图 5.7 Q学习备份图

(i) 对于所有$x\in\mathcal{S}$和$a\in\mathcal{A}$，任意初始化$q(s, a)$。(如果s为终端状态，其值必须为零。)

(ii) 根据当前Q值(即动作-值)估计(例如ε-软策略)，选择当前状态s中的动作a。 140

(iii) 采取动作 a，然后观察奖励 r 和下一个状态 s'。

(iv) 按下式更新 Q 值：

$$Q(s,\ a) \leftarrow Q(s,\ a)+\alpha[r+\gamma \max_{a'} Q(s',\ a')-Q(s,\ a)]$$

注意，$0 \leqslant \alpha < 1$ 为学习速率。值越高，Q 值的细化越快，因而学习也就越快。$\gamma(0<\gamma<1)$为折扣因子，意味着未来的回报比当前的即时回报要小。

例：如图 5.8 所示，图中的黑色方块为障碍物。老鼠只有通过白色的方块才能拿到食物(右下角方块)。在有限的环境下，老鼠是怎样找到食物的呢？这是一个简单的迷宫问题。给定一个入口和出口点，如何找到入口和出口之间的路径？如果有多种路径，如何找到最短路径？

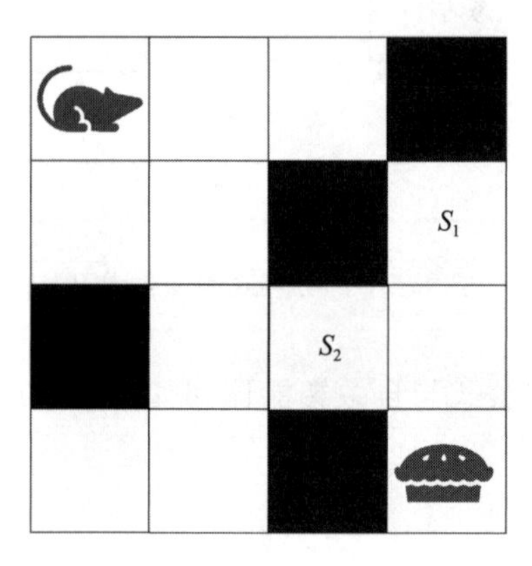

图5.8　迷宫问题：老鼠如何找到通往食物的路

解：迷宫问题可以通过强化学习来解决。在这个模型中，老鼠有 4 种不同的动作{上，下，左，右}，这是动作空间。状态空间包括老鼠在每个白色方块中的所有情况。总共有 12 个不同的状态(只有 12 个白色的方格)。

为了鼓励老鼠找到通往食物的最短路径，我们需要分配一个奖励机制：(i) 在我们的模型中，每次动作后的奖励将是一个从 -1.0 到 1.0 之间的浮点数。如果动作的奖励是正的，那么动作就会受到“鼓励”，否则将会受到“打击”；(ii) 导致一个阻塞方块的动作将付出 0.5 的负奖励，这样希望老鼠在不穿过任何阻塞方块的情况下找到一条路；(iii) 为了学习到最短路径，从一个方块移动到另一个方块以避免徘徊的负代价为 0.05；(iv) 如果老鼠在图形边缘的正方形范围内，导致走出迷宫边界的动作将付出 0.5 的负奖励；(v)任何导致进入已经访问过的新状态的动作将被扣减 0.25 分；(vi)“食物”状态是老鼠想要达到的最终目标，它将获得 1 的正奖励。

在探索/学习过程中，老鼠会尝试不同的动作来学习奖励。我们在图 5.9 中给出了四个示例探索场景。 141

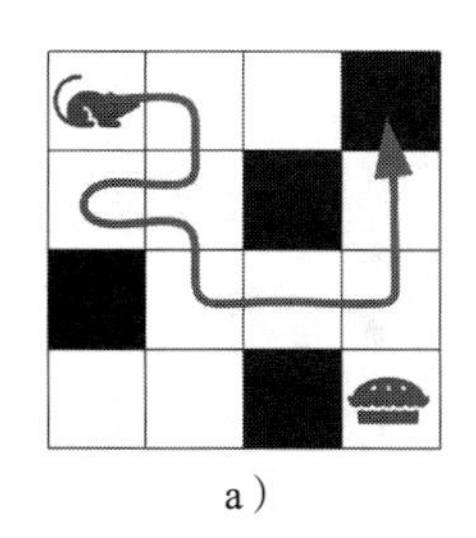

a）

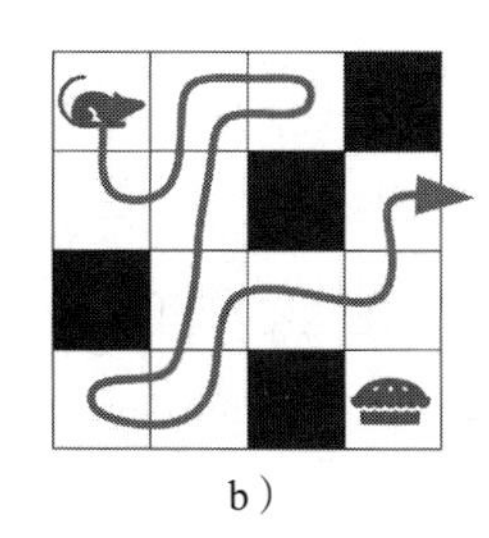

b）

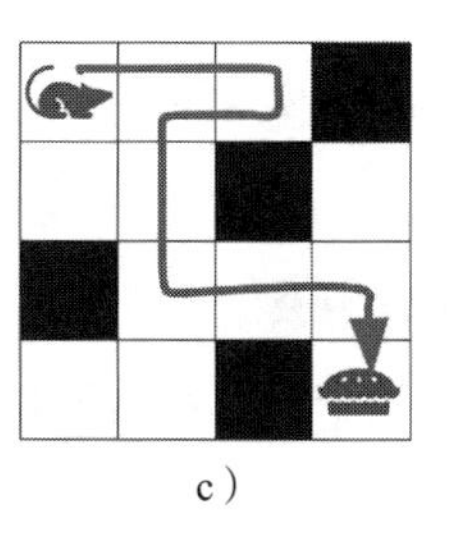

c）

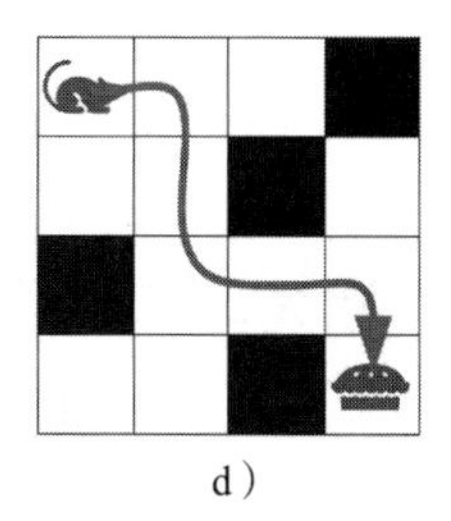

d）

图 5.9 迷宫问题的四种不同的探索场景

我们得到这四个探索场景中的奖励为：

(a)：$r_a=-0.05\times9+(-0.25)+(-0.5)=-1.2$

(b)：$r_b=-0.05\times15+(-0.25)\times4+(-0.5)=-2.25$

(c)：$r_c=-0.05\times8+(-0.25)+1=0.35$

(d)：$r_d=-0.05\times6+1=0.7$

在每一场景之后，我们可以更新每个访问状态的平均奖励。一个状态的奖励定义为后续探索的总奖励。例如，

- 如图 5.8 所示，当老鼠处于状态 s_1 时，初始奖励设置为 0，在场景 a 之后，奖励 $R_{s_1}=-0.5$。在场景 b 后，奖励 $R_{s_1}=-0.5+(-0.5)=-1$。场景 c 和场景 d 没有访问状态 s_1，因此 4 个场景后的最终奖励为−1，状态为“打击”访问下一场景。
- 当老鼠处于状态 s_2 时，在场景 a 之后，奖励 $R_{s_2}=-0.05\times3+(-0.5)=-0.65$。在场景 b 后，奖励 $R_{s_2}=-0.65+(-0.05)\times3+(-0.5)=-1.3$。在场景 c 后，奖励 $R_{s_2}=-1.3+(-0.05)\times2+1=-0.4$。在场景 d 后，奖励 $R_{s_2}=-0.4+(-0.05)\times2+1=0.5$。因此 4 个场景后的状态 s_2 为“鼓励”探索下一个场景。

经过大量的试验，老鼠可以学习到每个可行状态的估计奖励值，通过移动到下一个有最大奖励值的状态可以找到最短路径，在我们的例子中，最短路径是场景 d 中显示的路径。

5.2.3 Q 学习示例

Q 学习在许多工程场景中得到了广泛的应用。在本节中，我们应用 Q 学习来将 142

智能交通场景建模为一个多智能体系统(MAS)，其中每个智能体像强化学习一样运转。

在终极安全要求下，给定目的地和街道地图，自动驾驶汽车的操作方式是在一定的标准下确定最佳路线，例如最短、最快、节能等。然而，一辆自动驾驶汽车必须与不同车队的其他自动驾驶汽车和其他人类驾驶汽车一起运行，而不需要预先了解街道上是否存在其他车辆及它们的目的地。在人工智能中，自动驾驶汽车可以被看作强化学习的智能体。因此，我们正在处理共享公共资源(即街道)的多智能体系统。

图 5.10 展示了曼哈顿的正方形网格拓扑街道模型上的自动驾驶汽车的多智能体系统。在图 5.10 中，拓扑是纵向 X 个区块($X=4$)，横向 Y 个区块($Y=6$)，而每个块的长度为 b($b=5$)。一辆自动驾驶汽车视为朝目的地最优策略的一个强化学习智能体，该智能体知道街道地图和目的地，但一直不知道街上的其他车辆，直到其到达视线内。

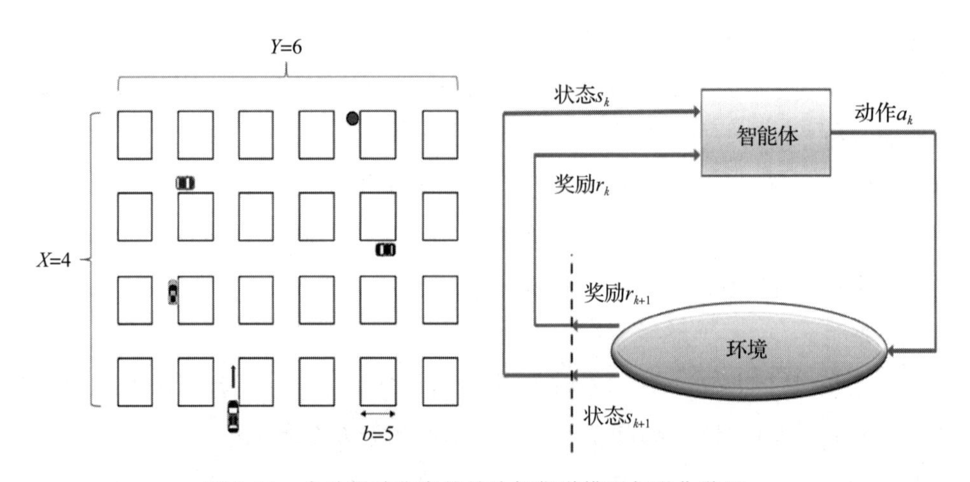

143

图 5.10　自动驾驶汽车的曼哈顿街道模型与强化学习

每个 AV 的导航可以用如下规则表示：

- 街道有两条车道(每个方向一条车道)。
- 在时间 k 时，在状态 s_k 处的动作空间中选择一个动作 a_k。
- 在十字路口，每辆车停下来一步(在图 5.11 右侧有圆圈的状态)，检查是否有其他来自不同方向的车辆(即停车标志的功能)。
- 在前进过程中，如果前面有另一辆车，两辆车保持一步间隔。

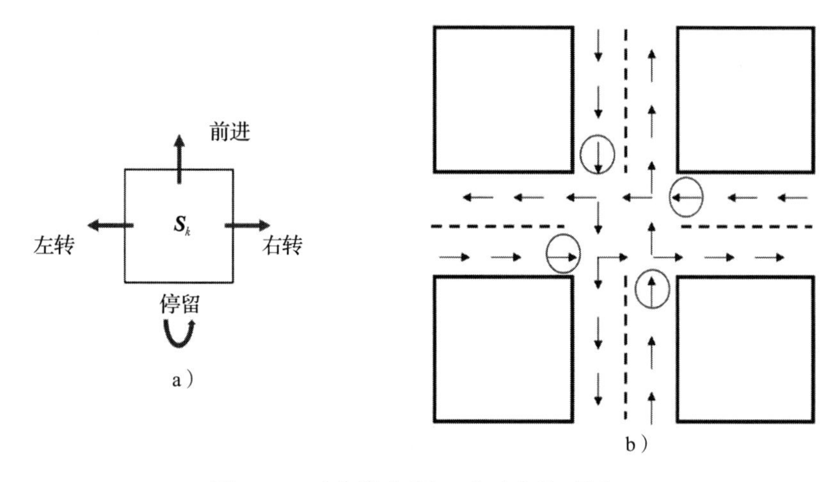

图 5.11 动作模式(图 a)和动作流(图 b)

1. 奖励

我们定义车辆在时刻 k 的位置为状态 s_k；$s_k=\{l_x, l_y\}\in\mathcal{S}$，并且 $l_x=1, 2, \cdots, L_x=Xb+2(X-1)$，$l_y=1, 2, \cdots, L_y=Yb+2(Y-1)$，$a_k$ 表示时刻 k 时状态 s_k 的可能动作，$a_k\in\{$前进，左转，右转，停留$\}=\mathcal{A}$。假设车辆被编号索引，$i=1, 2, \cdots, N$，其中 N 是进入曼哈顿街区的车辆总数。图 5.11a 为街道上车辆的动作模式图。图 5.11b 代表了每个状态(位置)的可能动作的例子。智能体基于强化学习决定动作，强化学习的奖励 r 用作智能体决策的值。第 i 辆车在第 k 时刻的奖励地图 $\boldsymbol{R}_{i,k}$ 是一个奖励 $r_{s_k}=r_{l_x,l_y}$ 的矩阵，基于中心在位置(l_x, l_y)的曼哈顿街道地图，则

$$\boldsymbol{R}_{i,k}=[r_{s_k}]=\begin{bmatrix} r_{0,0} & r_{0,1} & \cdots & r_{0,L_y} \\ r_{1,0} & r_{1,1} & \cdots & r_{1,L_y} \\ \vdots & \vdots & \cdots r_{l_x,l_y}\cdots & \vdots \\ r_{L_x,0} & r_{L_x,1} & \cdots & r_{L_x,L_y} \end{bmatrix}$$

144

$s_k=\{l_x, l_y\}$状态下的奖励(或惩罚)采用以下值中的一个来表示完成任务的不同愿望程度(即安全地到达目的地)。

$$r_{s_k}=r_{l_x,l_y}=\begin{cases} R_{\text{destination}} & \text{到达目的地} \\ R_{\text{prohibit}} & \text{禁止移动} \\ R_{\text{another}} & \text{另一个智能体经过} \\ R_{\text{step}} & \text{经过 } s_n \text{ 的智能体} \\ 0 & \text{其他} \end{cases} \tag{5.20}$$

其中 $R_{\text{destination}}$ 通常是成功完成智能体任务的重要的正值；R_{prohibit} 设置为 $-\infty$；而

R_{another} 则设置为负值，因为不利于完成智能体任务和整个公共基础设施的效率损失（即街道的效率损失）；R_{step} 通常是表示时间和能量消耗的一个小的负值。这样的设置允许以后强化学习的进一步开发。

与基于标记数据集训练数据模型的数据分析中的监督机器学习不同，RL 通过与环境的交互进行探索，这更适合机器人和自动驾驶汽车等智能体的学习过程。这个概念是指智能体根据与环境交互的动作获得奖励，然后做出决策，如环境会给予较大的奖励。在曼哈顿街道模型问题中，我们定义 RL 参数如下。

- 智能体：在时刻 k 学习并采取动作 a_k 的 AI 机器。
- 环境：本例中表示车辆所观察到的道路情况，时刻 k 的位置 s_k。
- 奖励 r_k：一个实数，根据位置 s_k 在时刻 k 时动作 a_k 的值。
- 值 $V(s_k)$：智能体在长期运行中从 s_k 获得的总奖励。
- 策略 π：智能体从时刻 k 到视界的一系列动作，通常对未来的动作有折扣。

2. 值函数

RL 的目标是找到使值函数最大化的最优策略。值函数表示智能体在给定状态下的良好程度，在策略 π 下状态 $s_k=s$ 的值函数 $v_\pi(s)$，表示从策略 π 开始到结束时的期望回报。G_k 定义为奖励序列的某个特定函数，如果带有未来的时间步长 $k+d(d=1,2,\cdots)$，G_k 可以看作对于 $k+d$ 的状态 s_k 的基本的潜在值。未来奖励通常是 γ 折扣奖励，其中 γ，$0\leqslant\gamma\leqslant1$ 表示折扣率。

145

$$G_k=\sum_{d=0}^{\infty}\gamma^d r_{k+d+1} \tag{5.21}$$

$$v_\pi(s)=E_\pi[G_k|s_k=s]=E_\pi\left[\sum_{d=0}^{\infty}\gamma^d r_{k+d+1}|S_k=s\right] \tag{5.22}$$

状态-动作值函数表示从当前开始到深度 D 视界，执行动作，之后遵循策略 $\pi=\{a_k,\cdots,a_{k+D}\}$的期望奖励。

$$\begin{aligned}q_\pi(s,a)&=E_\pi[G_k|s_k=s,a_k=a]\\&=E_\pi\left[\sum_{d=0}^{\infty}\gamma^d r_{k+d+1}|s_k=s,a_k=a\right]\end{aligned} \tag{5.23}$$

可得最优值-函数 $v_*(s)$和状态-动作值 $q_*(s,a)$如下[㊀]。

$$v_*(s)=\max_\pi q_{\pi^*}(s,a) \tag{5.24}$$

$$q_*(s,a)=\max_\pi q_\pi(s.a)=E[r_{k+1}+\gamma v_*(s_{k+1})|s,a_k=a] \tag{5.25}$$

㊀ 见本章参考文献[3]。

3. Q 学习

由于智能体不可能知道确切的状态，所以它必须通过观察来生成动作状态的信念。通过将状态-动作替换为信念-动作，我们得到了 RL 的一个流行的变体，Q 学习。学习到的动作-值函数 Q 直接近似于最优的动作-值函数 q_*。

$$Q_{k+1}(s, a) \leftarrow Q(s, a) + \alpha[r_{k+1} + \gamma \max_a Q_{k+1}(s', a) - Q_k(s, a)] \quad (5.26)$$

其中一个常数步长参数 α 对新获得的信息替换旧信息的方式进行缩放。Q 学习算法总结为算法 1(见本章参考文献[3])。

算法 1：每种状态的 Q 值

1 function $Q_k(s,a), s \in \mathcal{S}, a \in \mathcal{A}$;
2 Initialization $k = K, Q(s,a) = 0$ **while** $k \geqslant 0$ **do**
3 　Observe r, s'(Possible previous state) for taking action a;
4 　$Q_k(s,a) \leftarrow Q_k(s,a) + \alpha[r + \gamma \max_a Q_{k+1}(s',a) - Q(s,a)]$;
5 　$k \leftarrow k - 1$;
6 **end**

4. 导航

当自动驾驶汽车驶向目的地时，随着汽车数量的增加，特别是在十字路口并不知道彼此的将来动作会竞争资源的情况下，堵塞(两辆或多辆汽车同时驶向同一位置)更有可能发生。如果我们不解决堵塞，它可能会导致碰撞，如自动驾驶汽车撞上另一辆汽车/自行车。因此，我们必须修改自动驾驶汽车在曼哈顿街道上行驶时的 RL 奖励分布。学习过程取决于是否存在无线通信。当智能体应用有通信的学习时，它处于通信模式，否则不处于通信模式。假设有几辆自动驾驶汽车在曼哈顿街道上导航行驶，我们将研究不同情况下的 MAS：i) 不通信；ii) 允许自动驾驶汽车/智能体之间进行信息交换的理想 V2V 通信；iii) 缓解缩放问题的理想 V2I2V 通信，即任何通信都必须在 V2I 和 I2V 两跳段中进行。考虑到安全标准(无碰撞或撞毁)，每辆自动驾驶汽车导航通过曼哈顿街道的期望持续时间作为此类 MAS 的性能指标。在这些基准调查的基础上，我们会在第 10 章中考虑无线通信的进一步的实际问题。

如果街道上没有其他车辆，单一的自动驾驶汽车不受任何干扰直接驶向目的地。在曼哈顿街道模型中，给定街道地图和目的地，每个智能体应用 Q 学习为视界深度内的下一轮选择到达目的地的最优路线。Q 学习通过从下一个可能的状态 s' 的邻居状态中执行动作来进行导航，每个状态的奖励都可以收到。

当街道上有多辆自动驾驶汽车时，每辆自动驾驶汽车都没有其他车辆的信息。因此，每辆车都必须在进入十字路口前停下来，并从不同的方向观察其他车辆。此时智能体会观察其他车辆的位置，但无法获得前进方向的信息。因此，智能体应该预测和计算它们的期望奖励，如图 5.12 所示。每辆自动驾驶汽车通过以下观察来识别其他车辆。

147

- 当第 i 辆车在直线路上行驶时，该车可以看到前车。
- 进入十字路口前，每辆车停下来一步，观察不同方向的其他车辆($j \in \mathrm{II}_k$)。

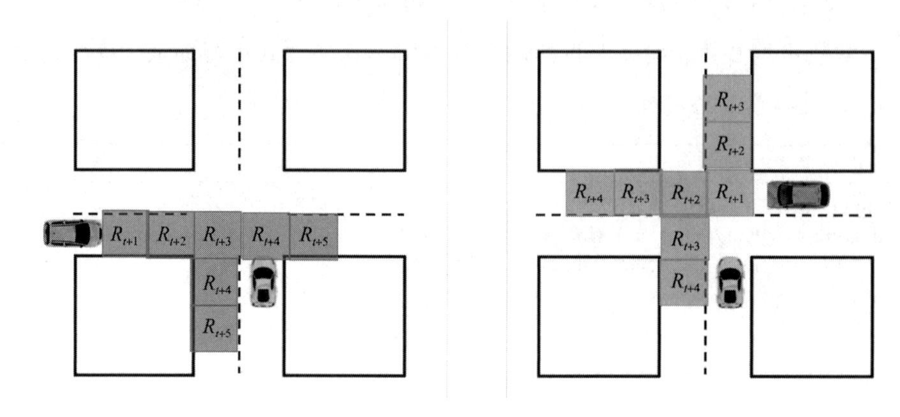

图 5.12　预测未来奖励

当智能体(即自动驾驶汽车 AV)在 s_k 观察到第 j 个智能体时，由于其他智能体都被视为行驶障碍，智能体设置负奖励 $r_{s_k}=R_{\text{stay}}$。然而，即使智能体识别了其他智能体的位置，智能体仍然不知道它们如何移动，必须等待最终决议，就如现代交通规则的停止标志那样，才知道如何移动。

当车辆处于 $s_k=s$ 时，可能的动作 $a_k=a$，下一个状态 $s_{k+1}=s'$，有几种模式 $a_k=a$，$s_k=s$。对于 s_{k+d}，则期望奖励 $r_{s'}$ 为：

$$r_{s'}=E[r_{s'}|s_{k+d-1}=s']+E[r_{s'}|s_{k+d-1}=s]=p_{\text{stay}}r_{s'}+\sum_a p_a r_s \tag{5.27}$$

其中 p_{stay} 为车辆在下一次时间实例中停留在同一位置的概率，p_a 为车辆采取可能动作 $a\in\mathcal{A}-\{\text{原地}\}=\{\text{前进，左转，右转}\}$的概率。

因此，我们使用 Q 学习来建模一个 MAS 的智能体来表示曼哈顿街道上的自动驾驶汽车的行为。这个说明将在后面关于 MAS 的章节中进一步扩展。

■**计算机练习：** 如图 5.13 所示，机器人从左上出口出发，从右下出口出来。机器人从一个方块到相邻的方块(即向上、向下、向右、向左移动)行走。黑色方块表示阻挡(即禁止机器人进入，比如一堵墙)。白色方块表示机器人可以移动。每隔一段时间，机器人就能感知到可移动的动作(可能不止一个)，并随机选择允许的动作。

148

(a) 请开发出走迷宫的算法。提示：本算法可通过动态规划、MDP 或 RL 开发。

(b) 然后，重复反方向(从右下出口进入，左上出口离开)行走。在这个迷宫里两次行走的平均步数是多少？提示：这是为了性能评估的公平性。

(a) 假设机器人的感知(是否黑色方块)的概率误差为 e。到目前为止，我们假设 $e=0$。如果 $0<e\ll 1$，当机器人将黑色方块误为白色方块时，将浪费一个单位的时间。重复步骤(b)且 $e=0.1$。提示：对于动态规划、MDP、RL，(a)中算法的修改会有所不同。

图 5.13　走迷宫

5.3　无模型的学习

强化学习可以分为两类：基于模型的学习和无模型的学习。在基于模型的学习中，智能体试图估计环境的参数，以拟合环境动态的模型，通常采用神经网络、高斯过程等模型来实现。利用系统的逼近函数，动态规划方法，如数值迭代、策略迭代等可用于计算最优策略。然而，在许多情况下，这些模型可能是不可用的，或者至少是不确定的。它激发了无模型方法的发展，而无模型方法是目前机器学习普遍受欢迎的方法。对于机器人技术来说，精确的模型往往是不可用的。

149

与基于模型的方法不同，无模型学习方法直接从经验中学习值函数(或动作-价值函数)，而不是分析环境将如何响应智能体的动作。估计一种状态值或动作值的一个简单方法是平均该状态或动作的总体历史奖励，这称为**蒙特卡罗方法**(Monte Carlo method)。它促进了另一种重要和新颖的 RL，即**时序差分**(Temporal-Difference，TD)**学习**。

5.3.1 蒙特卡罗方法

知识框(蒙特卡罗模拟)

如果函数 $h(\boldsymbol{x})\in\mathbb{R}^n$ 很难计算，可以利用**蒙特卡罗模拟**在 $\mathbb{R}^n$ 上生成独立的随机样本，然后对结果取平均值。根据大数定律，我们可以得到一个很好的近似。例如，为了估算 π 的值，我们从 $[0, 1]^2$ 中随机选取 N_{mc} 个样本，计算满足 $x_1^2+x_2^2\leqslant 1$ 的样本个数为 N_π。则 $\frac{N_\pi}{N_{mc}}$ 应该接近 π 的真值。

为了更好地估计状态-值或动作-值，蒙特卡罗方法将问题划分为场景任务。只有当到达一个终端状态时，沿着状态轨迹的奖励才会更新。当访问的状态 x 的数目趋于无穷时，$v_\pi(x)$ 将收敛到最优值函数 $v^*(x)$。这一点很容易验证，因为每个回报都是一个方差有限的 $v_\pi(x)$ 的独立同分布估计，根据大数定律，这些估计的平均值序列将收敛到其期望值。然而，为了确保每个状态-动作对都被无限次访问，智能体必须保持探索，以便不仅选择特定的动作而且可以估算它们的值。继续探索有两种方法。

- 探索开始：每一对状态-动作组合都有非零的可能性成为开始组合。
- 软策略：在一个软策略 π 中，每个动作都有一个非零的被选择的概率，即

$$\pi(a|x)>0,\quad \forall x\in\mathcal{S},\quad \forall a\in\mathcal{A}$$

正如我们可以想象的那样，探索开始有时并没有什么用处，特别是当一个智能体从与环境的实际交互中学习时。因此，承诺所有的状态-动作对将无限次出现的最常见方法是软策略。有两种尝试来实现软策略：**同策略 MC 方法**(on-policy MC method)和**异策略 MC 方法**(off-policy MC method)。同策略是指用于保持探索的软策略也是反复改进的策略(最终成为最优策略)。异策略分离软策略，依据选择的哪个探索动作，并改进策略。在异策略方法中，软策略通常被称为**行为策略**(behaviour policy)，而不断细化的策略则称为**目标策略**(target policy)。

同策略首次访问蒙特卡罗方法：

(i) 对于所有 $x\in\mathcal{S}$ 和 $a\in\mathcal{A}$，任意初始化 $Q(x, a)$。(如果 x 是终端状态，其值必须为零。)

(ii) 令 Returns(x, a)是一个空列表。令 π 是任意的软策略。

(iii) 用 π 生成一个场景。

(iv) 对于出现在每个场景里的每一组状态-动作对(x, a)，追加在 Returns(x, a)中

第一次出现之后的回报 G。

(v) 对于所有 $x\in\mathcal{S}$ 和 $a\in\mathcal{A}$，用 Returns(x，a)的平均值更新 $Q(x, a)$。

(vi) 对于每个状态 $x\in\mathcal{S}$，定义 $a^*=\underset{a\in\mathcal{A}}{\operatorname{argmax}}Q(x, a)$。(如果存在不止一个 a^*，则随机地从中选择一个)。用下式更新决策规则：

$$\pi(a|x)=\begin{cases}\dfrac{\varepsilon}{|\mathcal{A}(x)|-1} & \text{如果 } a\neq a^*\\ 1-\varepsilon & \text{如果 } a=a^*\end{cases}$$

(vii) 返回(ii)。(为了满足无限次访问的假设，该算法应该运行非常多的次数。)

在异策略方法中，通常利用**重要性采样**(importance sampling)在行为策略 π_b 和目标策略 π 之间建立连接。这是我们在从其他分布的样本来估计一个分布的性质时常用的一种方法。假设某一场景从第 t 轮开始到第 T 轮结束，表示 π_b 和 π 下轨迹的相对概率的重要性采样比率为：

151

$$\begin{aligned}\rho_{t:T}&=\frac{p(X_t, A_t, \cdots, X_T, A_T|X_t, A_{t:T}\sim\pi)}{p(X_t, A_t, \cdots, X_T, A_T|X_t, A_{t:T}\sim\pi_b)}\\&=\frac{\prod_{i=t}^{T}\pi(A_i|X_i)p(X_{i+1}|X_i, A_i)}{\prod_{i=1}^{T}\pi_b(A_i|X_i)p(X_{i+1}|X_i, A_i)}\\&=\frac{\prod_{i=t}^{T}\pi(A_i|X_i)}{\prod_{i=1}^{T}\pi_b(A_i|X_i)}\end{aligned}\tag{5.28}$$

结果表明，重要性采样并不依赖于MDP，而是依赖于两种策略以及状态序列和动作效果。然后，通过**普通重要性采样**(ordinary importance sampling)来估计值函数 $v_\pi(s)$

$$v(s)\doteq\frac{\sum_{t\in\mathcal{T}(x)}\rho_{t:T}G_t}{|\mathcal{T}|}\tag{5.29}$$

或者**加权重要性采样**(weighted importance sampling)

$$v(s)\doteq\frac{\sum_{t\in\mathcal{T}(x)}\rho_{t:T}G_t}{\sum_{t\in\mathcal{T}(x)}\rho_{t:T}}\tag{5.30}$$

$\mathcal{T}(x)$是这个场景中状态 x 被访问的时间步长集合。(但是我们只考虑第一次访问MC，所以实际上在集合中只有一个元素。)G_t 表示从时间 t 到 T 的回报之和。

例(井字棋)：井字棋是一款两名玩家轮流在3×3棋盘上标记的游戏。谁连续在行或列或斜对角连续标上三个标记，谁就赢。因为玩家的表现是在游戏结束时决定的，而之前的所有移动都有影响，所以这可以建模成一个场景任务。此外，只有当终端状态发生时，即赢、输或平时，才会给出回报。为了应用强化学习，首先定义状态 x_k 是第 k 回合的游戏棋盘。为 x_k 设置的动作集是当时所有的空网格。其次，在RL中，奖励的设定至关重要，因为奖励是计算机完成目标的一种手段。在井字游戏中，我们希望计算机是优秀的玩家，努力赢或至少不输。因此我们可以为玩家设置奖励：

$$r=\begin{cases}1 & \text{如果赢}\\ -100 & \text{如果输}\\ 0 & \text{如果平}\end{cases}$$

152

为了简单起见，我们标记了每个可能的状态，例如，s_0 表示空网格，s_1 表示棋盘左上角标记为叉字的网格等(如图5.14所示)。

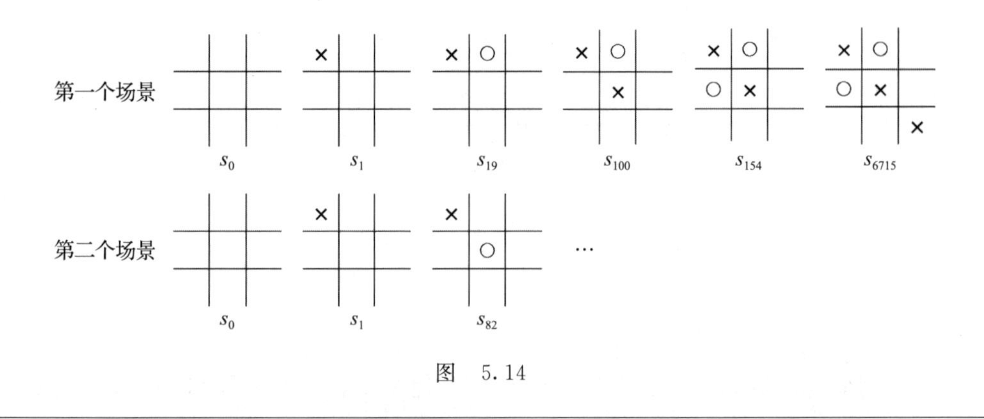

图　5.14

在每次迭代中，我们模拟井字棋游戏，即一个场景，生成一系列的棋盘状态，如 s_0，s_1，s_{19}，s_{100}，…。状态序列在最终状态结束时，给出奖励。MC算法将更新这个序列中已经发生的动作-值函数，作为真实值-函数的样本。在第一个场景中，如果我们说标记左上角网格的动作是 a_1，那么由于他赢了，因此其动作-值函数由 $q(s_0, a_1)=1$ 更新。

以大量迭代次数运行同策略首次访问MC算法，在相当多的次数内所有动作和状态都保证会被执行和出现。即使没有考虑到对手的策略(尽管我们在模拟时确实拥有生成对手移动的随机机制)，MC算法最终也能够对动作-值做出有效预测。因此，计算机可以根据动作-值函数做出最优的移动。

5.3.2 时序差分学习

Q 学习使用即时奖励来更新动作-值函数。然而，当玩家只能在延迟一段时间后或进入称为**终端状态**(terminal states)的特定状态后才能获得奖励时，有时更长的更新视界是非常必要的。以终端状态结束的状态序列称为**局**(episode)，其长度定义为 T。例如，如果任务是找到一条穿过迷宫到达另一端的路径，那么局可能会以两种方式结束：到达出口或走向死胡同。

153

从开始到结束使用奖励来更新状态值的方法称为蒙特卡罗方法。它可以被看作从完全原始的经验中学习。更新长度被认为是无穷大的，因为它只在一局结束时才改善状态值。尽管如此，对于一些任务，没有必要等到所有的局都结束。相反，智能体可以在 n 个决策轮后评估其动作。这种方法被称为 **n 步时序差分**(TD-n)方法。TD-n 学习被广泛用来处理延迟奖励(即不能立即获得奖励)的情况。

注：TD 学习可以看作蒙特卡罗和动态规划(DP)思想的组合。与蒙特卡罗方法类似，TD 方法不需要环境动力学模型，直接从原始经验中学习。同样与 DP 一样，TD 学习无须等待最终结果/奖励就可以更新估计，就像一个预测器一样自助估计(即基于估计值来估计)。

注(TD 预测)：给定遵循策略 π 的一些经验，更新发生在该经验中的非终端状态 S_t 的 v_π 的估计值。蒙特卡洛等待已知访问后的回报，然后将回报作为 $V(S_t)$的目标。非平稳环境中的一个简单的每次访问蒙特卡罗为

$$V(S_t) \leftarrow V(S_t) + \alpha[G_t - V(S_t)] \tag{5.31}$$

其中 G_t 为实际回报，α 为步长，这种方法称为**常数-α 蒙特卡罗**(constant-α Monte Carlo)。当蒙特卡洛等待 G_t 的时候，TD 只需要等到下次时间步。在 $t+1$ 时刻，TD 学习立即形成一个目标，并通过使用观察到的奖励 R_{t+1} 和估计 $V(S_{t+1})$进行更新。因此，最简单的 TD(0)是

$$V(S_t) \leftarrow V(S_t) + \alpha[R_{t+1} + \gamma V(S_{t+1}) - V(S_t)] \tag{5.32}$$

请注意区别：蒙特卡洛更新的目标是 G_t，而 TD 学习更新的目标是 $R_{t+1} + \gamma V(S_{t+1})$。因为 TD 学习使用的更新部分基于已有的估计，所以这是一种自助方法。

$$v_\pi(s) \triangleq E_\pi[G_t \mid S_t = s] \tag{5.33}$$

$$= E_\pi\left[\sum_{k=1}^{\infty} \gamma^k R_{t+k+1} \mid S_t = s\right] \tag{5.34}$$

$$= E_\pi\left[R_{t+1} + \gamma \sum_{k=1}^{\infty} \gamma^k R_{t+k+1} \mid S_t = s\right] \tag{5.35}$$

154

$$=E_{\pi}[R_{t+1}+\gamma v_{\pi}(S_{k+1})\mid S_t=s] \tag{5.36}$$

该时刻的估计的 TD 误差定义为：

$$\delta_t \triangleq R_{t+1}+\gamma V(S_{t+1})-V(S_t) \tag{5.37}$$

其中蒙特卡罗误差可重写为 TD 误差的级数和的形式。

注(比较)：TD 方法部分地基于其他估计得出自己的估计值。也就是说，它们从猜测中学会猜测，这就是自助！

- 由于不需要环境模型、奖励模型，也不需要下一状态概率分布或传递模型，所以 TD 学习比 DP 有明显的优势。
- TD 自然是以一种完全增量的方式在线实现的，但是蒙特卡罗方法必须等到一局的结尾才能得到回报。
- 一个重要的仍然没有触及的问题是 TD 能保证收敛到正确答案吗？这里不给具体证明，对于任何固定策略 π，TD 收敛于 v_{π}。
- 当 TD 和蒙特卡罗方法都渐近收敛到正确答案时，TD 通常比常数-α 蒙特卡罗收敛得快，但是一般的结论仍然是开放的。

TD 时序差分法使用的原始经验类似于蒙特卡罗方法。同时，它也使用了其他学习到的估计的一部分来估计状态值，即使用值函数来改善下一个预测。这种方法称为自助方法。图 5.15 是一个备份图，显示了蒙特卡罗和 n-步 TD 方法的更新视界的长度。当前状态 S_t 之后的后代状态将作为状态转移和奖励的实现。图 5.15a 为 n 步 TD 方法的备份图。最后一个状态的状态值 $v(S_{t+n})$ 成为对 $t+n$(自助)时间后未来奖励的预测。图 5.15b 是蒙特卡罗方法的备份图，它使用到终端状态的所有奖励。

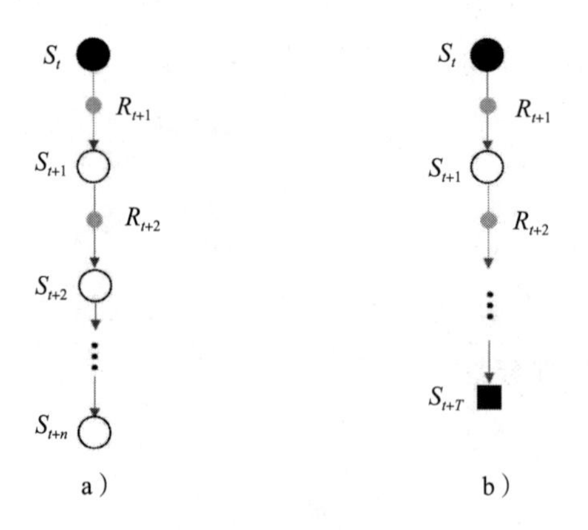

图 5.15　n 步自助

有多种方法可以将奖励和状态-值(或动作值)合并到 n 步 TD 中。一种常用的方法是 n 步树备份：从时间 t 到 $t+n$，不仅奖励(R_{t+1}，…，R_{t+n})，而且其他未选择动作的值函数($Q(s_t, a)$，$\forall a \neq A_t$)也将用于更新估计。

155

下面给出 n 步 TD 预测的算法(或伪代码)。注意，尽管有多种方法可以将奖励和状态-值(或动作-值)合并到 n 步 TD 中，但我们使用符号 $G_{t:t+n}$ 来总结它。

(i) 对所有 $s \in \mathcal{S}$ 和 $a \in \mathcal{A}$，任意初始化 $V(s)$。(如果 s 是终端状态，则其值必须为零)。

(ii) 初始化并存储 S_0，S_0 不能是终端状态。输入 $T \leftarrow \infty$ 和 $t \leftarrow 0$。

(iii) 如果 $t < T$，则继续步骤(iv)，否则转到步骤(v)。

(iv) 根据策略 $\pi(\cdot|S_t)$执行动作 a。观察并存储下一个奖励为 R_{t+1}，下一个状态为 S_{t+1}。如果 S_{t+1} 是终端，那么 $T \leftarrow t+1$。

(v) $\tau \leftarrow t-n+1$。(τ 是将要更新的状态值的时间。)如果 $\tau \geqslant 0$，则转到步骤(vi)，否则转到步骤(ix)。

(vi) 计算在时间 τ 到 n 步之后收集到的奖励，除非提前到达一个终端状态。

$$G \leftarrow \sum_{i=\tau+1}^{\min(\tau+n,\ T)} \gamma^{i-\tau-1} R_i$$

如果 $\tau+n < T$，则转到步骤(vii)。否则跳过步骤(vii)，转到步骤(viii)。

(vii) 将最后一个状态的估计值包含到回报值中。

$$G \leftarrow G + \gamma^n V(S_{\tau+n})$$

156

(viii) 更新状态 S_τ 的预测值。

$$V(S_\tau) \leftarrow V(S_\tau) + \alpha[G - V(S(S_\tau))]$$

(ix) 如果 $\tau = T-1$，则终止；否则，令 $t \leftarrow t+1$，并转到步骤(Ⅴ)。

■**计算机练习：**机器人将要打扫办公室，布局如图 5.16 所示。然而，这个机器人事先并不知道办公室的布局。机器人装备了传感器，以完美地感知 4 个相邻网格(左、右、上、下)的状态，并相应地移动。黑格禁止入内(即墙)。机器人拥有存储被访问和被感知的网格的内存，并有对入口点的相对位置形成的自己的参考(即地图)。

(a) 假设所有的非白色网格都是不可访问的。请开发 RL 算法，访问所有白色网格，并从办公室的入口(由三角形表示)离开。RL 能保证清洁所有的网格吗？如果是，机器人走了多少步？如果没有，你是否可以开发一种几乎平凡的方法来确保清洁所有网格？

(b) 在这种情况下，n 步 TD 学习好吗？为什么？

157

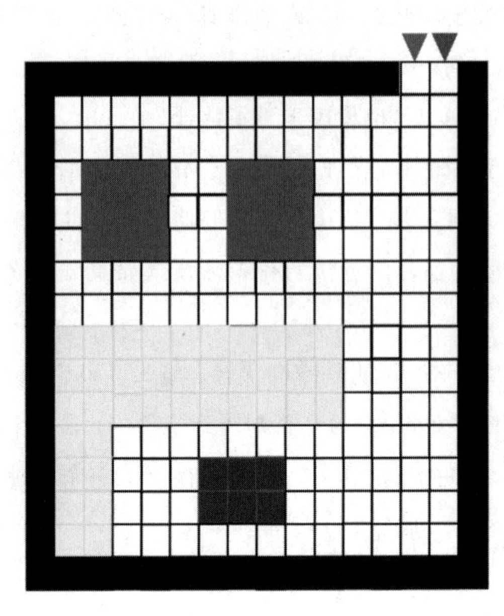

图 5.16　办公室的布局

5.3.3　SARSA

现在，我们将注意力转向将 TD 预测方法用于控制问题，一个广义的策略交互，但在评估部分或预测部分使用 TD 方法。与应用蒙特卡罗方法类似，我们面临着探索与利用之间的权衡，主要分为同策略和异策略两大类。第一步是学习动作-值函数而不是状态-值函数。对于一个同策略方法，我们必须为当前策略 π，估计 $q_\pi(s, a)$，$\forall s \in \mathcal{S}$，$a \in \mathcal{A}$，通过使用几乎相同的 TD 方法来学习 V_π，而一个场景包括状态和状态-动作对交替组成的序列。

我们现在不考虑从状态到状态的转移来学习更早状态的值，而是考虑从状态-动作对到状态-动作对的转移来学习状态-动作对的值。由于带奖励过程的马尔可夫链，我们使用同样的过程，

$$Q(S_t, A_t) \leftarrow Q(S_t, A_t) + \alpha[R_{t+1} + \gamma Q(S_{t+1}, A_{t+1}) - Q(S_t, A_t)] \quad (5.38)$$

这给出了 Sarsa 算法的名字，因为使用了$(S_t, A_t, R_{t+1}, S_{t+1}, A_{t+1})$。

与所有的同策略方法一样，基于 Sarsa 预测的同策略控制算法，连续地为行为策略 π 估计 q_π，同时使 π 相对于 q_π 变得更贪婪。

同策略控制：

(i) 初始化。

(ii) 使用从 Q 推导的策略从 S 中选择 A(例如，ε-贪婪)。

(iii) 对于场景的每一步，直到终端状态，(a)执行动作 a，并观察 R 和 S'；(b)使用从 Q 推导的策略从 S'中选择 A'；(c)根据式(5.38)更新；(d)$S \leftarrow S'$，$A \leftarrow A'$。

5.3.4　Q 学习与 TD 学习的关系

在这种情况下，我们从 MDP 来看 TD 学习，除了更新与场景有关的值函数外，TD 学习在每轮都进行即时更新。我们对值函数的估计进行了如下改进：

$$v(x_k) \leftarrow v(x_k) + \alpha[R_{k+1} + \gamma v(x_{k+1}) - v(x_k)]$$

与 MC 相比，TD 的优点是效率高，特别是在某些具有较长场景的应用中。

从控制的角度来看，众所周知的 Q 学习确实是一种异策略 TD 控制算法。　158

Q 学习(异策略 TD 控制)：

(i) 对所有 $s \in \mathcal{S}$ 和 $a \in \mathcal{A}$，任意初始化 $Q(x, a)$。(如果 s 是终端状态，其值必须为零)。

(ii) 基于当前 Q 值(即动作-值)估计，例如 ε-软策略，在当前状态 x 中选择动作 a。

(iii) 执行动作 a，然后观察奖励 r 和下一个状态 x'。

(iv) 更新 Q 值

$$Q(x, a) \leftarrow Q(x, a) + \alpha[r + \gamma \max_{a'} Q(x', a') - Q(x, a)]$$

注意，$0 < \alpha \leqslant 1$ 是学习速率。值越高，Q 值的改进越快，学习过程也就越快。γ 表示折扣因子，也设置在 0 和 1 之间，意味着未来的奖励总是低于即时奖励。

TD 学习有两种代表性算法，即 Sarsa 和 Q 学习算法。Sarsa 代表“state-action-reward-state-action”，它与环境相互作用，根据所采取的动作更新状态-动作值函数，即 Q 函数；而 Q 学习则依赖于某一可用动作所产生的最大奖励来更新 Q 函数。具体来说，Sarsa 中 Q 函数的更新可以公式化为如下表达形式：

$$Q(s, a) \leftarrow (1-\alpha)Q(s, a) + \alpha[r + \gamma Q(s', a')] \tag{5.39}$$

而在 Q 学习中，Q 函数的更新由下式给出：

$$Q(s, a) \leftarrow (1-\alpha)Q(s, a) + \alpha[r + \gamma \max_{a' \in \mathbb{A}} Q(s', a')] \tag{5.40}$$

其中 s 为系统状态，a 为智能体选择的动作，而 $\mathbb{A}$ 为可用的动作集。α 为更新权重系数，γ 为折扣因子。

因此，Sarsa 是一种同策略方法[一]，而 Q 学习则称为异策略方法[二]。在收敛性分析

[一] 同策略方法学习由智能体执行的策略的值。

[二] 在异策略方法中，用于生成行为的策略与被评估和改进的策略无关。

方面，当所有的状态-动作对都被大量访问时，Sarsa 能够以概率 1 收敛到最优策略和状态-动作值函数。然而，由于执行动作的策略和更新 Q 函数的策略的独立性，与 Sarsa 相比 Q 学习能使算法较早收敛，如图 5.17 所示。

159

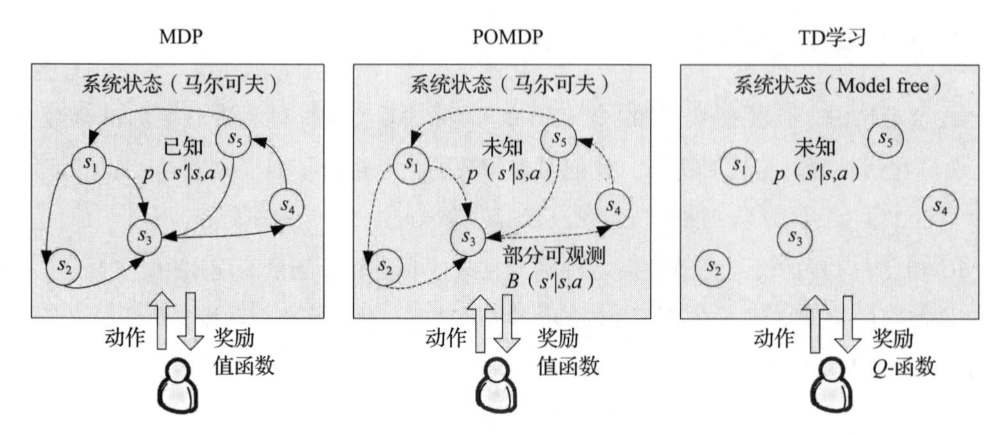

图 5.17　MDP、POMDP 和 TD 学习之间的比较(来自本章参考文献[4])

▶**练习**：一个机器人进入一个房间打扫，如图 5.18a，图中有 36 个方块。很明显，机器人必须通过唯一的入口进出房间。为了完成房间的清洁工作，机器人必须每个方块至少检查一次。这个机器人可以从一个方块上、下、左、右移动到另一个相邻方块，但是黑色的方块禁止进入(即墙)。如果事先不知道房间方块的布局，

(a) 请使用编程找到使用最少的移动次数去完成清洁工作并离开房间的方法。

(b) 按照图 5.18b 的配置，彩色方块禁止移动。请使用编程找到使用最少的移动次数去完成清洁工作并离开房间的方法。

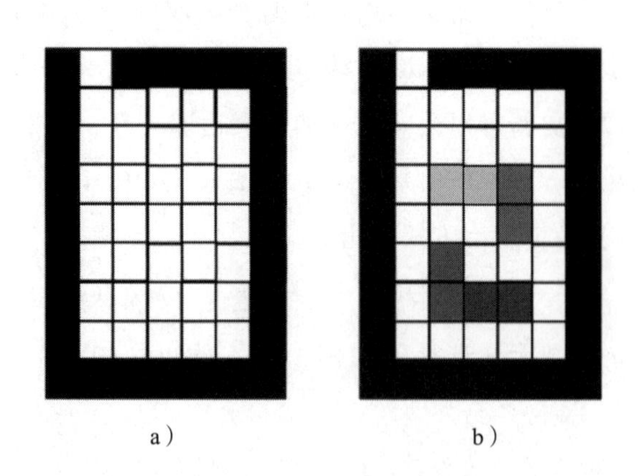

图 5.18　房间布局(附彩图)

160

(c) 请为(b)开发一个强化学习算法，并与(b)中方法比较移动次数的情况。

(d) 在事先不知情的情况下，一旦机器人移动到黄色方块上，它就会被向下吹一个方块(因此必须再次尝试返回黄色块去清理)。同样，在蓝色区域会被向上吹一个方块；在红色区域会被向右吹一个方块；在绿色区域会被向左吹一个方块。请开发一个强化学习算法来完成清洁，并将结果与(b)进行比较。

延伸阅读： 参考文献[2]为强化学习提供了很好的介绍，而演员-评论家学习在本章中没有介绍，但读者可能想要有更多的了解。5.2.3 节摘自参考文献[3]。

参考文献

[1] M.L. Puterman, Markov Decision Processes, Wiley, 1994.

[2] R.S. Sutton, A.G. Barto, Reinforcement Learning: An Introduction, MIT Press, 1998. (2nd edition expected in October 2018 and preliminary version available online)

[3] E. Ko, K.-C. Chen, "Wireless Communications Meets Artificial Intelligence: An Illustration by Autonomous Vehicles on Manhattan Streets", *IEEE Globecom*, Abu Dhabi, 2018.

[4] J. Wang, C. Jiang, H. Zhang, Y. Ren, K.-C. Chen, Lajos Hanzo, "Thirty Years of Machine Learning: The Road to Pareto-Optimal Wireless Networks", *IEEE Communications Surveys and Tutorials*, 2020.

161

第6章 状态估计

为了与环境(或世界)交互，机器人可以被视为一个内部状态的动态系统。回想一下第1章，机器人通常依靠传感器获取环境信息。然而，传感器在测量或传输中可能会产生噪声。因此，机器人必须对其环境的状态形成内部信念，通过执行器做出反应。因此，对机器人运行状态的估计是机器人和人工智能领域的一项基本技术。

图6.1展示了一个配送机器人使用视觉传感器来发展对世界的信念的交互模型。机器人必须将视觉传感器数据(右边的照片)转换为对世界的信念(左边的抽象)来执行适当的动作，通过识别正确的位置来执行导航和传送物品的任务。

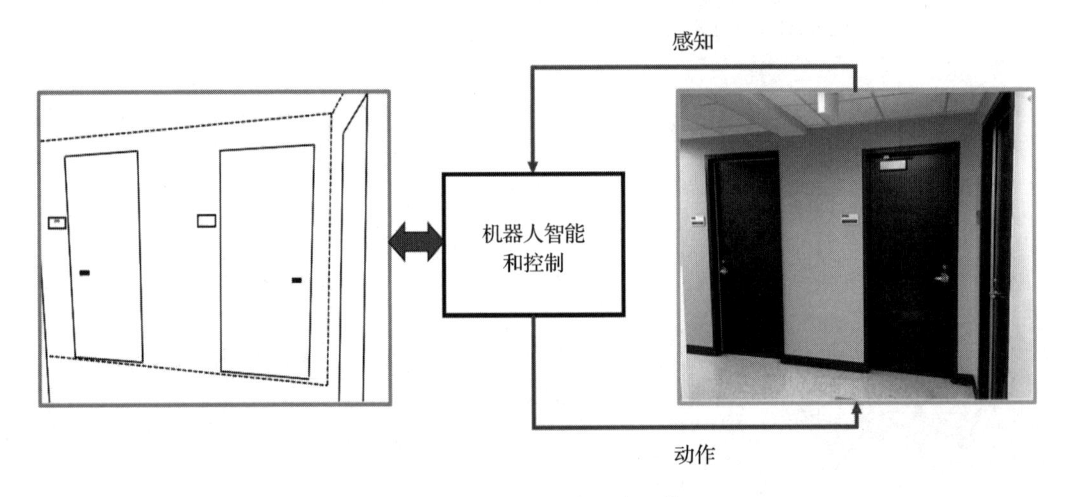

图6.1 机器人和环境的交互模型

6.1 估计基础

统计推断允许机器人了解环境，并有效地执行预测的动作。统计推断中主要有两类问题：假设检验(即决策)和估计。与对参数进行决策的假设检验不同，估计是根据观测结果尽可能准确地确定参数的实际值。

请回忆一下基本的数学框架：$Y \in \mathfrak{Y}$，$Y \sim P \in \mathcal{P}$，其中 $\mathcal{P}=\{P_\theta : \theta \in \Theta\}$，$\mathfrak{Y}$ 为观测空间。在这个参数模型下，我们想找到一个接近(某种意义)未知参数 θ 的函数

$\hat{\theta}(X)$。一个有趣的特殊情况是，从噪声观测(嵌入了加性噪声 w)来估计参数 θ：

162 ~ 163

$$y_i = s_i(\theta) + w_i, \quad i=1, \cdots, n \tag{6.1}$$

一般有两类估计问题：

(a) 非贝叶斯估计：参数 θ 是确定的，但量是未知的。我们可以推导出观测的概率密度函数(PDF)，$p(y|\theta)$，称为**似然函数**(likelihood function)。我们希望推导出最大化似然的估计量，称为**最大似然估计量**(Maximum Likelihood Estimator，MLE)$\hat{\theta}_{\mathrm{ML}}$。

(b) 贝叶斯估计：θ 是一个(多参数时为多变量)随机变量，其中参数 $\pi(\theta)$ 的先验概率密度函数在估计之前是已知的或可用的。由贝叶斯规则

$$p(\theta|y) = \frac{p(y|\theta)\pi(\theta)}{p(y)} \tag{6.2}$$

最大化 $p(\theta|y)$ 的参数 θ 的值称为**最大后验**(Maximum A Posteriori，MAP)估计量 $\hat{\theta}_{\mathrm{MAP}}$。

6.1.1 基于观测的线性估计量

为了便于计算，通常考虑线性估计。我们从两个随机变量之间的关系开始。

命题 1：均值为 m_Y，m_Z，有限方差分别为 σ_Y^2，σ_Z^2 的两个随机变量 Y 和 Z，有联合分布。ρ 是 Y 和 Z 之间的相关系数。$\mathbb{E}(Z|Y)$可以表示为 Y 的线性函数，我们有

$$\mathbb{E}(Z|Y) = m_Z + \rho\frac{\sigma_Z}{\sigma_Y}(Y - m_Y) \tag{6.3}$$

$$\mathbb{E}[\mathrm{Var}(Z|Y)] = \sigma_Z^2(1-\rho^2) \tag{6.4}$$

164

▶**练习**：请证明上述命题。

一般的线性估计基于多个相关的观测结果。即从若干已知平稳统计的相关随机变量 Y_1，…，Y_N 中估计一个随机变量 Z，可以写作：

$$\hat{Z} = \sum_{n=1}^{N} a_n Y_n = \boldsymbol{a}^{\mathrm{T}}\boldsymbol{Y} + b \tag{6.5}$$

其中 $\boldsymbol{a}=(a_1, \cdots, a_N)$表示加权系数向量，可实现为线性滤波，$b$ 表示偏差，而 $\boldsymbol{Y}=(Y_1, \cdots, Y_N)$是观测向量。

获得估计量的一个常见准则是最小化**均方误差**(Mean Squared Error，MSE)，这表明

$$\varepsilon_{\mathrm{LMS}}^2 = \mathbb{E}\{|Z-\hat{Z}|^2\} \tag{6.6}$$

最小化的必要条件表明 $\mathbb{E}(|Z-\hat{Z}|)=0$，得到

$$b = m_Z - \boldsymbol{a}^{\mathrm{T}}\boldsymbol{m}_{\boldsymbol{Y}} \tag{6.7}$$

$$\hat{Z}=\boldsymbol{a}^{\mathrm{T}}(\boldsymbol{Y}-\boldsymbol{m}_{\boldsymbol{Y}})+m_Z \tag{6.8}$$

从而，

$$\begin{aligned}\varepsilon_{\mathrm{LMS}}^2&=\mathbb{E}\{|(Z-m_z)-\boldsymbol{a}^{\mathrm{T}}(\boldsymbol{Y}-\boldsymbol{m}_{\boldsymbol{Y}})|^2\}\\&=\mathbb{E}\{|Z-m_Z|^2-(Z-m_Z)(\boldsymbol{Y}-\boldsymbol{m}_{\boldsymbol{Y}})^{\mathrm{T}}\boldsymbol{a}\\&\quad-\boldsymbol{a}(\boldsymbol{Y}-\boldsymbol{m}_{\boldsymbol{Y}})(Z-m_Z)+\boldsymbol{a}^{\mathrm{T}}(\boldsymbol{Y}-\boldsymbol{m}_{\boldsymbol{Y}})(\boldsymbol{Y}-\boldsymbol{m}_{\boldsymbol{Y}})^{\mathrm{T}}\boldsymbol{a}\}\end{aligned}$$

定义协方差矩阵

$$\boldsymbol{C}_{\boldsymbol{Y}Z}=\mathbb{E}\{(\boldsymbol{Y}-\boldsymbol{m}_{\boldsymbol{Y}})(Z-m_Z)\} \tag{6.9}$$

$$\boldsymbol{C}_{\boldsymbol{Y}}=\mathbb{E}\{(\boldsymbol{Y}-\boldsymbol{m}_{\boldsymbol{Y}})(\boldsymbol{Y}-\boldsymbol{m}_{\boldsymbol{Y}})^{\mathrm{T}}\} \tag{6.10}$$

我们可将 MSE 重写为

$$\varepsilon_{\mathrm{LMS}}^2=\sigma_Z^2-\boldsymbol{C}_{\boldsymbol{Y}Z}^{\mathrm{T}}\boldsymbol{a}-\boldsymbol{a}\boldsymbol{C}_{\boldsymbol{Y}Z}+\boldsymbol{a}^{\mathrm{T}}\boldsymbol{C}_{\boldsymbol{Y}}\boldsymbol{a} \tag{6.11}$$

保持最小 MSE 的必要条件是：

$$\nabla_{\boldsymbol{a}}\varepsilon_{\mathrm{LMS}}^2=0 \tag{6.12}$$

165 由此有 $\boldsymbol{C}_{\boldsymbol{Y}}\boldsymbol{a}=\boldsymbol{C}_{\boldsymbol{Y}Z}$。

命题 2：多个相关观测值的线性估计系数为

$$\boldsymbol{a}=\boldsymbol{C}_{\boldsymbol{Y}}^{-1}\boldsymbol{C}_{\boldsymbol{Y}Z} \tag{6.13}$$

而最终的 MSE 为：

$$\varepsilon_{\mathrm{LMS}}^2=\sigma_Z^2-\boldsymbol{C}_{\boldsymbol{Y}Z}^{\mathrm{T}}\boldsymbol{C}_{\boldsymbol{Y}}^{-1}\boldsymbol{C}_{\boldsymbol{Y}Z} \tag{6.14}$$

注(正交原理)：线性估计(即由观测值的线性组合得到估计值)的工程意义可由图 6.2 直观地、几何地说明。观测值张成一个超平面，而线性估计量实际上是真实值向量在超平面上的投影。误差是真实值向量和线性估计量之间的差，因此正交于线性估计量。这个性质对于推导和计算是有用的，并被称为**正交原理**(orthogonal principle)或**投影定理**(projection theorem)。

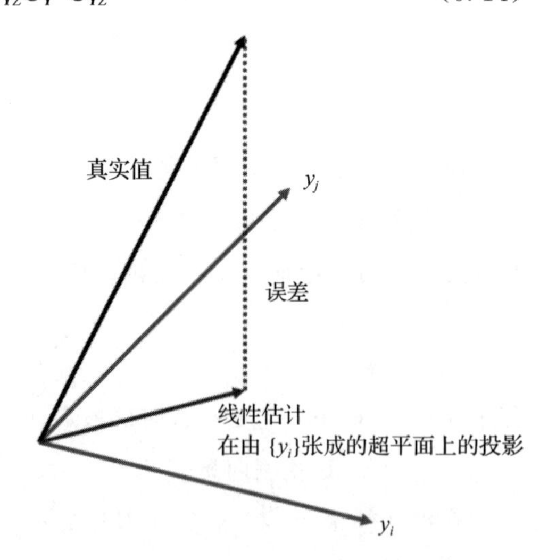

图 6.2　与误差正交的观测张成的超平面上的线性估计量

▶**练习**：我们打算从噪声观测 x_n，$n=0$，…，$N-1$ 来线性估计随机信号 A(即估计值是 x_n 的线性组合)。假设信号模型为：

166

$$x_n=A+w_n \tag{6.15}$$

其中 $A \sim \mathcal{U}[-A_0, A_0]$，$w_n$ 是均值为 0、方差为 σ^2 的高斯噪声，且 A 和 w_n 独立。请计算 $\hat{A}$。

6.1.2 线性预测

如第 5 章所述，平稳随机过程的线性预测可以借助维纳-霍普夫方程来实现。或者，线性预测可以利用训练数据集的线性回归来实现。

例： 假设可以通过输入变量 $\boldsymbol{X}=(X_1, \cdots, X_r)$ 和输出变量 Y 来观察未知系统的行为，这样我们可以构造如下的线性模型来预测输出 Y。

$$\hat{Y}=\hat{b}_0+\sum_{j=1}^{r}\hat{b}_j X_j \tag{6.16}$$

其中 $\hat{b}_0$ 称为偏差，通常包含在 $\boldsymbol{X}$ 中。如果记 $\hat{\boldsymbol{b}}=(\hat{b}_1, \cdots, \hat{b}_r)$，那么

$$\hat{Y}=\boldsymbol{X}^{\mathrm{T}}\hat{\boldsymbol{b}} \tag{6.17}$$

最常见的预测性能度量是**最小平方误差**(least square error)。在机器学习中，这种方法是通过识别系数 b 来最小化**残差平方和**(residual sum of squares)的。对于可以看作训练集的 N 个连续的观测$(\boldsymbol{X}_i, Y_i)$，$i=1, 2, \cdots, N$，则

$$\mathrm{RSS}(b)=\sum_{i=1}^{N}(y_i-\boldsymbol{x}_i^{\mathrm{T}}b)^2=(\boldsymbol{y}-\boldsymbol{X}b)^{\mathrm{T}}(\boldsymbol{y}-\boldsymbol{X}b) \tag{6.18}$$

RSS(b)是参数的二次函数，因此最小值总是存在的，但可能不唯一。再一次，最优性的必要条件给出了如下的标准方程：

$$\hat{\boldsymbol{b}}=(\boldsymbol{X}^{\mathrm{T}}\boldsymbol{X})^{-1}\boldsymbol{X}^{\mathrm{T}}\boldsymbol{y} \tag{6.19}$$

请注意，上述方程正是线性回归，它允许对未知系统进行线性预测。

引理(岭回归)：岭回归(ridge regression)通过对它们的回归系数的大小施加惩罚来收缩回归系数。岭回归系数最小化惩罚 RSS。　167

$$\hat{b}^{\text{ridge}}=\underset{b}{\operatorname{argmin}}\left\{\sum_{i=1}^{N}\left(y_i-b_0-\sum_{j=1}^{r}x_{ij}b_j\right)^2+\lambda\sum_{j=1}^{r}b_j^2\right\} \tag{6.20}$$

引理(LASSO)：最小绝对收缩和选择算子(Least Absolute Shrinkage and Selection Operator，LASSO)方法是利用 L_p 范数由岭回归演变而来的。

$$\hat{b}^{\text{lasso}}=\underset{b}{\operatorname{argmin}}\left\{\sum_{i=1}^{N}\left(y_i-b_0-\sum_{j=1}^{r}x_{ij}b_j\right)^2+\lambda\sum_{j=1}^{r}\|b_j\|_p\right\} \tag{6.21}$$

如果 $p=2$，这等价于岭回归。LASSO 已被广泛应用于统计推断和数据分析，以处理

收敛行为(如收敛速度)和过拟合。

6.1.3 贝叶斯估计

对于随机观察 Y，由参数 θ 索引的分布族，其中 $\theta \in \Theta \subseteq \mathbb{E}$。参数估计的目标是根据 $Y=y$ 求得函数 $\hat{\theta}(y)$，以对 θ 的真值进行最佳估计。代价函数 $C[a, \theta]$ 是将 θ 的真值估计为 $a \in \Theta$，$\forall \theta$ 的代价。在 Y，$\forall \Theta$ 上平均的条件风险为：

$$r_\theta(\hat{\theta})=E_\theta\{C[\hat{\theta}(Y), \theta]\} \tag{6.22}$$

与假设检验类似，平均贝叶斯风险定义为：

$$R(\hat{\theta})=E\{r_\theta(\hat{\theta})\} \tag{6.23}$$

我们的目标是设计一个最小化 $R(\hat{\theta})$ 的估计量，也就是 θ 的**贝叶斯估计**(Bayesian estimate)。根据对代价函数的不同定义，有三种常用的贝叶斯估计。

- **均方误差**(MSE)是最常见的，将代价确立为：

$$C[a, \theta]=(a-\theta)^2 \tag{6.24}$$

168

因而贝叶斯风险为 $\mathbb{E}\{[\hat{\theta}(Y)-\Theta]^2\}$。由此产生的贝叶斯估计被称为**最小均方误差估计量**(MMSE)。给定条件 $Y=y$，其后验风险为 $\mathbb{E}\{[\hat{\theta}(Y)-\Theta]^2 | Y=y\}$。对其微分获得最优性的必要条件，贝叶斯估计为：

$$\hat{\theta}_{\mathrm{MMSE}}(y)=\mathbb{E}\{\Theta | Y=y\} \tag{6.25}$$

这是给定 $Y=y$ 时 Θ 的条件平均值。

- 另一个代价函数定义为：

$$C[a, \theta]=|a-\theta| \tag{6.26}$$

产生的贝叶斯风险为 $\mathbb{E}\{|\hat{\theta}(Y)-\Theta|\}$，从而获得**最小平均绝对误差估计**(Minimum Mean Absolute Error Estimate，MMAE)$\hat{\theta}_{\mathrm{ABS}}(y)$。请注意 $\hat{\theta}_{\mathrm{ABS}}(y)$ 实际上是给定 $Y=y$ 时 Θ 的条件分布的**中值**。

- 对于非常类似于均匀代价的一个代价函数如下：

$$C[a, \theta]=\begin{cases}0 & \text{如果} |a-\theta| \leqslant \Delta \\ 1 & \text{如果} |a-\theta| > \Delta\end{cases} \tag{6.27}$$

随后的贝叶斯估计 $\hat{\theta}_{\mathrm{MAP}}$ 表示在 $Y=y$ 下 Θ 的最大后验概率。设 p_θ 为 θ 在 $\Theta=\theta$ 条件下的概率密度函数，$w(\theta)$ 为先验分布。通过最大化 $p_\theta(y)w(\theta)$ 得到 $\hat{\theta}_{\mathrm{MAP}}$。

▶**练习**：令观测

$$r_i=a+n_i, \quad i=1, \cdots, N \tag{6.28}$$

其中 $a \sim G(0, \sigma_a^2)$，且 $n_i \sim G(0, \sigma_n^2)$ 独立。请证明：

$$\hat{a}_{\text{MMSE}}=\frac{\sigma_a^2}{\sigma_a^2+(\sigma_n^2/N)}\left(\frac{1}{N}\sum_{i=1}^{N}r_i\right) \tag{6.29}$$

并请计算 $\hat{a}_{\text{ABS}}$ 和 $\hat{a}_{\text{MAP}}$。

定义： 如果 $\mathbb{E}_\theta\{\hat{\theta}(Y)\}=\theta$，则称估计是无偏的。

当条件 MSE 作为估计的方差时，最小化 MSE 的无偏估计称为**最小方差无偏估计**(Minimum Variance Unbiased Estimator，MVUE)。

169

▶练习： 观测数据 x_n，$n=1$，…，N 与 $G\sim(0, \sigma^2)$独立同分布。我们希望估计的方差 σ^2 为

$$\hat{\sigma}^2=\frac{1}{N}\sum_{n=1}^{N}x_n^2 \tag{6.30}$$

这是一个无偏估计量吗？求 $\hat{\sigma}^2$ 的方差，并考察当 $N\to\infty$时的情况。

定义：费希尔信息(Fisher's information)I_θ 是：

$$I_\theta=E_\theta\left\{\left(\frac{\partial}{\partial\theta}\log p_\theta(Y)\right)^2\right\} \tag{6.31}$$

这可计算为：

$$I_\theta=-E_\theta\left\{\frac{\partial^2}{\partial\theta^2}\log p_\theta(Y)\right\} \tag{6.32}$$

命题(克拉默-拉奥下界)： 在 $\hat{\theta}$ 无偏的情况下，

$$\text{Var}_\theta[\hat{\theta}(Y)]\geqslant\frac{1}{I_\theta} \tag{6.33}$$

▶练习： 单个样本观察为

$$x_1=A+w_1 \tag{6.34}$$

其中 $w_1\sim G(0, \sigma^2)$。请计算估计量 $\hat{A}$ 的方差，是否与克拉默-拉奥下界一致？

▶练习： 接着前面的问题，作为替换，我们使用多个独立的观测来估计 A

$$x_n=A+w_n,\quad n=1,\cdots,N \tag{6.35}$$

其中 $w_n\sim G(0, \sigma^2)$。请计算 $\hat{A}$，以及 $\hat{A}$ 的克拉默-拉奥下界。

▶练习： 接着前面的问题，但是 x_n，$n=1$，…，N 不再是白噪声(即色噪声)，其协方差矩阵 $\boldsymbol{Q}$ 由 $\boldsymbol{x}=(x_1, \cdots, x_N)$形成。请给出 A 的最小方差估计量。

▶练习： 与前面的问题类似，我们观测

$$x_n=A+w_n,\quad n=1,\cdots,N \tag{6.36}$$

然而，w_n 是均值为 0 和方差为 σ_n^2 的不相关噪声。请找出 A 的最优线性无偏估计(Best Linear Unbiased Estimator，BLUE)。

170

6.1.4　极大似然估计

在实践中，寻找最小方差无偏估计 MVUE 可能并不可行。一种通用的替代方法是极大似然法，它是由 C. F. 高斯在 1821 年提出的。然而，这种方法通常被认为是重新发现这个想法的 R. A. 费希尔在 1922 年提出的。

首先请回顾一下 MAP 估计：

$$\hat{\theta}_{MAP}(y)=\arg\{\max_{a} p_{\theta}(y)w(\theta)\} \tag{6.37}$$

在没有任何关于参数的先验信息的情况下，我们通常假设参数是均匀分布的(因为它或多或少代表了最坏的情况)以完成估计。因为 $p_{\theta}(y)$ 被认为是似然函数，

$$\hat{\theta}_{ML}=\arg\{\max_{a} p_{\theta}(y)\} \tag{6.38}$$

是极大似然估计。

▶**练习**：如果我们观察概率如下的伯努利实验中的 N 个独立同分布的样本，

$$P\{x_n=1\}=p=1-P\{x_n=0\},\quad 0<p<1 \tag{6.39}$$

请给出 p 的极大似然估计。

▶**练习**：系统中服务请求之间的时间 T 的分布为

$$f_T(T)=\alpha e^{-\alpha T},\quad T\geqslant 0 \tag{6.40}$$

其中 $\alpha>0$ 是一个常数，称为到达率。在 N 个独立的到达间隔时间 T_1，…，T_N 中共观测到 $N+1$ 个请求。请给出 α 的估计值。

MLE 在机器人领域有广泛的应用。智能体的环境或状态可以通过一组参数来描述，而 MLE 是一种有用的参数估计方法。

例(传感器网络中的位置估计)：为了确定机器人的位置[这在后面的章节中称为**定位**(localization)]，我们可以使用一个传感器网络来估计位置。如图 6.3 所示，位置简化为一维参数 θ 时，这组 N 个传感器的测量值为 $x_n=\theta+w_n$，并受到加性噪声 w_n 的干扰，$n=1$，…，N。假设测量值 x_n 传输到融合中心，在均方误差准则(MSE，$\mathbb{E}\{\|\theta-\hat{\theta}\|^2\}$)下，极大似然估计为：

171

$$\hat{\theta}=\frac{1}{N}\sum_{n=1}^{N}x_n \tag{6.41}$$

实际上，这就是测量值的样本均值，并且在高斯噪声 $w_n\sim G(0,\sigma^2)$，$\mathrm{Var}(\hat{\theta})=\dfrac{\sigma^2}{N}$ 的情况下是无偏的(即 $\mathbb{E}\,\hat{\theta}=\theta$)。这种位置估计方法在无线传感器网络中通常称为分布式估计。

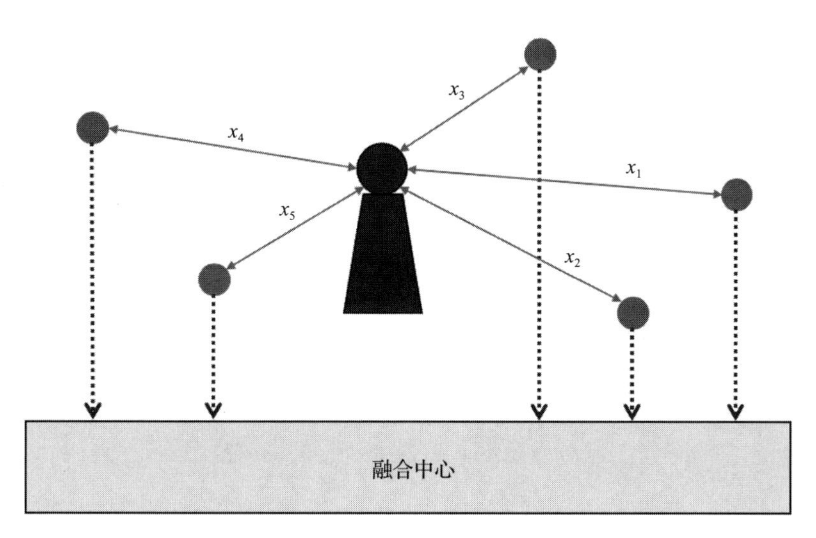

图6.3 传感器($N=5$)测量到机器人的距离并传输到融合中心从而得出机器人的位置

例(在传感器网络中带宽效率位置估计)：获得如图6.3所示的位置估计方法很简单，但是总共需要 N 次无线通信来传输 x_n。考虑到多路访问(详见第10章)，位置估计可能耗费大量的无线电资源(带宽)。因此，带宽效率(位置)估计因此是可取的[⊖]。我们可以将 x_n 压缩为 $m_n(x_n)$，而不是传输 x_n，且最小的数据为1位，即 $m_n(x_n)=0$ 或1。

再假设 $w_n \sim G(0, \sigma^2)$，则

$$m_n(x_n)=m_n=\begin{cases}1, & x_n \geqslant \eta \\ 0, & x_n < \eta\end{cases} \tag{6.42}$$

172

其中 η 为阈值参数，提供 θ 的近似位置信息。

$$\mathbb{P}\{m_n(x_n)=1\}=Q(\eta-\theta) \tag{6.43}$$

其中 $Q(x)=\dfrac{1}{\sqrt{2}\pi}\int_x^{\infty} \mathrm{e}^{-t^2/2}\mathrm{d}t$，也称为**高斯拖尾函数**(Gaussian tail function)。在融合中心，由于测量和噪声的独立性，采集到的传感器数据向量 $\boldsymbol{m}=(m_1, \cdots, m_N)$ 服从参数为 $Q(\eta-\theta)$ 的伯努利分布。似然函数为：

$$p(\boldsymbol{m}, \theta)=\prod_{n=1}^{N}[Q(\eta-\theta)]^{m_n}[1-Q(\eta-\theta)]^{1-m_n} \tag{6.44}$$

利用对数似然和最优性的必要条件，得到极大似然估计：

⊖ 见本章参考文献[3]。

$$\hat{\theta}=\eta-Q^{-1}\left[\frac{1}{N}\sum_{n=1}^{N}m_n(x_n)\right] \tag{6.45}$$

请注意，最优选择 $\eta=\theta$ 给出的方差$\frac{\pi\sigma^2}{2N}$正好是之前仅仅从每个传感器传输 1 位数据来替换传输其真实值的例子的 $\pi/2$ 倍。

▶**练习：**相位信息是机器人探测环境的关键技术之一。例如，距离信息可以从反射波的相位得到，这是倒车时的毫米波预警雷达的原理。假设我们打算估计嵌入加性高斯白噪声(均值为零，双边概率密度函数 $N_0/2$)的正弦波形的未知常数相位 θ。

$$x(t)=\sqrt{2}A\cos(2\pi f_c t+\theta)+w(t) \tag{6.46}$$

请给出 $\hat{\theta}$。

6.2 递归状态估计

在处理动态系统时，由于其特殊性，在机器人技术中的很多情况下，递归估计代替单次估计更受青睐。再强调一遍，环境是由状态来刻画的，可以看作机器人各个方面和相应环境的集合。状态可以是静态的，也可以是随时间变化的，而我们通常将 x_t 表示为时刻 t 的状态。状态可以是机器人的姿态、速度、位置和环境特征等。如果状态 x_t 是对未来的最好预测，那么它就被称为**完备的**(complete)。完备性(completeness)需要过去的状态、测量等方面的知识来帮助预测未来。如果未来是随机的，**马尔可夫链**通常可用于这种时域目的。在图 6.1 中，机器人与环境的交互包括传感器测量 z_t 和控制动作 u_t。

173

为了处理未来的不确定性，状态和测量的演化由概率规律控制，因此状态可以被描述为

$$p(x_t|x_{0:t-1},\ z_{1:t-1},\ u_{1:t}) \tag{6.47}$$

如果状态 x 是完备的，足以总结之前发生的所有事情，那么，

$$p(x_t|x_{0:t-1},\ z_{1:t-1},\ u_{1:t})=p(x_t|x_{t-1},\ u_t) \tag{6.48}$$

就是马尔可夫过程中的**状态转移概率**(state transition probability)。相似地，

$$p(z_t|x_{0:t-1},\ z_{1:t-1},\ u_{1:t})=p(z_t|x_t) \tag{6.49}$$

是**测量概率**(measurement probability)。

请注意，机器人与环境之间交互的全局视角可能与机器人自身的局部视角不同。因此，机器人对环境状态的内部知识被称为**信念**(belief)，它是**概率机器人**(probabilitstic robotics)的一个重要概念。例如，在图 6.1 中，由于 GPS 既不可用，也不够精确，因此一个实际处于坐标(l_x，l_y，l_z，l_t)位置的配送机器人必须推断它的位置。为了区分真实状态，机器人的推断被称为信念或知识的状态。

状态 x_t 的信念表示为：

$$\mathbb{B}(x_t)=p(x_t \mid z_{1:t}, u_{1:t}) \tag{6.50}$$

有时，在合并 z_t 之前和控制 u_t 之后计算后验值是有用的。这样的后验表示为：

$$\overline{\mathbb{B}}(x_t)=p(x_t \mid z_{1:t-1}, u_{1:t}) \tag{6.51}$$

这通常被称为**预测**。那么，从 $\overline{\mathbb{B}}(x_t)$ 计算 $\mathbb{B}(x_t)$ 被称为**校正**(correction)或**测量更新**(measurement update)。

系统状态的信念实际上表明了动态系统的一个特殊性质，即如图 6.4 所示的**隐藏过程**(hidden process)。

174

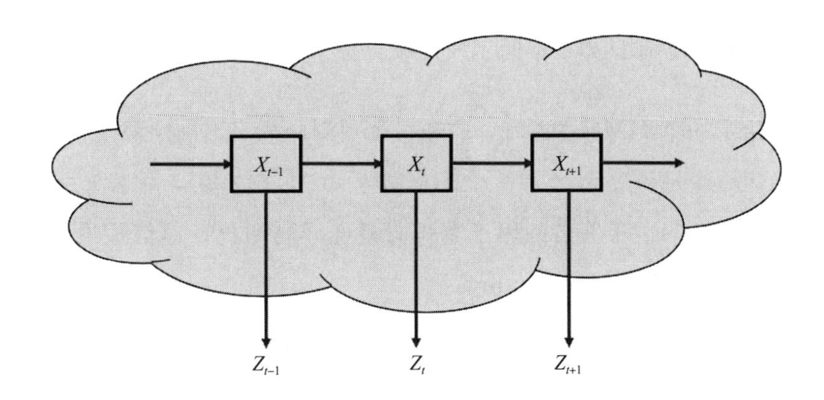

图 6.4　动态系统有隐藏状态 X_t(显示在云形阴影区)，而观测过程提供的 Z_t 可被视为测量值

如果将该动态系统表示为马尔可夫过程，则 $p(X_t \mid X_{t-1}, \cdots, X_1)=p(X_t \mid X_{t-1})$，可以应用**隐马尔可夫模型**。HMM 已成功应用于许多工程应用中，如语音识别[㊀]和本章后面的机器人位置的递归估计。

注： 在统计学习中，对于每一个观察 Z_t，我们将 X_t 视为形成马尔可夫链的潜变量。在下面，潜变量是离散的，以形成 HMM，但由于对机器人的兴趣，观察可以是连续的(理论上也可以是离散的)。当处理线性系统时，通过回顾线性系统的高斯输入导致联合高斯输出的事实，潜变量和观测通常都是高斯分布的。

$\chi=\{x_1, \cdots, x_N\}$表示 N 个系统状态的集合；$\mathbb{P}=[p_{ij}]$为状态转移概率矩阵；Z:

㊀ 见本章参考文献[5]。

z_1，…，z_T 为 T 个观测序列；$\varepsilon=\eta_i(z_i)$ 为观测似然概率序列，也称为**发射概率**(emission probability)，即 z_i 由状态 i 产生的概率；π^1，…，π^N 为状态的初始概率分布，即 π^i 为从状态 i 开始的马尔科夫链的概率，且 $\sum_{i=1}^{N}\pi^i=1$。除了系统马氏性质外，还假定输出观测值 z_i 只依赖于状态 x_i，既与其他状态无关也与其他观测值无关。

例：Jason Eisner 给出了一个著名的 HMM 例子。想象一下，Clare 是一场 2050 年的核战争后的 2999 年的气候学家。几乎所有关于天气的记录都消失了，尤其是迈阿密古城现在已经在海洋里了。然而，Clare 很幸运地找到了一个 2030 年的大商场中销售冰激凌的记录。问题是：给定一个观测序列 Z(z_1，…，z_T 中的每个整数值表示某一天冰激凌的销售数量)，找到导致人们消费冰激凌的隐藏天气状态(比如热或凉)的序列 χ。

175

一般来说，HMM 有三类基本问题及后续算法来计算：

似然性 给定一个 HMM $\xi=(\mathbb{P},\varepsilon)$和一个观测序列 Z，确定似然性 $P(Z|\xi)$。

解码 给定一个观测序列 Z 和一个 HMM $\xi=(\mathbb{P},\mathcal{E})$，从 χ 中发现最可能的隐藏状态序列。这类问题等价于著名的用于卷积码最优译码和统计通信理论的**最大似然序列估计的维特比算法**(Viterbi algorithm)。

学习 给定 HMM 中的观察序列 Z 和状态集 χ，学习 HMM 的参数 $\mathbb{P}$ 和 $\mathcal{E}$。

计算算法的更多细节可以在本章参考文献[5]中找到。

6.3 贝叶斯滤波

计算信念的基本方法是利用**贝叶斯定理**通过递归的方式从 $\mathbb{B}(x_{t-1})$计算 $\mathbb{B}(x_t)$，这可以通过基于状态 x_{t-1} 和控制 u_t 的先验信念计算状态 x_t 的信念来实现。也就是说，机器人赋值给状态 x_t 的信念是由两个分布的乘积的积分(或求和)得到的：赋值给 x_{t-1} 的先验分布，以及控制 u_t 诱导从 x_{t-1} 转移到 x_t 的概率。

$$\overline{\mathbb{B}}(x_t)=\int p(x_t|u_t,x_{t-1})\overline{\mathbb{B}}(x_{t-1})\mathrm{d}x_{t-1} \tag{6.52}$$

这个更新步骤称为**控制更新**(control update)或**预测**(prediction)。

贝叶斯滤波的第二步是测量更新。对于所有假设的后验状态 x_t，信念通过测量 z_t 更新如下：

$$\mathbb{B}(x_t)=c\cdot p(z_t|x_t)\overline{\mathbb{B}}(x_t) \tag{6.53}$$

其中 c 是总概率的归一化常数。

176

命题 3 （贝叶斯滤波算法）。贝叶斯滤波算法可以概括为以下步骤：

(1) 对于所有 x_t，计算式(6.52)和式(6.53)。

(2) 返回 $\mathbb{B}(x_t)$。

例：一个配送机器人打算估计办公室 ENB 245 的门是否打开，如图 6.5 所示[⊖]。为了简化问题，我们假设门要么打开要么关闭，只有两种可能的状态，并且机器人不知道这个门的初始状态。

图 6.5 一个估计门是否打开的机器人

在没有任何先验信息的情况下，机器人对门的两种可能状态设置相同的概率。

$$\mathbb{B}(X_0=\text{开})=0.5 \tag{6.54}$$

$$\mathbb{B}(X_0=\text{闭})=0.5 \tag{6.55}$$

机器人的噪声传感器观察到的条件概率如下（请注意与数字通信系统中的二元假设检验的相似性）。

$$p(Z_t=\text{开}\,|\,X_t=\text{开})=0.6 \tag{6.56}$$

$$p(Z_t=\text{闭}\,|\,X_t=\text{开})=0.4 \tag{6.57}$$

$$p(Z_t=\text{开}\,|\,X_t=\text{闭})=0.2 \tag{6.58}$$

$$p(Z_t=\text{闭}\,|\,X_t=\text{闭})=0.8 \tag{6.59}$$

177

机器人能使用执行器来开门。如果门已经开了，它就会一直开着。如果门是关闭的，机器人之后打开门的概率是 0.8：

⊖ 见本章参考文献[3]。

$$p(X_t=\text{开}|U_t=\text{推}, X_{t-1}=\text{开})=1 \tag{6.60}$$

$$p(X_t=\text{闭}|U_t=\text{推}, X_{t-1}=\text{开})=0 \tag{6.61}$$

$$p(X_t=\text{开}|U_t=\text{推}, X_{t-1}=\text{闭})=0.8 \tag{6.62}$$

$$p(X_t=\text{闭}|U_t=\text{推}, X_{t-1}=\text{闭})=0.2 \tag{6.63}$$

机器人可以选择不使用执行器开门(即×)，这意味着(世界)状态保持不变。

$$p(X_t=\text{开}|U_t=\times, X_{t-1}=\text{开})=1 \tag{6.64}$$

$$p(X_t=\text{闭}|U_t=\times, X_{t-1}=\text{开})=0 \tag{6.65}$$

$$p(X_t=\text{开}|U_t=\times, X_{t-1}=\text{闭})=0 \tag{6.66}$$

$$p(X_t=\text{闭}|U_t=\times, X_{t-1}=\text{闭})=1 \tag{6.67}$$

假设在时间 $t=0$ 时，机器人没有采取控制动作，但感知到一扇打开的门。由此产生的后验信念是由贝叶斯滤波使用先验信念 $\mathbb{B}(x_0)$，控制 $u_1=\times$ 和测量感知到的开作为输入计算出来的。根据式(6.52)，我们有：

$$\begin{aligned}\mathbb{B}(x_1)&=\sum_{x_0}p(x_1|u_1, x_0)\mathbb{B}(x_0)\\&=p(x_1|U_1=\times, X_0=\text{开})\mathbb{B}(X_0=\text{开})\\&\quad+p(x_1|U_1=\times, X_0=\text{闭})\mathbb{B}(X_0=\text{闭})\end{aligned}$$

现在，我们准备好计算 X_1 的两个假设了：

$$\overline{\mathbb{B}}(X_1=\text{开})=1\cdot0.5+0\cdot0.5=0.5 \tag{6.68}$$

$$\overline{\mathbb{B}}(X_1=\text{闭})=0\cdot0.5+1\cdot0.5=0.5 \tag{6.69}$$

因为机器人的动作不是行动，所以得到 $\overline{\mathbb{B}}(x_1)=\mathbb{B}(X_0)$并不奇怪。然而，通过结合测量值，信念可能会改变。根据式(6.53)，

178

$$\mathbb{B}(x_1)=c\cdot p(Z_1=\text{开}|x_1)\overline{\mathbb{B}}(x_1) \tag{6.70}$$

对于状态 X_1 的两种可能性，

$$\mathbb{B}(X_1=\text{开})=c\cdot p(Z_1=\text{开}\mid X_1=\text{开})\overline{\mathbb{B}}(X_1=\text{开})=c(0.6)(0.5)$$

$$\mathbb{B}(X_1=\text{闭})=c\cdot p(Z_1=\text{开}\mid X_1=\text{闭})\overline{\mathbb{B}}(X_1=\text{闭})=c(0.2)(0.5)$$

回忆 c 是规范化因子，并且 $c=2.5$。因此，

$$\mathbb{B}(X_1=\text{开})=0.75$$

$$\mathbb{B}(X_1=\text{闭})=0.25$$

▶**练习**：请继续上面的例子计算 $\mathbb{B}(X_2)$。如果两个测量值都是正确的，你认为这个机器人可靠吗？

▶**练习**：请用归纳法证明命题 1 中的贝叶斯滤波算法。

6.4 高斯滤波

高斯滤波是递归状态估计的重要的一族，其信念用多元高斯分布表示为：

$$p(x)=\det(2\pi\boldsymbol{\Sigma})^{-\frac{1}{2}}\exp\left[-\frac{1}{2}(x-\mu)^{\mathrm{T}}\boldsymbol{\Sigma}^{-1}(x-\mu)\right] \tag{6.71}$$

其中 μ 是均值，$\boldsymbol{\Sigma}$ 是协方差矩阵。

6.4.1 卡尔曼滤波

如第 3 章所示，平稳信号的最优滤波称为**维纳滤波**(Wiener filter)。对于机器人，操作环境可能是非常动态的、未知的或没有先验信息的，以及非平稳的。处理非平稳信号的最优滤波是**卡尔曼滤波**(Kalman filter)。卡尔曼滤波是在 20 世纪 50 年代由鲁道夫・埃米尔・卡尔曼发明的，目的是在线性系统中进行滤波和预测。

与原始的最优滤波不同，我们目前打算用卡尔曼滤波来表示信念：信念用均值 μ_t 和 t 时刻的协方差 Σ_t 来表示。如果下面三条性质成立，则后验概率是高斯分布，此外贝叶斯滤波的马尔科夫假设也成立：

179

(1) 下一个状态的概率 $p(\boldsymbol{x}_t|\boldsymbol{u}_t, \boldsymbol{x}_{t-1})$ 必须是带有加性高斯噪声的线性函数。

$$\boldsymbol{x}_t=\boldsymbol{A}_t\boldsymbol{x}_{t-1}+\boldsymbol{B}_t\boldsymbol{u}_t+\boldsymbol{\varepsilon}_t \tag{6.72}$$

其中 $\{\boldsymbol{x}_t\}$ 是状态向量，而 $\boldsymbol{u}_t$ 是时刻 t 的控制向量。

$$\boldsymbol{x}_t=\begin{pmatrix}x_{1,t}\\x_{2,t}\\\vdots\\x_{n,t}\end{pmatrix},\quad \boldsymbol{u}_t=\begin{pmatrix}u_{1,t}\\u_{2,t}\\\vdots\\u_{m,t}\end{pmatrix} \tag{6.73}$$

其中 $\boldsymbol{A}_t$ 是一个 $n\times n$ 矩阵，$\boldsymbol{B}_t$ 是一个 $n\times m$ 矩阵。通过这种方法，卡尔曼滤波表示线性系统动力学。$\boldsymbol{\varepsilon}_t$ 是一个建模状态转移的 n 维高斯随机变量，且均值为 0，协方差为 $\boldsymbol{R}_t$。式(6.72)这种形式的状态转移概率称为线性高斯(linear Gaussian)。式(6.72)定义了状态转移概率 $p(\boldsymbol{x}_t|\boldsymbol{u}_t, \boldsymbol{x}_{t-1})$。通过结合多元高斯分布，

$$p(\boldsymbol{x}_t|\boldsymbol{u}_t, \boldsymbol{x}_{t-1})=\det(2\pi\boldsymbol{R}_t)^{-\frac{1}{2}} \times \mathrm{e}^{-\frac{1}{2}(\boldsymbol{x}_t-\boldsymbol{A}_t\boldsymbol{x}_{t-1}-\boldsymbol{B}_t\boldsymbol{u}_t)^{\mathrm{T}}R_t^{-1}(\boldsymbol{x}_t-\boldsymbol{A}_t\boldsymbol{x}_{t-1}-\boldsymbol{B}_t\boldsymbol{u}_t)} \tag{6.74}$$

(2) 测量 $p(\boldsymbol{z}_t|\boldsymbol{x}_t)$的概率与加性高斯噪声也是线性的。

$$\boldsymbol{z}_t=\boldsymbol{C}_t\boldsymbol{x}_t+\boldsymbol{n}_t \tag{6.75}$$

其中 $\boldsymbol{C}_t$ 是一个 $k\times n$ 矩阵，k 是测量向量 $\boldsymbol{z}_t$ 的维数，$\boldsymbol{n}_t$ 是服从均值为 0，协方差矩阵为 $\boldsymbol{\psi}_t$ 的多元高斯函数分布的测量噪声。

(3) 初始信念 $\mathbb{B}(x_0)$必须是均值为 μ_0，协方差为 Σ_0 的高斯分布。

命题 4　卡尔曼滤波算法[㊀]**：**

输入：$\boldsymbol{\mu}_{t-1}$，$\boldsymbol{\Sigma}_{t-1}$，$\boldsymbol{u}_t$，$\boldsymbol{z}_t$。

$$\overline{\boldsymbol{\mu}}_t=\boldsymbol{A}_t\boldsymbol{\mu}_{t-1}+\boldsymbol{B}_t\boldsymbol{u}_t \tag{6.76}$$

$$\overline{\boldsymbol{\Sigma}}_t=\boldsymbol{A}_t\boldsymbol{\Sigma}_{t-1}\boldsymbol{A}_t^{\mathrm{T}}+\boldsymbol{R}_t \tag{6.77}$$

$$\boldsymbol{\kappa}_t=\overline{\boldsymbol{\Sigma}}_t\boldsymbol{C}_t^{\mathrm{T}}(\boldsymbol{C}_t\overline{\boldsymbol{\Sigma}}_t\boldsymbol{C}_t^{\mathrm{T}}+\boldsymbol{Q}_t)^{-1} \tag{6.78}$$

$$\boldsymbol{\mu}_t=\overline{\boldsymbol{\mu}}_t+\boldsymbol{\kappa}_t(\boldsymbol{z}_t-\boldsymbol{C}_t\overline{\boldsymbol{\mu}}_t) \tag{6.79}$$

$$\boldsymbol{\Sigma}_t=(\boldsymbol{I}-\boldsymbol{\kappa}_t\boldsymbol{C}_t)\overline{\boldsymbol{\Sigma}}_t \tag{6.80}$$

返回：$\boldsymbol{\mu}_t$，$\boldsymbol{\Sigma}_t$。

注：在 t 时刻，卡尔曼滤波均值 $\boldsymbol{\mu}_t$ 和协方差 $\boldsymbol{\Sigma}$ 表示其信念。在 $t-1$ 时刻，用带信念的输入、控制 $\boldsymbol{u}_t$ 和测量 $\boldsymbol{z}_t$ 更新卡尔曼滤波。

前两个方程表示用 $\boldsymbol{\mu}_{t-1}$ 替换式(6.72)中的状态 $\boldsymbol{x}_{t-1}$ 来计算后一步的参数 $\overline{\boldsymbol{\mu}}_t$，$\overline{\boldsymbol{\Sigma}}_t$ 的预测信念，不包括测量 $\boldsymbol{z}_t$。协方差的更新考虑了状态通过线性变换 $\boldsymbol{A}_t$ 依赖于之前的状态这一事实，而由于协方差是一个二次矩阵，所以这个矩阵乘两次成为协方差。

通过考虑 $\boldsymbol{z}_t$，后三个方程将 $\overline{\mathbb{B}}(\boldsymbol{x}_t)$变换为期望的信念 $\mathbb{B}(\boldsymbol{x}_t)$，首先计算变量 $\boldsymbol{\kappa}_t$，即**卡尔曼增益**(Kalman gain)。卡尔曼增益指定了在估计新状态时需要考虑多少测量值，并用于在线更新。最后，根据测量所得的**信息增益**调整后验信念的新协方差。

注：卡尔曼滤波采用非常有效的方式来计算，其复杂度主要在于矩阵求逆。

6.4.2　标量卡尔曼滤波

推导上述卡尔曼滤波的矩阵方程需要大量的努力。在本节中，基于 6.1 节中的线性估计的推导，推导出最简单形式的卡尔曼滤波，即标量卡尔曼滤波。标量卡尔曼滤波意味着标量状态和标量观测。考虑简单标量高斯-马尔可夫信号模型

$$x_n=ax_{n-1}+u_n,\quad n=0,1,\cdots \tag{6.81}$$

其中 $u_n\sim G(0,\sigma_u^2)$。基于观测值 z_0，z_1，…，z_n，估计 x_n 的序贯 MMSE 估计量，

㊀ 见本章参考文献[4]。

观测模型为

$$z_n = x_n + w_n \tag{6.82}$$

其中 $w_n \sim G(0, \sigma_n^2)$随时间指标 n 而变化。卡尔曼滤波的目的是根据 $\hat{x}_{n-1}$ 来计算 $\hat{x}_n$。假设 x_{-1}，u_n，w_n 是独立的，且 $x_{-1} \sim G(0, \sigma_x^2)$，这个假设是合理的。我们的目标是基于观测$\{z_0, z_1, \cdots, z_n\}$来估计 x_n，或者对 z_n 滤波来产生 x_n。$\hat{x}_{n|m}$ 表示基于观测值$\{z_0, z_1, \cdots, z_m\}$的 x_n 的估计量。最优性准则是最小化贝叶斯均方误差，即，

181

$$\mathbb{E}[(x_n - \hat{x}_{n|n})^2]$$

关于 $p(z_0, \cdots, z_n; x_n)$的期望。应用式(6.13)和联合高斯，MMSE 估计量是后验 PDF 的均值：

$$\hat{x}_{n|n} = \mathbb{E}(x_n | z_{0:n}) = \boldsymbol{C}_{xz}\boldsymbol{C}_{zz}^{-1}\boldsymbol{z} \tag{6.83}$$

由于信号和噪声都是高斯的，线性的 MMSE 估计量等价于线性 MMSE(LMMSE)。如果它们不是高斯函数，则只是 LMMSE。

注：如果 z_n 与$\{z_0, z_1, \cdots, z_{n-1}\}$无关，根据式(6.83)和正交原理有

$$\begin{aligned}\hat{x}_{n|n} &= \mathbb{E}(x_n | z_{0:n-1}) + \mathbb{E}(x_n | z_n) \\ &= \hat{x}_{n|n-1} + \mathbb{E}(x_n | z_n)\end{aligned}$$

这就是满足我们目的的递归形式。不幸的是，$\{z_n\}$是相关的，但因此对于估计是有用的。

引理：考虑序贯 LMMSE，我们有下列性质：

(i) 基于两个不相关数据向量 $\boldsymbol{y}_1$，$\boldsymbol{y}_2$，假设是联合高斯的，θ 的 MMSE 估计是

$$\hat{\theta} = \mathbb{E}(\theta | \boldsymbol{y}_1, \boldsymbol{y}_2) \tag{6.84}$$

$$= \mathbb{E}(\theta | \boldsymbol{y}_1) + \mathbb{E}(\theta | \boldsymbol{y}_2) \tag{6.85}$$

(ii) 如果 $\theta = \theta_1 + \theta_2$，MMSE 估计量是可加的，则

$$\hat{\theta} = \mathbb{E}(\theta | \boldsymbol{y}) = \mathbb{E}(\theta_1 + \theta_2 | \boldsymbol{y}) \tag{6.86}$$

$$= \mathbb{E}(\theta_1 | \boldsymbol{y}) + \mathbb{E}(\theta_2 | \boldsymbol{y}) \tag{6.87}$$

记 $\boldsymbol{Z}_n = (z_0, z_1, \cdots, z_n)^{\mathrm{T}}$，因此 $\boldsymbol{Z}_n$ 是一个观测(数据)向量。设 $\tilde{z}_n$ 表示 z_n 与之前的观测结果 z_0，z_1，$\cdots$，z_{n-1} 不相关的那部分的创新值。

$$\tilde{z}_n = z_n - \hat{z}_{n|n-1} \tag{6.88}$$

182

其中，正交性表明 $\hat{z}_{n|n-1}$ 在$\{z_0, z_1, \cdots, z_{n-1}\}$张成的空间上。在式(6.13)的帮助下，看待式(6.88)的另一种方式是

$$z_n = \tilde{z}_n + \hat{z}_{n|n-1} \tag{6.89}$$

$$= \tilde{z}_n + \sum_{k=1}^{n-1} a_k z_k \tag{6.90}$$

式(6.83)可重写为

$$\hat{x}_{n|n}=\mathbb{E}(x_n|\boldsymbol{Z}_{n-1}, \tilde{z}_n) \tag{6.91}$$

其中 $\boldsymbol{Z}_{n-1}$ 和 $\tilde{z}_n$ 不相关。那么，引理中的性质(i)给出了

$$\hat{x}_{n|n}=\mathbb{E}(x_n|\boldsymbol{Z}_{n-1})+\mathbb{E}(x_n|\tilde{z}_n) \tag{6.92}$$

第一项正好是根据 $z_{0:n-1}$ 对 x_n 的预测，记为

$$\begin{aligned}\hat{x}_{n|n-1}&=\mathbb{E}(x_n|\boldsymbol{Z}_{n-1})\\&=\mathbb{E}(ax_{n-1}+u_n|\boldsymbol{Z}_{n-1})\\&=a\mathbb{E}(x_{n-1}|\boldsymbol{Z}_{n-1})\\&=a\hat{x}_{n-1|n-1}\end{aligned} \tag{6.93}$$

这里我们使用性质 $\mathbb{E}(u_n)=0$，因为 u_n 独立于下面所有的量：

$$w_n, x_{0:n-1}, z_{0:n-1}, u_{0:n-1}$$

确定 $\mathbb{E}(x_n|\tilde{z}_n)$实际上是 x_n 在 $\tilde{z}_n$ 条件下的估计量。用线性形式，我们有

$$\mathbb{E}(x_n|\tilde{z}_n)=\boldsymbol{\kappa}_n\tilde{z}_n \tag{6.94}$$

$$=\boldsymbol{\kappa}_n(z_n-\hat{z}_{n|n-1}) \tag{6.95}$$

其中

$$\boldsymbol{\kappa}_n=\frac{\mathbb{E}(x_n\tilde{z}_n)}{\mathbb{E}(\tilde{z}_n^2)} \tag{6.96}$$

通过联合高斯 θ 和 $\boldsymbol{y}$ 的 MMSE 估计

183

$$\hat{\theta}=\boldsymbol{C}_{\theta y}\boldsymbol{C}_{yy}^{-1}\boldsymbol{y}=\frac{\mathbb{E}(\theta y)}{\mathbb{E}(y^2)}\boldsymbol{y}$$

回顾观测方程 $z_n=x_n+w_n$，以及引理中的性质(ii)给出

$$\hat{z}_{n|n-1}=x_{n|n-1}+\hat{w}_{n|n-1}=x_{n|n-1} \tag{6.97}$$

由于 w_n 与 $z_{0:n-1}$ 独立并且均值为 0，因此，式(6.95)成为

$$\mathbb{E}(x_n|\tilde{z}_n)=\boldsymbol{\kappa}_n(z_n-\hat{x}_{n|n-1}) \tag{6.98}$$

与式(6.92)一起，我们有

$$\hat{x}_{n|n}=\hat{x}_{n|n-1}+\boldsymbol{\kappa}_n(z_n-\hat{x}_{n|n-1}) \tag{6.99}$$

由于 $\mathbb{E}[w_n(x_n-\hat{x}_{n|n-1})]=0$，因为 w_n 与 $x_{0:n-1}$ 和过去的观测无关，

$$\tilde{z}_n=z_n-\hat{z}_{n|n-1}=z_n-\hat{x}_{n|n-1} \tag{6.100}$$

由于创新与过去的观测无关，因此由过去的观测形成的预测 $\hat{x}_{n|n-1}$，

$$\mathbb{E}[x_n(z_n-\hat{x}_{n|n-1})]=\mathbb{E}[(x_n-\hat{x}_{n|n-1})(z_n-\hat{x}_{n|n-1})] \tag{6.101}$$

根据式(6.96)和以上两式，

$$\kappa_n=\frac{\mathbb{E}[x_n(z_n-\hat{x}_{n|n-1})]}{\mathbb{E}[(z_n-\hat{x}_{n|n-1})^2]} \tag{6.102}$$

$$=\frac{\mathbb{E}[(x_n-\hat{x}_{n|n-1})(z_n-\hat{x}_{n|n-1})]}{\mathbb{E}[(x_n-\hat{x}_{n|n-1}+w_n)^2]} \tag{6.103}$$

$$=\frac{\mathbb{E}[(x_n-\hat{x}_{n|n-1})^2]}{\sigma_n^2+\mathbb{E}[(x_n-\hat{x}_{n|n-1})^2]} \tag{6.104}$$

请注意式(6.104)的分子就是一步预测的 MSE，可以定义为：

$$\begin{aligned}M_{n|n-1}&=\mathbb{E}[(x_n-\hat{x}_{n|n-1})^2]\\&=\mathbb{E}[(ax_{n-1}+u_n-\hat{x}_{n|n-1})^2]\\&=\mathbb{E}[(a(x_{n-1}-\hat{x}_{n-1|n-1})+u_n)^2]\end{aligned} \tag{6.105}$$

在上述推导中，使用系统方程和式(6.93)。由于 u_n 与 x_{n-1} 不相关，

$$\mathbb{E}[(x_{n-1}-\hat{x}_{n-1|n-1})u_n]=0$$

184

我们得：

$$M_{n|n-1}=a^2M_{n-1|n-1}+\sigma_u^2 \tag{6.106}$$

从而得到递归关系：

$$\begin{aligned}M_{n|n}&=\mathbb{E}[(x_n-\hat{x}_{n|n})^2]\\&=\mathbb{E}[(x_n-\hat{x}_{n|n-1}-\kappa_n(z_n-\hat{x}_{n|n-1}))^2]\\&=\mathbb{E}[(x_n-\hat{x}_{n|n-1})^2]-2\kappa_n\mathbb{E}[(x_n-\hat{x}_{n|n-1})(z_n-\hat{x}_{n|n-1})]\\&\quad+\kappa_n^2\mathbb{E}[(z_n-\hat{x}_{n|n-1})^2]\\&=M_{n|n-1}-2\kappa_n^2(M_{n|n-1}+\sigma_n^2)+\kappa_n^2\frac{M_{n|n-1}}{\kappa_n}\\&=(1-\kappa_n)M_{n|n-1}\end{aligned} \tag{6.107}$$

第二个等式来自式(6.99)；第四个等式使用了 k_n 的定义；式(6.104)蕴含事实：

$$\kappa_n=\frac{M_{n|n-1}}{M_{n|n-1}+\sigma_n^2} \tag{6.108}$$

经过漫长而烦琐的推导，标量卡尔曼滤波变得非常简单和直观。下面的命题总结了标量卡尔曼滤波的关键因素。

命题 5 （标量卡尔曼滤波）预测：

$$\hat{x}_{n|n-1}=a\hat{x}_{n-1|n-1}$$

预测的 MMSE：

$$M_{n|n-1}=a^2M_{n-1|n-1}+\sigma_u^2$$

卡尔曼增益：

$$\kappa_n = \frac{M_{n \mid n-1}}{\sigma_n^2 + M_{n \mid n-1}}$$

校正：

$$\hat{x}_{n \mid n} = \hat{x}_{n \mid n-1} + \kappa_n (z_n - \hat{x}_{n \mid n-1})$$

MMSE：

185

$$M_{n \mid n} = (1 - \kappa_n) M_{n \mid n-1}$$

图 6.6 描述了标量卡尔曼滤波的实现过程，上半部分是作为目标动态系统模型的式(6.81)中的高斯-马尔可夫信号模型。请注意创新和滤波增益的作用。这种简单的实现很容易在硬件或软件上实现，因为它适用范围广，且不需要任何系统统计的先验知识。

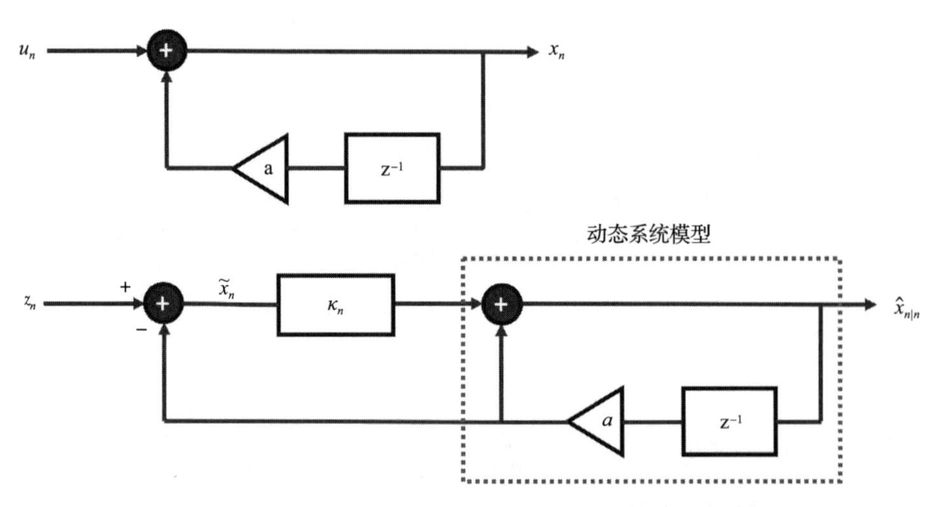

图 6.6　标量卡尔曼滤波，其中动态系统模型在上半部分显示，并嵌入作为卡尔曼滤波的一部分

6.4.3　扩展卡尔曼滤波

为了减轻线性状态转移和嵌入在高斯噪声中的线性测量的假设，扩展卡尔曼滤波(Extended Kalman Filter，EKF)继续假设下一个状态概率和测量概率由非线性函数控制：

$$\boldsymbol{x}_t = g(\boldsymbol{u}_t, \boldsymbol{x}_{t-1}) + \boldsymbol{\varepsilon}_t \tag{6.109}$$

$$\boldsymbol{z}_t = h(\boldsymbol{x}_t) + \boldsymbol{n}_t \tag{6.110}$$

线性系统的高斯输入产生联合高斯，这一事实保证了卡尔曼滤波中的高斯信念。

上述非线性方程表明，不可能得到闭型贝叶斯滤波。EKF 背后的基本概念是计算对真实信念的近似，并用高斯函数表示这种近似，特别是用均值为 μ_t 与协方差为 Σ_t 的高斯分布来近似 $\mathbb{B}(x_t)$。促进这种近似的一个直接方法就是**线性化**(linearization)。

线性化用一个在高斯分布的均值处与 g 相切的线性函数来近似 g。通过这种线性近似来投影高斯函数，后验概率因此是高斯函数。事实上，因为 g 被线性化，信念传播的机理等价于卡尔曼滤波的机理。类似的原理也适用于 h。从微积分的角度，**泰勒展开**(Taylor expansion)为一般的非线性连续函数提供了一种近似并线性化的方法，EKF 也能利用这种方法。通过泰勒展开，接近高斯信念的均值，

186

$$g(\boldsymbol{u}_t,\ \boldsymbol{x}_{t-1})\approx g(\boldsymbol{u}_t,\boldsymbol{\mu}_{t-1})+g'(\boldsymbol{u}_t,\boldsymbol{\mu}_{t-1})(\boldsymbol{x}_{t-1}-\boldsymbol{\mu}_{t-1}) \tag{6.111}$$

$$=g(\boldsymbol{u}_t,\ \boldsymbol{\mu}_{t-1})+\boldsymbol{G}_t(\boldsymbol{x}_{t-1}-\boldsymbol{\mu}_{t-1}) \tag{6.112}$$

其中

$$\boldsymbol{G}_t=g'(\boldsymbol{u}_t,\ \boldsymbol{x}_{t-1})=\frac{\partial g(\boldsymbol{u}_t,\ \boldsymbol{x}_{t-1})}{\partial \boldsymbol{x}_{t-1}} \tag{6.113}$$

假设是高斯分布，下一个状态概率近似为：

$$p(\boldsymbol{x}_t|\boldsymbol{u}_t,\ \boldsymbol{x}_{t-1})\approx|2\pi\boldsymbol{R}_t|^{-1/2} \times \mathrm{e}^{-\frac{1}{2}[\boldsymbol{x}_t-g(\boldsymbol{u}_t,\boldsymbol{\mu}_{t-1})-\boldsymbol{G}_t(\boldsymbol{x}_{t-1}-\boldsymbol{\mu}_{t-1})]^{\mathrm{T}}\boldsymbol{R}_t^{-1}[\boldsymbol{x}_t-g(\boldsymbol{u}_t,\boldsymbol{\mu}_{t-1})-\boldsymbol{G}_t(\boldsymbol{x}_{t-1}-\boldsymbol{\mu}_{t-1})]} \tag{6.114}$$

$\boldsymbol{G}_t$ 通常称为雅可比矩阵。EKF 对测量函数 h 进行了完全相同的线性化。泰勒展开是在 $\overline{\mu}_t$ 处展开，即在机器人认为最有可能的状态线性化 h：

$$h(\boldsymbol{x}_t)\approx h(\overline{\boldsymbol{\mu}}_t)+h'(\overline{\boldsymbol{\mu}}_t)(\boldsymbol{x}_t-\overline{\boldsymbol{\mu}}_t)=h(\overline{\boldsymbol{\mu}}_t)+\boldsymbol{H}_t(\boldsymbol{x}_t-\overline{\boldsymbol{\mu}}_t) \tag{6.115}$$

我们有

$$p(\boldsymbol{z}_t|\boldsymbol{x}_t)=|2\pi\boldsymbol{R}_t|^{-1/2}\mathrm{e}^{-1/2} \times \mathrm{e}^{-\frac{1}{2}[\boldsymbol{z}_t-h(\overline{\boldsymbol{\mu}}_t)-\boldsymbol{H}_t(\boldsymbol{x}_t-\overline{\boldsymbol{\mu}}_t)]^{\mathrm{T}}\boldsymbol{Q}_t^{-1}[\boldsymbol{z}_t-h(\overline{\boldsymbol{\mu}}_t)-\boldsymbol{H}_t(\boldsymbol{x}_t-\overline{\boldsymbol{\mu}}_t)]} \tag{6.116}$$

命题 6　扩展卡尔曼滤波算法：

输入： $\boldsymbol{\mu}_{t-1}$，$\boldsymbol{\Sigma}_{t-1}$，$\boldsymbol{u}_t$，$\boldsymbol{z}_t$.

$$\overline{\boldsymbol{\mu}}_t=g(\boldsymbol{u}_t,\boldsymbol{\mu}_{t-1}) \tag{6.117}$$

$$\overline{\boldsymbol{\Sigma}}_t=\boldsymbol{G}_t\boldsymbol{\Sigma}_{t-1}\boldsymbol{G}_t^{\mathrm{T}}+\boldsymbol{R}_t \tag{6.118}$$

$$\boldsymbol{K}_t=\overline{\boldsymbol{\Sigma}}_t\boldsymbol{H}_t^{\mathrm{T}}(\boldsymbol{H}_t\overline{\boldsymbol{\Sigma}}_t\boldsymbol{H}_t^{\mathrm{T}}+\boldsymbol{Q}_t)^{-1} \tag{6.119}$$

$$\boldsymbol{\mu}_t=\overline{\boldsymbol{\mu}}_t+\boldsymbol{K}_t(\boldsymbol{z}_t-h\,\overline{\boldsymbol{\mu}}_t) \tag{6.120}$$

$$\boldsymbol{\Sigma}_t=(\boldsymbol{I}-\boldsymbol{K}_t\boldsymbol{H}_t)\overline{\boldsymbol{\Sigma}}_t \tag{6.121}$$

187

返回： $\boldsymbol{\mu}_t$，$\boldsymbol{\Sigma}_t$

注： 卡尔曼滤波是一种最优线性估计方法。然而，为了处理工程中常见的非线性，以失去最优性和对初始状态选择敏感为代价，选择应用扩展卡尔曼滤波。

延伸阅读： 为了更好地理解随机过程和基本的统计信号处理，参考文献[1]是一本值得一读的简单易懂的教科书。关于估计原理和技术的完整研究可以在经典参考文献[2]中找到。参考文献[4]有关于递归估计的详细内容，建议对机器人特别感兴趣的读者详细阅读这本书。

参考文献

[1] R.M. Gray, L.D. Davisson, *An Introduction to Statistical Signal Processing*, Cambridge University Press, 2004
[2] S.M. Kay, *Fundamentals of Statistical Signal Processing, Vol. I: Estimation*, Prentice Hall, 1993.
[3] A.R. Ribeiro, G.B. Giannakis, "Bandwidth-Constrainted Distributed Estimation For Wireless Sensor Networks - Part I: Gaussian Case", *IEEE Tr, on Signal Processing*, vol. 54, no. 3, pp. 1131-1143, March 2006.
[4] S. Thrun, W. Burgard, D. Fox, *Probabilistic Robotics*, MIT Press, 2006.
188
[5] L.R. Rabiner, B.H. Juang, "An Introduction to Hidden Markov Models", *IEEE ASSP Magazine*, Jan. 1986.

第7章 定　　位

自主移动机器人(Autonomous mobile robot，AMR)通常可以执行动作来移动，而**定位**(localization)是一个普遍的问题，用于在给定的环境中来确定机器人的姿态，其中给定的环境地图可能可用也可能不可用。定位也称为**位置估计**(position estimation)或**位置跟踪**(position tracking)，是一项基本的感知技术，因为几乎所有的机器人任务都需要知道机器人的位置。有两种常见的定位问题：**移动机器人定位**(mobile robot localization)和**传感器网络定位**(sensor network localization)。

由于机器人的局部(或私有)参考坐标需要与全局(或公共)参考坐标对齐，定位通常可以被视为坐标变换。当全局地图(或公共参考)可用来描述全局坐标系时，定位就变成了在地图(即公共参考)和机器人的局部坐标系(即私有参考)之间建立对应关系的过程。这种坐标变换的知识使机器人能够在自己的坐标系(即局部坐标系)中解释感兴趣位置，这是机器人导航的先决条件。知道机器人的姿态就足以确定固定位置机器人的坐标变换。然而，姿态通常是不能直接知道的，通常从传感器数据进行推断，而单个传感器测量通常不足以确定姿态。

因此，有三种一般的定位场景：

位置跟踪　当机器人的初始姿态已知时，可以通过假设机器人运动的小噪声(或不确定性)来实现机器人的定位。这种姿态的不确定性通常用单模态分布(如高斯分布)来近似，位置跟踪则是一个局部问题。

全局定位　当初始姿态未知时，机器人被初始放置在环境中，缺乏位置知识。因此，有界姿态误差和单模态概率分布是不合适的假设，使这类定位变得困难。

被绑架的机器人　由于可能的系统误差，被绑架的机器人可能认为它知道位置，但实际上不知道。与机器人至少确信自己不知道位置的全局定位相比，机器人绑架问题更具挑战性，这与作为自主机器人基本特征的故障恢复能力有关。

机器人可以在**静态环境**(static environments)中工作，也可以在**动态环境**(dynamic environments)中工作。**主动定位**(active localization)算法可以控制机器人的运动。相比之下，**被动定位**(passive localization)只观察机器人的操作。

7.1 传感器网络定位

使用组成传感器网络的传感器来完成机器人定位，这很简单。一般来说，高精度定位包括两个阶段：

(a) 精确测距(即估计机器人与传感器之间的距离)。

(b) 精确定位(即根据锚点的已知位置，确定未知机器人的确切位置)。

值得注意的是，估计理论或统计信号处理的应用可以帮助促进机器人领域的人工智能。

7.1.1 到达时间技术

由于距离信息嵌入在发射机和接收机之间的传播延迟中，理想情况下，距离是传播延迟与光速的乘积，**到达时间**(Time-Of-Arrival，TOA)是定位的最基本技术。如果接收机作为一个发射机对齐的锚(节点)或者如果接收机完全同步到锚(节点)，那么TOA可以工作。图7.1展示了基本的TOA估计系统，中间的正方形代表机器人的真实位置，圆点代表机器人位置的估计位置。

190

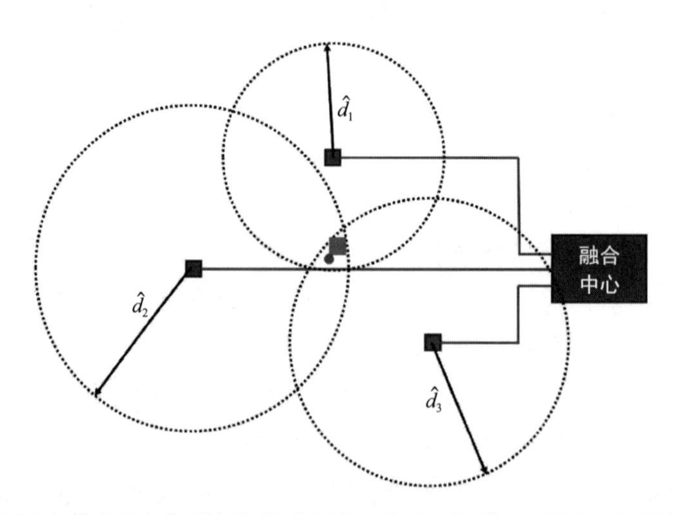

图7.1　基于TOA技术的定位系统模型(中间的正方形：机器人，圆点：机器人的估计位置)

设有 N 个具有融合中心的位置传感器来估计机器人的位置，$\hat{\boldsymbol{x}}=(\hat{x},\ \hat{y})^{\mathrm{T}}$，其中 $\hat{\boldsymbol{x}}_i=(\hat{x}_i,\ \hat{y}_i)^{\mathrm{T}}$，$i=1,\ \cdots,\ N$ 表示第 i 个传感器的已知位置，$\hat{d}_i$ 为机器人与第 i 个传感器之间的实测距离。这样的测量距离可以建模为：

$$\hat{d}_i = d_i + b_i + n_i = c\tau_i, \quad i=1, \cdots, N \tag{7.1}$$

其中 τ_i 表示第 i 个传感器处信号的 TOA，c 为光速(即在自由空间中的无线电传播速度)，d_i 为机器人到第 i 个传感器的距离，$n_i \sim G(0, \sigma_i^2)$是测量值的加性白高斯噪声，$b_i$ 表示由于直达路径的阻挡而引入的偏差，且

$$b_i = \begin{cases} 0, & \text{如果是视距内(LOS)的第 } i \text{ 个传感器} \\ \psi_i, & \text{如果是非视距内(NLOS)的第 } i \text{ 个传感器} \end{cases} \tag{7.2}$$

然后，定义

$$\boldsymbol{d} = \boldsymbol{d}(\boldsymbol{x}) = (d_1, d_2, \cdots, d_n)^{\mathrm{T}} \tag{7.3}$$

$$\hat{\boldsymbol{d}} = (\hat{d}_1, \cdots, \hat{d}_N) \tag{7.4}$$

$$\boldsymbol{b} = (b_1, \cdots, b_N) \tag{7.5}$$

$$\boldsymbol{Q} = \mathbb{E}[\boldsymbol{n}\boldsymbol{n}^{\mathrm{T}}] = \mathrm{diag}[\sigma_1^2, \cdots, \sigma_N^2]^{\mathrm{T}} \tag{7.6}$$

191

对于无噪声和偏差的理想测量，机器人和第 i 个传感器之间的真实距离 d_i 定义了一个以第 i 个传感器为圆心的圆。

$$(x-x_i)^2 + (y-y_i)^2 = d_i^2, \ i=1, \cdots, N \tag{7.7}$$

机器人的可能的位置在这些圆的相交区域内，如图 7.1 所示。然而，带噪声的测量和非视距(Non-Line Of Sight，NLOS)偏差产生了另一个不一致的方程：

$$(x-x_i)^2 + (y-y_i)^2 = \hat{d}_i^2, \ i=1, \cdots, N \tag{7.8}$$

因此，需要一种有效的机器人位置估计器。根据前面关于估计的章节，这可以精确地处理为**极大似然估计**(MLE)。通过忽略 NLOS 问题，我们假设 $b_i=0$，$\forall i$ 并且这 N 个传感器之间独立测量。似然函数为：

$$p(\hat{\boldsymbol{d}} \mid \boldsymbol{x}) = \prod_{i=1}^{N} \frac{1}{\sqrt{2\pi\sigma_i^2}} \mathrm{e}^{\frac{(\hat{d}_i - d_i)^2}{2\sigma_i^2}} \tag{7.9}$$

$$= (2\pi)^{-N/2} [\det(\boldsymbol{Q})]^{1/2} \mathrm{e}^{-\frac{1}{2}[\hat{\boldsymbol{d}} - \boldsymbol{d}(\boldsymbol{x})]^{\mathrm{T}} \boldsymbol{Q}^{-1} [\hat{\boldsymbol{d}} - \boldsymbol{d}(\boldsymbol{x})]} \tag{7.10}$$

机器人位置的 MLE 估计由下式获得：

$$\hat{\boldsymbol{x}}_{\mathrm{ML}} = \underset{\boldsymbol{x}}{\operatorname{argmax}}\, p(\hat{\boldsymbol{d}} \mid \boldsymbol{x}) \tag{7.11}$$

一般来说，上述公式的实现需要对可能的位置进行计算密集搜索。对于 $\sigma_i^2 = \sigma^2$，$\forall i$ 的特殊情况，MLE 的解等价于最小化对数似然：

$$J \triangleq [\hat{\boldsymbol{d}} - \boldsymbol{d}(\boldsymbol{x})]^{\mathrm{T}} \boldsymbol{Q}^{-1} [\hat{\boldsymbol{d}} - \boldsymbol{d}(\boldsymbol{x})] \tag{7.12}$$

再一次由必要条件$\nabla_{\boldsymbol{x}} J = 0$ 得

$$\sum_{i=1}^{N} \frac{(d_i - \hat{d}_i)(x - x_i)}{d_i} = 0$$

192

$$\sum_{i=1}^{N}\frac{(d_i-\hat{d}_i)(y-y_i)}{d_i}=0$$

使用线性最小二乘(LS)算法不可能得到一般封闭形式的 $\boldsymbol{x}$，仍然非常需要任何高效计算的分布式定位算法。

注：除了我们后面将要介绍的，另一类技术是模式匹配，它利用不同地理位置的测量无线电信号的指纹信息。可以在信号处理文献中找到更多细节。

7.1.2　到达角技术

到达角(Angle-Of-Arrival，AOA)是一种基于发射机和接收机之间的角度，通常采用天线阵列，来重建发射机和接收机之间的距离。如图 7.2 所示，在二维平面中，假设我们知道 A 和 B 的位置，我们可以根据 ϕ_A 和 ϕ_B 的角度确定 Z 的位置。由于 AOA 技术对多径衰落非常敏感，因此通常将天线阵列和波束形成技术与 AOA 技术结合使用。

▶**练习**：如图 7.2 所示，设 A、B 的坐标分别为(x_A, y_A)和(x_B, y_B)。通过测量角度 ϕ_A 和 ϕ_B，请确定点 Z 的二维坐标(即 Z 的位置)。

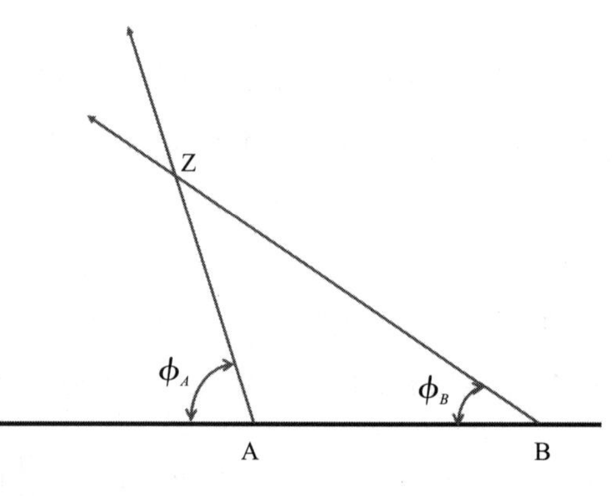

图 7.2　到达角原理

由于射频和天线技术的进步，AOA 技术的现代实现常常利用天线方向图。AOA 可以根据接收天线的振幅响应或接收天线的相位响应进行。为了利用接收天线的振幅响应来进行 AOA 测量，我们利用如图 7.3 所示的天线方向图，特别是暗示最强天线增益的主瓣。通过机械或电子方式旋转(或倾斜)天线的方向，可以识别无线电发射的方向，从而识别信号到达的角度。

193

显然，单个接收天线的幅值响应受到噪声观测、信号波动和测量精度的影响。另一种方法是利用图 7.4 所示的天线阵列的相位信息。这种技术被称为**相位干涉技术**(phase interferometry)，该方法通过波前到达时的相位差来获得 AOA 测量值，而通常需要一个大的接收天线或接收天线阵列。

194

如图 7.4 中 N 个天线单元，相邻的天线单元之间均匀间隔 d，远处发射机与第 i 个天线单元之间的距离为：

图 7.3　典型各向异性天线的水平天线方向图示意

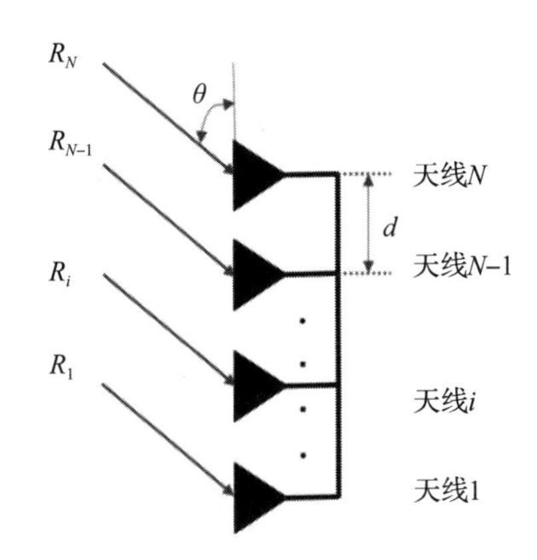

图 7.4　N 个元素的天线阵列图解

$$R_i \approx R_1 - (i-1) d \cos\theta \tag{7.13}$$

相邻天线单元接收到的信号相位差为 $2\pi \dfrac{d\cos\theta}{\lambda}$，从而从相位差的测量中产生发射机的方位。该方法在高信噪比条件下工作良好，还需要开发进一步的技术来改进性能。

测量完成后，如果没有噪声和干扰，来自两个或多个接收机的方位线可以相交确定一个唯一的位置，即发射机(如机器人)的估计位置。在有噪声的情况下，两条以上的方位线可能并不能相交于一点。因此，需要统计算法(有时称为三角测量法或校正法)来估计发射机的位置。

如图 7.5 所示，利用方位测量得到的二维 AOA 定位问题可形式化为如下表达。令 $\boldsymbol{X}_t=(x_t, y_t)^{\mathrm{T}}$ 为发射机(即机器人)的待估计的真实坐标向量，二维方位测量向量 $\boldsymbol{b}=(b_1, \cdots, b_N)^{\mathrm{T}}$，其中 N 表示接收机的总数。$\boldsymbol{x}_i=(x_i, y_i)^{\mathrm{T}}$ 表示第 i 台进行方位测量的接收机的已知位置坐标。将来自已知位置接收机的位于 $\boldsymbol{x}=(x, y)^{\mathrm{T}}$ 处的发射机的方位表示为 $\boldsymbol{\phi}(\boldsymbol{x})=[\phi_1(\boldsymbol{x}), \cdots, \phi_N(\boldsymbol{x})]^{\mathrm{T}}$，其中 $\phi_i(\boldsymbol{x})$，$1\leqslant i\leqslant N$ 与 $\boldsymbol{x}$ 的关系由

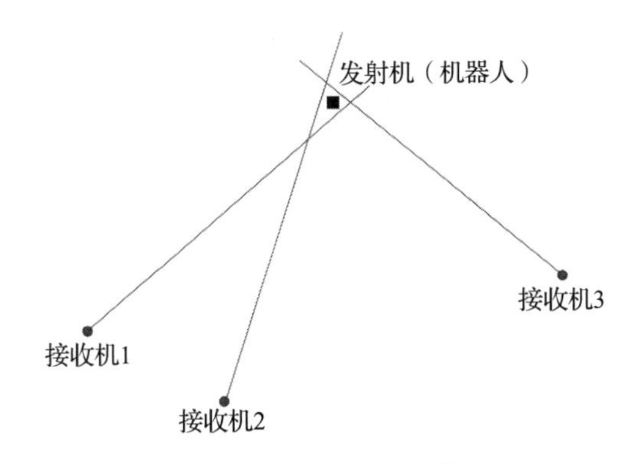

图 7.5　在噪声观测下，三个接收机的方位线一般不能相交于同一点

下式确定：

195

$$\tan \boldsymbol{\phi}_i(\boldsymbol{x})=\frac{y-y_i}{x-x_i} \tag{7.14}$$

假设测得的发射机方位受均值为 0 且协方差矩阵为 $\boldsymbol{Q}=\mathrm{diag}\{\sigma_1^2, \cdots, \sigma_N^2\}$ 的加性高斯噪声 $\boldsymbol{n}=(n_1, \cdots, n_N)^{\mathrm{T}}$ 的干扰。也就是说，

$$\boldsymbol{b}=\boldsymbol{\phi}(\boldsymbol{x}_t)+\boldsymbol{n} \tag{7.15}$$

当接收机都一样，并且接收机之间的距离远近于与发射机之间的距离这种特殊情况时，方位测量误差的方差趋于相等，即 $\sigma_1^2=\cdots=\sigma_N^2=\sigma^2$。发射机位置 $\boldsymbol{x}_t$ 的极大似然(ML)估计一般由下式给出：

$$\boldsymbol{x}_t=\mathrm{argmin}[\boldsymbol{\phi}(\hat{\boldsymbol{x}}_t)-\boldsymbol{b}]^{\mathrm{T}}\boldsymbol{Q}^{-1}[\boldsymbol{\phi}(\hat{\boldsymbol{x}}_t)-\boldsymbol{b}] \tag{7.16}$$

$$=\sum_{i=1}^{N}\frac{[\boldsymbol{\phi}_i(\hat{\boldsymbol{x}}_t)-b_i]^2}{\sigma_i^2} \tag{7.17}$$

这可通过牛顿-高斯迭代法来数值求解。

7.1.3 到达时间差技术

在 TOA 方法中，仍然存在一个需要完成的关键问题，即**时延估计**(Time Delay Estimation, TDE)，因为我们必须使用时延信息来计算相应的距离。这种无线技术在机器人领域有广泛的应用，如定位、机器人姿态、环境传感和机器人动作控制。在许多情况下，距离估计可以通过接收信号强度(RSS)或传播时间估计来完成。

在自由空间中，接收信号的强度与弗里斯(Friis)方程有关。设接收功率为 $Pr(d)$。然后，

$$P_r(d)=\frac{P_tG_tG_r\lambda^2}{(4\pi)^2d^2} \tag{7.18}$$

其中 P_t 表示发射功率；G_t 和 G_r 分别表示发射天线增益和接收天线增益；λ 是波长，单位是米。RSS 的自由空间模型相当理想，因此 RSS 分析测量将更实用。

就 TDE 而言，可以分为主动和被动两类。主动 TDE 假设信号 $s(t)$ 是已知的，这导致下面的公式。

196

$$r(t)=\alpha s(t-D)+w(t), \quad 0\leqslant t\leqslant T \tag{7.19}$$

其中 $r(t)$ 表示带延迟 D，信号周期 T 和加性噪声 $w(t)$ 的接收波形。其数字信号处理公式变为：

$$r_n=\alpha s_{n-D}+w_n, \quad n=0, 1, \cdots, N-1 \tag{7.20}$$

▶**练习**：式(7.20)中的 D 等价于通过 AWGN 信道的数字通信系统的基带定时恢

复。给定 s_n，$n=0$，1，…，$N-1$，请推导 D 的估计值(D 在 0，1，…，$N-1$ 中最有可能的值)。

对于被动 TDE(即信号 $s(t)$未知)，我们必须依赖多个接收机，至少两个。因此，估计 D 的信号模型为：

$$r_1(t)=s(t)+w_1(t) \tag{7.21}$$

$$r_2(t)=\alpha s(t-D)+w_2(t) \tag{7.22}$$

其中 $s(t)$，$w_1(t)$，$w_2(t)$都是平稳的，$s(t)$与 $w_1(t)$，$w_2(t)$不相关。对于被动 TDE，不同于典型的数字通信系统，源(或信号)频谱是未知的(最多，近似已知)。为了确定 D，我们计算互相关：

$$R_{r_1,r_2}(\tau)=\mathbb{E}[r_2(t)r_2(t-\tau)] \tag{7.23}$$

假设是遍历过程，我们有：

$$\hat{R}_{r_1,r_2}(\tau)=\frac{1}{T-\tau}\int_{\tau}^{T} r_1(t)r_2(t-\tau)\mathrm{d}t \tag{7.24}$$

其中 T 为观测区间。以上给出了直观的互相关 TDE，如图 7.6 所示，它描述了两种经过滤波的接收波形，通过延迟再相乘、平方积分和峰值检测来获得 TDE 的原理。

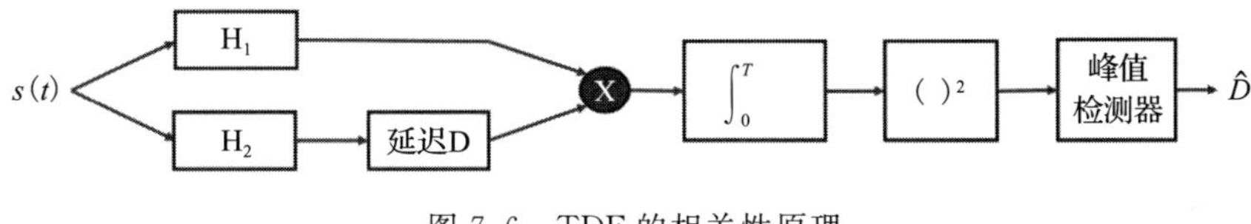

图 7.6 TDE 的相关性原理

197

显然，接收机越多，估计越有效。它暗示了**到达时间差**(Time Difference Of Arrivals，TDOA)是如何进行的：基于在几个接收机(即传感器)之间的 TOA 的差异重建发射机的(即机器人的)位置。假设我们有 M 个接收传感器，每个传感器的信号模型为：

$$r_i(t)=\alpha_i s(t-\tau_i)+w_i(t),\ i=1,\ \cdots,\ M \tag{7.25}$$

其中 $s(t)$是感兴趣的信号；α_i 和 τ_i 分别是信道增益(即衰减)和传播延迟。给定 $r_i(t)$，TDE 估计：

$$\tau_{i,j}=-\tau_{j,i}=\tau_i-\tau_j,\ i>j,\ i,\ j=1,\ \cdots,\ M \tag{7.26}$$

虽然存在 $M(M-1)/2$ 种延迟，但由于 $\tau_{i,j}=\tau_{i,k}-\tau_{j,k}$，$k\neq i$，$j$ 这一事实，只存在 $M-1$ 个非冗余参数。冗余集的一个例子是$\{\tau_{i,1}\}$，$i=2$，…，M。这构成了**到达时间差**(TDOA)的原理，如图 7.7 所示期望得到更精确的估计。

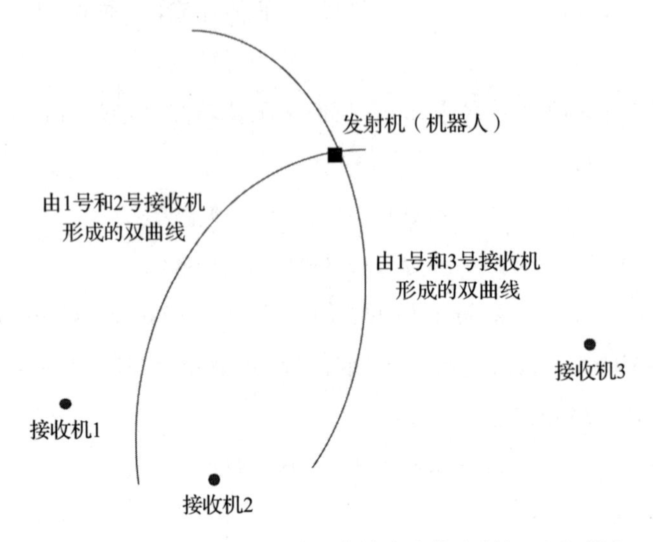

图 7.7　从三个接收器的相交双曲线来定位发射机(即机器人)

7.2　移动机器人定位

由于定位通常涉及不确定性，所以概率方法也是有用的。我们从概率定位算法开始，这些算法是第 6 章中贝叶斯滤波的变种，称为**马尔可夫定位**(Markov localization)。马尔可夫定位算法要求一幅地图 $\mathcal{M}$ 作为算法的输入。使用输入变量 $\mathbb{B}(x_{t-1})$，u_t，z_t，$\mathcal{M}$，$\forall x_t$，算法计算

198

$$\overline{\mathbb{B}}(x_t)=\int p(x_t|u_t, x_{t-1}, \mathcal{M})\mathbb{B}(x_{t-1})\mathrm{d}x \tag{7.27}$$

$$\mathbb{B}(x_t)=c_{ml}p(z_t|x_t, \mathcal{M})\overline{\mathbb{B}}(x_t) \tag{7.28}$$

与 6.3 节中的贝叶斯滤波一样，马尔可夫定位将 $t-1$ 时刻的概率信念变换为 t 时刻的信念。马尔可夫定位可以应用于全局定位问题、位置跟踪问题和静态环境下的被绑架的机器人问题。

初始信念 $\mathbb{B}(x_0)$表示机器人姿态/位置的初始知识。它的设置取决于定位问题的类型。

位置跟踪　如果机器人的初始姿态为 $\overline{x}_0$，则将 $\mathbb{B}(x_0)$初始化为此时的所有概率质量。

$$\mathbb{B}(x_0)=\begin{cases}1, & x_0=\overline{x}_0\\0, & \text{其他}\end{cases} \tag{7.29}$$

在工程实践中，初始姿态称为近似，因此信念通常被描述为围绕 $\overline{x}_0$ 的窄中心高斯

分布。参考式(6.71)，

$$\mathbb{B}(x_0)=\det(2\pi\Sigma)^{-\frac{1}{2}}\exp\left[-\frac{1}{2}(x_0-\overline{x}_0)^T\Sigma^{-1}(x_0-\overline{x}_0)\right] \tag{7.30}$$

全局定位 如果初始姿态/位置未知，$\mathbb{B}(x_0)$将通过所有合法姿态或地图(即参考系统)中的所有位置上的均匀分布作为最不利分布进行初始化。

$$\mathbb{B}(x_0)=\frac{1}{|X|} \tag{7.31}$$

其中$|X|$表示所有可能姿态/位置的势或数量。

机器人姿态/位置的部分知识可以很容易地(可能借助于推理)转化为一个适当的初始概率分布。

199

7.3 同时定位与建图

在引入移动机器人定位技术后，当移动机器人在既没有环境先验信息也没有姿态先验信息的情况下，**同时定位与建图**(simultaneous localization and mapping，SLAM)技术就成为机器人中的一项重要技术。SLAM是移动机器人建立与环境相对应的私有参考系统(即地图)，同时利用这个私有参考系统(即地图)推断自己的位置，并与公共参考系统(或地图)保持一致的过程。

在SLAM中，机器人在相对于地图定位自己的同时开发出环境地图。从统计的角度来看，SLAM主要有两种形式：

(a) 在线SLAM：在线SLAM是沿地图估算瞬时姿态的后验，$p(x_t,\mathcal{M}|z_{1:t},u_{1:t})$，其中$x_t$是时刻$t$的姿态，$\mathcal{M}$是地图，$z_{1:t}$和$u_{1:t}$分别是到时刻$t$的测量和控制。

(b) 完整SLAM：完整SLAM是计算沿着地图的整个路径$x_{1:t}$的一个后验，$p(x_{1:t},\mathcal{M}|z_{1:t},u_{1:t})$，而不仅仅是当前的姿态$x_t$。

在线SLAM是通过整合来自完整SLAM的过去全部姿态而得到的：

$$p(x_t,\mathcal{M}|z_{1:t},u_{1:t})=\int\cdots\int p(x_{1:t},\mathcal{M}|z_{1:t},u_{1:t})\mathrm{d}x_1\cdots\mathrm{d}x_{t-1} \tag{7.32}$$

如图7.8所示，一个典型的SLAM问题包含一个连续问题和一个离散组件。连续估计问题与目标在地图中的位置和机器人自身的姿态变量息息相关。在基于特征的表示中，对象通常被称为地标，或者它们可能是距离传感器检测到的对象块。离散性与对应有关：当检测到一个对象时，SLAM算法必须推理出该对象与之前检测到的对象之间的关系，而这种推理通常是离散的(即真或假)。

图 7.8 SLAM 的一种场景

7.3.1 概率 SLAM

为了实际发展 SLAM 的概念，我们必须利用参考系统（或地图）中的地标。在不需要任何先验知识的情况下，可以在线估计移动机器人的轨迹和所有地标的位置。考虑一个移动机器人在环境中移动并使用其车载传感器观察大量（未知）地标，如图 7.9 所示。请注意，地标的位置可能在地图 $\mathcal{M}$ 中已知（或未知）。让我们重申一下这些标记：

200

- $\boldsymbol{x}_t$：移动机器人的位置和方向/姿态的状态（向量）。

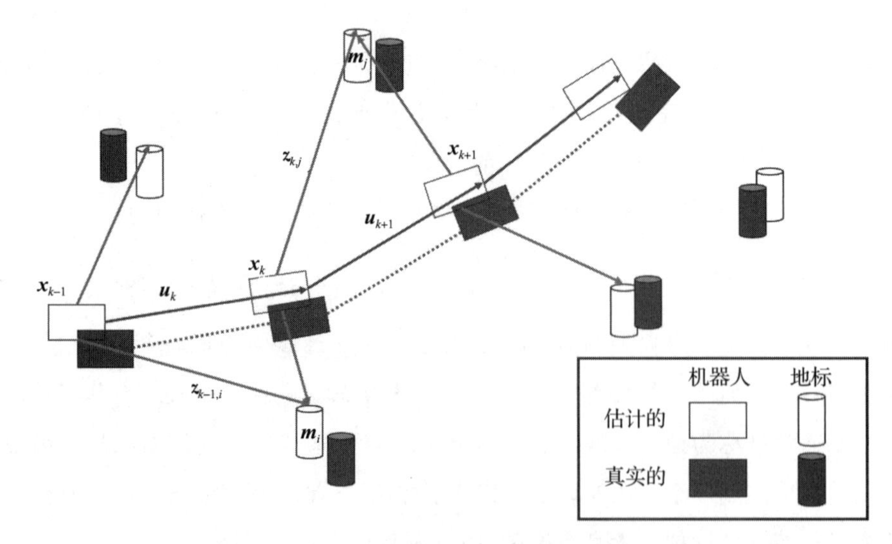

图 7.9 机器人和地标的真实位置和估计位置

- $\boldsymbol{u}_t$：控制(向量)，在时刻 $t-1$ 应用，使机器人在时刻 t 达到状态 x_t。 [201]
- $\boldsymbol{m}_i$：第 i 个具有时不变真实位置的第 i 个地标的位置坐标(向量)。
- $\boldsymbol{z}_{it}$：机器人在时间 t 对第 i 个地标的位置的一个观测(向量)。对于在时间 t 的多个地标观测，记为 z_t。
- $m=\{m_1, \cdots, m_M\}$表示所有地标集合。

SLAM 问题的概率方程来完成：

$$p(\boldsymbol{x}_t, \boldsymbol{m} | \boldsymbol{z}_{0:t}, \boldsymbol{u}_{0:t}, \boldsymbol{x}_0), \ \forall t$$

给定具有机器人的初始状态，直到 t 时刻所记录的观测和控制输入，这个概率分布表示时刻 t 的地标位置和机器人状态的联合后验密度。

一般来说，适合在线实现的递归解决方案是可取的。在时刻 $t-1$ 的估计 $p(\boldsymbol{x}_{t-1}, \boldsymbol{m}|\boldsymbol{z}_{0:t-1}, \boldsymbol{u}_{0:t-1})$，联合后验，可以使用接下来的控制 $\boldsymbol{u}_t$ 和新的观测 $\boldsymbol{z}_t$，用贝叶斯定理计算，这需要一个状态转移模型和一个观测模型。

观测模型表示机器人位置和地标已知时获得观测 $\boldsymbol{z}_t$ 的概率，可以描述为

$$p(\boldsymbol{z}_t | \boldsymbol{x}_t, \boldsymbol{m})$$

一旦机器人的位置和地图定义了，我们可以合理地假设，在给定地图和机器人当前状态的情况下，观察是条件独立的。

机器人的**运动模型**可以根据状态转移的概率分布来建立，假设状态转移是如下的马尔可夫过程：

$$p(\boldsymbol{x}_t | \boldsymbol{x}_{t-1}, \boldsymbol{u}_t)$$

其中，当前状态 $\boldsymbol{x}_t$ 仅依赖于之前的状态 $\boldsymbol{x}_{t-1}$ 和控制 $\boldsymbol{u}_t$，独立于观测和地图。

命题(SLAM 算法)：SLAM 算法可以实现为一个两步递归预测(时间-更新)和校正(测量-更新)形式。

时间-更新

$$p(\boldsymbol{x}_t, \boldsymbol{m} | \boldsymbol{z}_{0:t-1}, \boldsymbol{u}_{0:t}, \boldsymbol{x}_0) = \int p(\boldsymbol{x}_t | \boldsymbol{x}_{t-1}, \boldsymbol{u}_t) \cdot p(\boldsymbol{x}_{t-1}, \boldsymbol{m} | \boldsymbol{z}_{0:t-1}, \boldsymbol{u}_{0:t-1}, \boldsymbol{x}_0) \mathrm{d}\boldsymbol{x}_{t-1} \tag{7.33}$$

[202]

测量-更新

$$p(\boldsymbol{x}_t, \boldsymbol{m} | \boldsymbol{z}_{0:t}, \boldsymbol{u}_{0:t}, \boldsymbol{x}_0) = \frac{p(\boldsymbol{z}_t | \boldsymbol{x}_t, \boldsymbol{m}) p(\boldsymbol{x}_t, \boldsymbol{m} | \boldsymbol{z}_{0:t-1}, \boldsymbol{u}_{0:t}, \boldsymbol{x}_0)}{p(\boldsymbol{z}_t | \boldsymbol{z}_{0:t-1}, \boldsymbol{u}_{0:t})} \tag{7.34}$$

注：地图 $\mathcal{M}_R$ 可以通过融合来自不同位置的观察(地标)来构建，这显然是一个机器人自身的私有参考/地图，不一定与全局参考(或真实地图)$\mathcal{M}$ 相同，但希望最终是一致的。

注： 参考图 7.9，一个地标的估计和真实位置之间的误差主要是由于机器人的位置知识，这表明地标位置的估计误差是高度相关的。或者，两个地标之间的相对位置实际上能准确地知道。因此，SLAM 的一个洞见就是要认识到地标估计之间的相关性。在概率方面，$p(\boldsymbol{m})$是单调收敛的。如图 7.9 所示，状态为 $\boldsymbol{x}_k$ 的机器人观测两个地标 $\boldsymbol{m}_i$ 和 $\boldsymbol{m}_j$。观察到的地标的相对位置显然独立于机器人的私有坐标系统（或地图），从这个固定位置的连续观察将产生地标之间的相对关系的进一步独立测量。当机器人移动到下一个位置 $\boldsymbol{x}_{k+1}$ 并观察地标 $\boldsymbol{m}_j$ 时，这允许相对于前一个位置 $\boldsymbol{x}_k$ 去更新机器人和地标的估计位置。反过来，这将反向传播回去更新地标 $\boldsymbol{m}_i$，即使这个地标可能无法从新的位置看到，因为这两个地标从以前的测量中高度相关（它们的相对位置是众所周知的）。此外，使用相同的测量数据更新这两个地标，使它们更相关。这个收敛性的结论是，机器人所做的观察可以被认为是地标之间相对位置的几乎独立的测量。

7.3.2　扩展卡尔曼滤波 SLAM

概率 SLAM 的一个常见解决方案包括为观测模型和运动模型寻找适当的表达，以有效地计算时间-更新和测量-更新中的先验和后验分布。在带加性高斯噪声的状态-空间模型中，扩展卡尔曼滤波（EKF）广泛地服务于实现 SLAM 的目的，即 EKF-SLAM。

203

在运动模型 $p(\boldsymbol{x}_t|\boldsymbol{x}_{t-1}, \boldsymbol{u}_t)$中，

$$\boldsymbol{x}_t = f(\boldsymbol{x}_{t-1}, \boldsymbol{u}_t) + \boldsymbol{w}_t \tag{7.35}$$

式中 $f(\cdot)$表示机器人的动力学，$\boldsymbol{w}_t$ 是可加的，均值为 0，协方差为 $\boldsymbol{Q}_t$ 的独立高斯干扰。

对于观测模型 $p(\boldsymbol{z}_t|\boldsymbol{x}_t, \boldsymbol{m})$，

$$\boldsymbol{z}_t = h(\boldsymbol{x}_t, \boldsymbol{m}) + \boldsymbol{v}_t \tag{7.36}$$

式中 $h(\cdot)$表示观测几何，$\boldsymbol{v}_t$ 是可加的，均值为 0，协方差为 $\boldsymbol{R}_t$ 的独立高斯误差。

用标准 EKF 法来计算联合后验分布 $p(\boldsymbol{x}_t, \boldsymbol{m}|\boldsymbol{z}_{0:t}, \boldsymbol{u}_{0:t}, \boldsymbol{x}_0)$的均值和协方差：

$$\begin{bmatrix} \hat{\boldsymbol{x}}_{t|t} \\ \hat{\boldsymbol{m}}_t \end{bmatrix} = E\begin{bmatrix} \boldsymbol{x}_t \\ \boldsymbol{m} \end{bmatrix} | \boldsymbol{z}_{0:t} \tag{7.37}$$

$$\boldsymbol{\Psi}_{t|t} = \begin{bmatrix} \boldsymbol{\Psi}_{xx} & \boldsymbol{\Psi}_{xm} \\ \boldsymbol{\Psi}_{xm} & \boldsymbol{\Psi}_{mm} \end{bmatrix} = E\left[\begin{pmatrix} \boldsymbol{x}_t - \hat{\boldsymbol{x}}_t \\ \boldsymbol{m} - \hat{\boldsymbol{m}}_t \end{pmatrix}\begin{pmatrix} \boldsymbol{x}_t - \hat{\boldsymbol{x}}_t \\ \boldsymbol{m} - \hat{\boldsymbol{m}}_t \end{pmatrix}^{\mathrm{T}} | \boldsymbol{z}_{0:t}\right] \tag{7.38}$$

命题（EKF-SLAM 算法）：

时间-更新

$$\hat{\boldsymbol{x}}_{t|t-1} = f(\hat{\boldsymbol{x}}_{t-1|t-1}, \boldsymbol{u}_t) \tag{7.39}$$

$$\boldsymbol{\Psi}_{xx,t\mid t-1}=\nabla \boldsymbol{f}\boldsymbol{\Psi}_{xx,t-1\mid t-1}\nabla \boldsymbol{f}^{\mathrm{T}}+\boldsymbol{Q}_t \tag{7.40}$$

其中∇f 是 f 在估计值 $\hat{\boldsymbol{x}}_{t-1\mid t-1}$处的雅可比矩阵。对静止的地标几乎不需要进行时间更新。

观测-更新

$$\begin{bmatrix}\hat{\boldsymbol{x}}_{t\mid t}\\ \hat{\boldsymbol{m}}_t\end{bmatrix}=[\hat{\boldsymbol{x}}_{t\mid t-1}\hat{\boldsymbol{m}}_{t-1}]+\boldsymbol{\Upsilon}_t[\boldsymbol{z}_t-h(\hat{\boldsymbol{x}}_{t\mid t-1},\ \hat{\boldsymbol{m}}_{t-1})] \tag{7.41}$$

$$\boldsymbol{\Psi}_{t\mid t}=\boldsymbol{\Psi}_{t\mid t-1}-\boldsymbol{\Upsilon}_t\boldsymbol{\Xi}_t\boldsymbol{\Upsilon}_t^{\mathrm{T}} \tag{7.42}$$

其中

$$\boldsymbol{\Xi}_t=\nabla \boldsymbol{h}\boldsymbol{\Psi}_{t\mid t-1}\nabla \boldsymbol{h}^{\mathrm{T}}+\boldsymbol{R}_t \tag{7.43}$$

$$\boldsymbol{\Upsilon}_t=\boldsymbol{\Psi}_{t\mid t-1}\nabla \boldsymbol{h}^{\mathrm{T}}\boldsymbol{\Xi}_t^{-1} \tag{7.44}$$

且$\nabla \boldsymbol{h}$ 是 $\boldsymbol{h}$ 在 $\hat{\boldsymbol{x}}_{t\mid t-1}$和 $\hat{\boldsymbol{m}}_{t-1}$ 处的雅可比矩阵。

204

注：地图的收敛性表明 $\boldsymbol{\Psi}_{mm,t}$ 趋于零。计算复杂度在本章参考文献[7]等文献中得到了广泛的研究。

注：一般来说，EKF SLAM 算法利用极大似然数据关联将 EKF 应用到在线 SLAM 中，并满足如下近似和假设：

- EKF 中的基于特征的地图由点地标组成。因此，EKF SLAM 需要显著的特征检测，有时使用人工信标或人工地标作为特征。
- 像任何 EKF 算法一样，EKF SLAM 对机器人的运动和感知都做了高斯噪声的假设。
- EKF SLAM 算法，就像 EKF 定位器一样，只能处理正面的视野内的地标。它不能处理由于传感器测量中没有地标而产生的负面信息。

7.3.3　立体摄像机辅助的 SLAM

图 7.9 的一个直接实现是通过对图像或视频的几何分析，利用视觉方法论。回想一下，掠食者倾向于利用前方两只眼睛的视觉信息来移动，这表明在任何摄像机移动的情况下，应用**立体摄像机**来改善其深度感知和几何定位。惯性测量单元将多种传感器和陀螺仪结合在一起，来检测 3 个轴上的旋转和运动，以及俯仰、偏航和滚动。机器人实现中使用的摄像头的输出包括：

- 视觉信息画面
- 摄像机的位置
- 摄像机的方向

- 摄像机的线速度
- 地标的深度

图 7.10 描述了利用立体摄像机的 SLAM 技术。我们用一个例子来说明这种技术。在不失一般性的前提下，假设我们打算设计一个割草机机器人，它的工作环境为房屋和树木，如图 7.11 所示。目标工作区域由四个地标以及待检测的边界组成，其中边界是定位的主要任务。

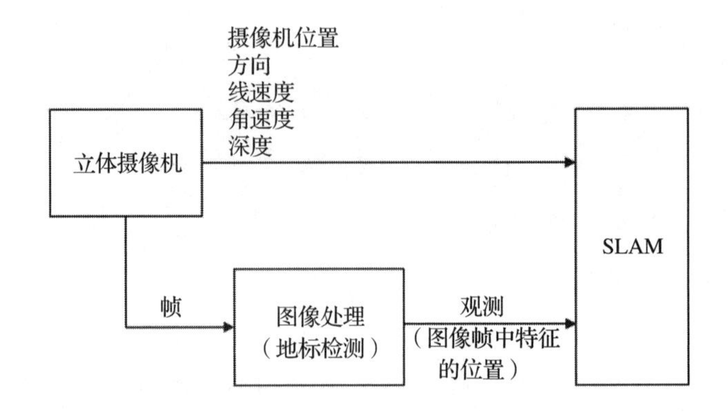

图 7.10 使用立体摄像机用于 SLAM

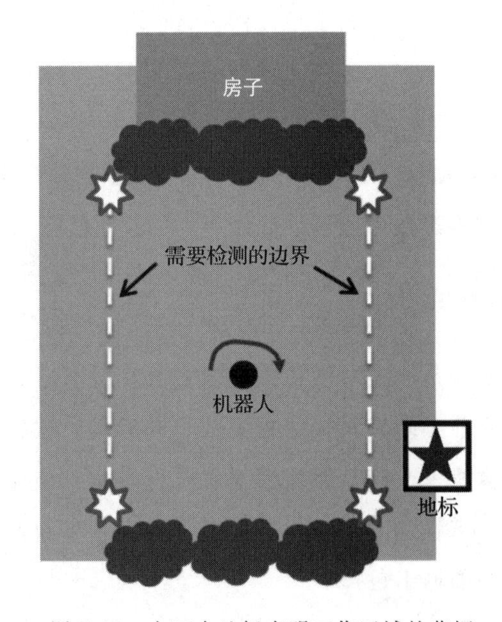

图 7.11 由四个地标表明工作区域的草坪

205 通过图像处理可以检测出地标和障碍物。检测地标的目的是确定工作区域的边界，而检测障碍物的目的是避免意外破坏花草树木，同时又不会碰到破坏机器人的石头或障碍物。正如第9章所描述的那样，图像中的边缘可以提供大量的信息来识别物体。当摄像机打开，按照预定义的帧速率(即每秒帧数 FPS)连续捕获图像帧。图像处理的输出是一个控制信号，通知下一个功能模块**数据融合**来融合传感器数据以定位地标，这将在关于多模态数据融合的后续章节中讨论。一旦特征被检测到，就将检测到的地标位置传输给 SLAM。

206

对于一个在室内工作的清洁机器人来说，SLAM 是相当简单的，因为检测边界相当直观，通过撞击障碍物(例如墙壁)就可以确定边界。但对于户外操作的移动机器人，定位就更加复杂。一个简单的方法是使用 GPS，但很多情况下它还不够精确。差分 GPS 技术结合街道地图可以达到汽车导航的目的。然而，对于在校园或工厂中的移动机器人的一般应用，包括草坪修剪，定位就需要一些如使用地标的 SLAM 等替代技术。图 7.12 描述的是一个由南佛罗里达大学电气工程专业的学生开发的割草机机器人。

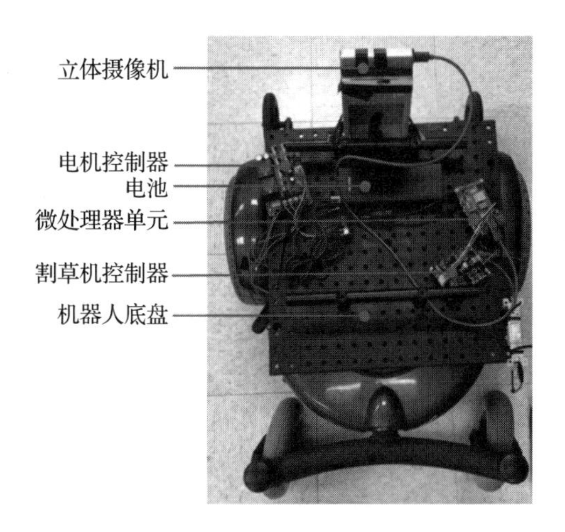

图 7.12 一个使用立体摄像头和 SLAM 的割草机机器人，采用 RL 来控制机器人的运动，其中 MPU 表示微处理器单元

为了实现 SLAM，堆叠机器人的状态 $m_{R,t}$ 和 M 个地标为一个大的状态向量，用 $\boldsymbol{x}_t=(m_{R,t},\ m_{1,t},\ \cdots,\ m_{M,t})^{\mathrm{T}}$ 表示。其中，$m_{R,t}=(x_{R,t},\ y_{R,t},\ \theta_{R,t},\ v_{R,t},\ \boldsymbol{\phi}_{R,t})$ 表示安装在移动机器人顶部的摄像机在 t 时刻的状态，$(x_{R,t},\ y_{R,t})$ 是假定为平面地形时的二维位置，$\theta_{R,t}$ 表示方位，$(v_{R,t},\ \boldsymbol{\phi}_{R,t})$ 表示线速度和角速度。$\boldsymbol{m}_{m,t}=(x_{m,t},\ y_{m,t},\ d_{m,t})$，$m=1,\ \cdots,\ M$ 表示第 m 个地标在时刻 t 的状态向量，而 $(x_{m,t},\ y_{m,t})$ 和 $d_{m,t}$ 分别表示地标的二维位置和深度信息。根据图 7.11，有 $M=4$ 个地标，而每个地标在

207 实现时都使用人脸作为地标的特征。

如图 7.13 所示，采用 EKF-SLAM 递归实现预测和更新。在预测阶段，EKF-SLAM 使用摄像机的线速度和角速度来预测下一个状态 $\hat{x}_{t|t-1}$。在更新阶段，计算测量残差 $\boldsymbol{y}_t=\boldsymbol{z}_t-f(\boldsymbol{x}_{t|t-1})$来更新状态 $\boldsymbol{x}_{t|t}=\boldsymbol{x}_{t|t-1}-k_t\boldsymbol{y}_t$，其中 $f(\cdot)$为非线性观测函数；k_t 为卡尔曼增益；$\boldsymbol{z}_t=(x_t, y_t)$表示观测值。

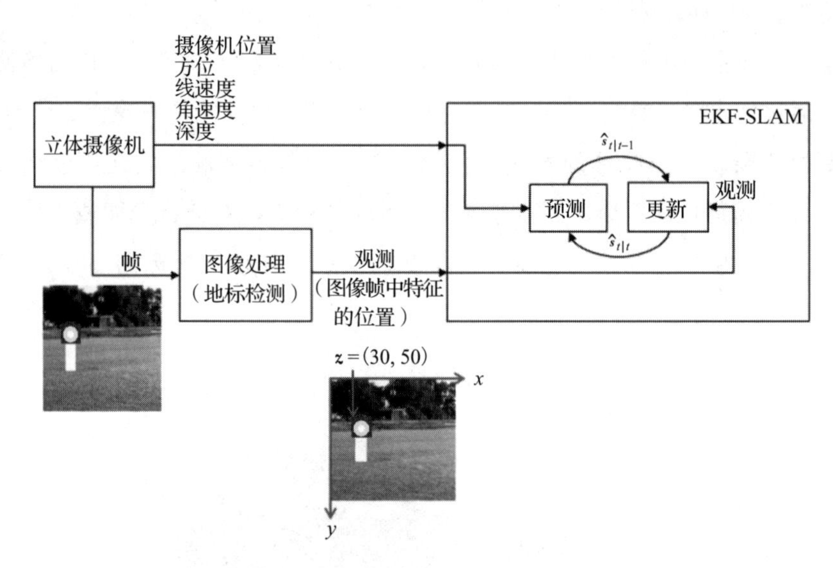

图 7.13　使用了立体摄像机的状态和检测到的地标在帧中的位置的 EKF-SLAM 实现

7.4　网络定位和导航

定位的主要目的是实现移动机器人的平滑导航。现代机器人要求实时处理和高精确率。物理层节点(传感器或机器人)之间的协作提高了机器人定位和随后导航的准确性和可靠性。机器人定位和导航过程通常包括两个阶段，使执行器可以进行导航动作：

208 (a) 测量阶段，机器人/智能体使用不同的传感器进行节点内和节点间的测量。

(b) 位置更新阶段，在此阶段，机器人/智能体使用一种算法来推断它们自己的位置，该算法结合了它们的位置的先验知识和新的测量结果。

定位的精度通常是通过估计位置的均方误差(MSE)来度量的，这意味着估计的位置 $\hat{\boldsymbol{x}}$ 和真实位置 $\boldsymbol{x}$ 之间的平方欧式距离为 $e^2(\boldsymbol{x})=\|\hat{\boldsymbol{x}}-\boldsymbol{x}\|^2$。在整个定位区域和时间内评估的全局性能度量是如下定义的**定位错误停机**(localization error outage，LEO)：

$$P_{\text{out}}=P\{e^2(\boldsymbol{x})>e_0^2\} \tag{7.45}$$

式中 e_0 为最大允许位置估计误差，该概率是在所有可能的空间区域和时间的集合上进行评估的。对于移动机器人的导航，定位更新率(即每秒的位置估计次数)是另一个重要的系统参数。

在本书的前面，我们知道多个传感器协作来产生对机器人位置的估计。协作的概念已应用于无线传感器网络(WSN)，其中分布式传感器一起工作，以达成对环境的共识或根据其局部测量来估计一个时空过程。考虑一个带有锚点和 N_a 个智能体的网络，这些智能体装备了多个传感器来为定位和导航提供节点内和节点间的测量值。使用这些节点内和节点间的测量值，表示为 $\boldsymbol{z}=[\boldsymbol{z}_{self}\boldsymbol{z}_{rel}]$，智能体推断出它们的位置 $\boldsymbol{x}=[\boldsymbol{x}_1, \cdots, \boldsymbol{x}_{N_a}]$，而位置估计的精度受到噪声测量的限制。图 7.14 展示了这样的网络定位和导航场景。

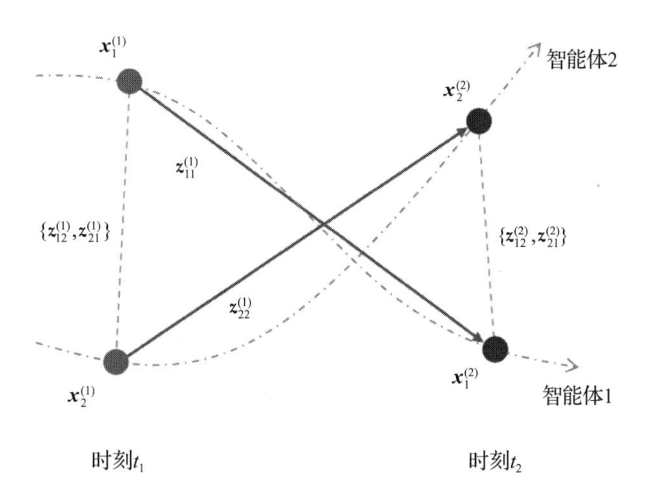

图 7.14 智能体网络示意图，其中的智能体(圆圈)沿着虚线轨迹移动。左侧圆圈表示时刻 t_1 的位置，右侧圆圈表示时刻 t_2 的位置。实线箭头和虚线箭头分别表示节点内测量值和节点间测量值(来自本章参考文献[9])

在给定的时间点，对于静态或动态的网络，只能利用空间协作。根据等价费希尔信息矩阵，智能体 k 的平方位置误差界为

$$\mathbb{E}\{\|\boldsymbol{x}_k-\hat{\boldsymbol{x}}_k\|^2\}\geqslant \operatorname{tr}\{[\boldsymbol{J}_e(\boldsymbol{x})^{-1}]_{\boldsymbol{x}_k}\} \tag{7.46}$$

其中$[\cdot]_{\boldsymbol{x}_k}$ 为 $\boldsymbol{x}_k$ 对角线上的子方矩阵。等价费希尔信息矩阵 $\boldsymbol{J}_e(\boldsymbol{x})$ 由两部分组成：来自锚点的定位信息(即块对角矩阵 $\boldsymbol{K}_k$，$k=1, 2, 3$，如图 7.15 所示)和来自智能体空间协作的定位信息(如图 7.15 中 C_{ij}，$i\neq j$，没有协作时 $C_{ij}=0$)。

在空间协作定位的基础上，该技术可以推广到动态网络中智能体的协同导航，其中动态网络中的智能体在空间和时间域协作。在每个时间瞬间，空间协作的贡献类似于空间协作定位。然而，在时间域的协作，利用节点内测量和运动(动态)模型，可以

209

为导航产生有用的新信息。这些信息由 $\boldsymbol{J}_e(\boldsymbol{x}^{1:t})$ 来刻画，图 7.15c 描述了 $t=2$ 的情况。随后的所有等价费希尔信息矩阵包含两个主要组成部分：空间协作和时间协作。前者表征了整个网络在每个时间瞬间内的节点间测量的定位信息，后者表征了每个个体智能体上的节点内测量和运动模型(显示为主块对角线外的时域成分)的定位信息。此外，由于节点内测量和不同智能体的运动模型是相互独立的，相应的时间索引矩阵在整个等价费希尔信息矩阵的右上和左下四分之一处构成一个块对角矩阵。这些时间索引成分可以看作将上一个时间瞬间的空间协作的定位信息连接到当前时刻的时间链接。如果时间链接不可用(即时间索引成分为零)，则整个等效费希尔信息矩阵为块对角的，这意味着定位推理在不同时间上是独立的。用于协作导航的整个等效费希尔信息矩阵的结构允许在每个时间瞬间进行递归实现，实现了协同导航中时空协同的信息进化。

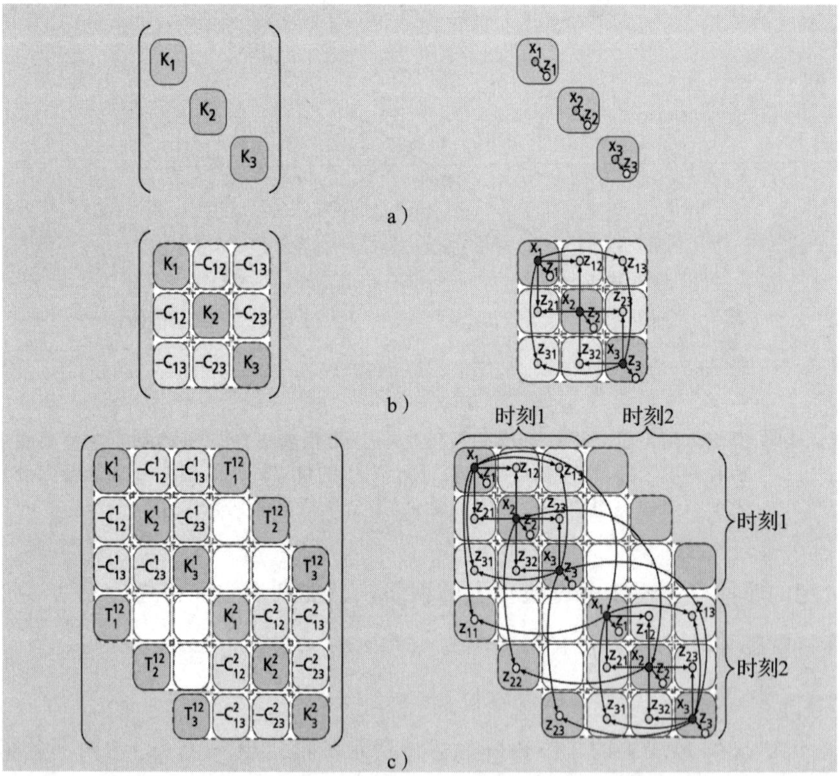

图 7.15　3 个智能体场景下的等价费希尔信息矩阵及相应的贝叶斯网络：a 非协同定位；b 空间协作；c 时空协作(来自本章参考文献[8])

在时空协作中，通过节点内测量和运动模型获得的时间进化相关的信息，来改进由空间合作获得的智能体的位置信念，如图 7.15c 所示。时间协作的加入可以进一步

提高网络性能。位置进化存储在状态向量 $\boldsymbol{x}^t$ 中，状态向量由机器人的姿态和时刻 t 的位置导数组成。使用移动性和节点内测量(似然性)模型来完成时间协作。前者在统计上描述了位置状态在时间上的演变，$p(\boldsymbol{x}^t|\boldsymbol{x}^{t-1})$，而后者在统计上描述了节点内测量值与位置状态 $p(\boldsymbol{x}_{self}|\boldsymbol{x}^t)$的关系。再强调一遍，从这些模型更新信念的机制基于贝叶斯规则和边缘化。具体来说，信念更新可以按照以下步骤执行：

211

预测

$$p(\boldsymbol{x}^t|\boldsymbol{z}^{1:t-1})=\int p(\boldsymbol{x}^{t-1}|\boldsymbol{z}^{1:t-1})p(\boldsymbol{x}^t|\boldsymbol{x}^{t-1})\mathrm{d}\boldsymbol{x}^{t-1} \tag{7.47}$$

校正

$$p(\boldsymbol{x}^t|\boldsymbol{z}^{1:t})=c_{\text{norm}}p(\boldsymbol{x}^t|\boldsymbol{z}^{1:t-1})p(\boldsymbol{z}^t|\boldsymbol{x}^t) \tag{7.48}$$

其中 $p(\boldsymbol{z}^t|\boldsymbol{x}^t)=p(\boldsymbol{z}^t_{self}|\boldsymbol{x}^t)p(\boldsymbol{z}^t_{rel}|\boldsymbol{x}^t)$

该协同机制可与早期的定位技术和卡尔曼滤波技术联合使用。

延伸阅读：*Proceedings of the IEEE* 在 2018 年有一期专辑(第 106 卷第 7 期)，提供了关于最新定位技术的有用和全面的信息。

参考文献

[1] D.P. Bertsekas, *Dynamic Programming*, Prentice-Hall, 1987.
[2] S. Boyd, L. Vandenberghe, *Convex Optimization*, Cambridge University Press, 2004.
[3] I. Guvenc, C.-C. Chong, “A Survey on TOA Based Wireless Localization and NLOS Mitigation Techniques”, *IEEE Communications Surveys and Tutorials*, vol. 11, no. 3. pp. 107-124, 3rd Quarter, 2009.
[4] C.H. Knapp, G.C. Carter, “The Generalized Correlation Method for Estimation of Time Delay”, *IEEE Tr. on Acoustics, Speech, and Signal Processing*, vol. 24, no. 4, pp. 320-327, Aug. 1976.
[5] Guoqiang Mao, Bar1s Fidan, Brian D.O. Anderson, “Wireless Sensor Network Localization Techniques”, *Computer Networks*, vol. 51, no. 10, pp. 2529-2553, July 2007.
[6] H. Durant-Whyte, T. Bailey, “Simultaneous Localization and Mapping: Part I”, *IEEE Robotics and Automation Magazine*, pp. 99-108, June 2006.
[7] H. Durant-Whyte, T. Bailey, “Simultaneous Localization and Mapping: Part II”, *IEEE Robotics and Automation Magazine*, pp. 109-117, June 2006.
212
[8] M.Z. Win, A. Conti, A. Mazuelas, Y. Shen, W.M. Gifford, D. Dardari, M. Chiani, “Network Localization and Navigation via Cooperation”, *IEEE Communications Magazine*, pp. 56-62, May 2011.
[9] M.Z. Win, Y. Shen, W. Dai, “A Theoretical Foundation of Network Localization and Navigation”, *Proceeding of the IEEE*, vol. 106, no. 7, pp. 1136-1165, July 2018.
213

第8章　机器人规划

在几乎所有的机器人应用场景中，机器人都超越了简单的环境响应，这表明在传感器信息的帮助下，机器人规划算法能够使机器人进行做出更好的行动和策略。这首先要求借助知识表示对收集到的数据/信息进行进一步的推理，然后可以开发合适的规划算法来辅助机器人的飞行机动智能。

例如，在图 8.1 中，一架无人机(Unmanned Aerial Vehicle，UAV)要飞过障碍物中的孔洞，需要感知环境、SLAM 和规划算法来完成目标。当前位置作为无人机的开始状态，其目标状态为成功通过灰色、橙色和绿色障碍物的孔洞。满足要求的规划算法是为这架无人机找到合适的飞行轨迹。

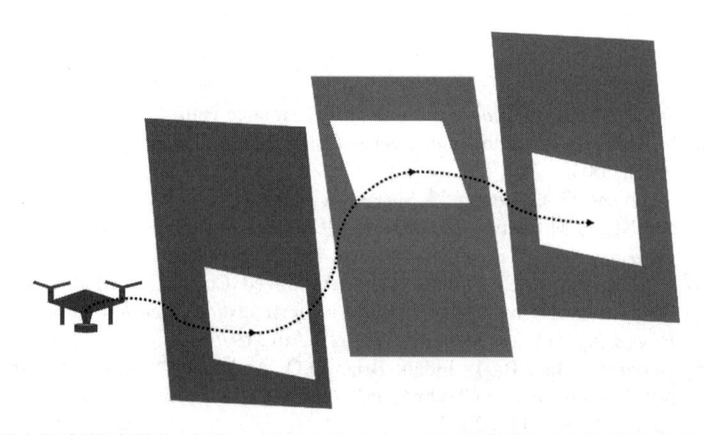

图 8.1　无人机穿越障碍物(灰色、橙色和绿色表示)孔洞的路径规划(黑色点线)(附彩图)

8.1　知识表示和分类逻辑

由于对物理执行器的动作，机器人的智能不能仅仅依靠编程语言和数据结构，这不足以推导出进一步的事实和处理部分信息。然而，正确的知识表达和逻辑推理可以作为简单机器人动作规划的基础。因此，机器人的知识表示可以被看作一种表示机器人动作和环境的方法，以及将这些知识的语义与其自身的内部组件(如传感器和执行器)相关联的方法，通过推理和推断解决问题或执行任务[⊖]。

例(盲点检测)：图 8.2 说明了最先进的盲点检测。假设使用了两台雷达，两个三角区域表示有效探测区域。如果这台自动驾驶汽车要转向右车道，则可以使用一阶逻辑的简单推理来开发一种基于知识表示的玩具规划算法，可以为在道路上运行的自动驾驶汽车与其他自动驾驶汽车，以及人类驾驶汽车进行路径规划。

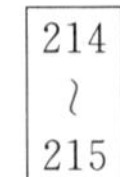

a）

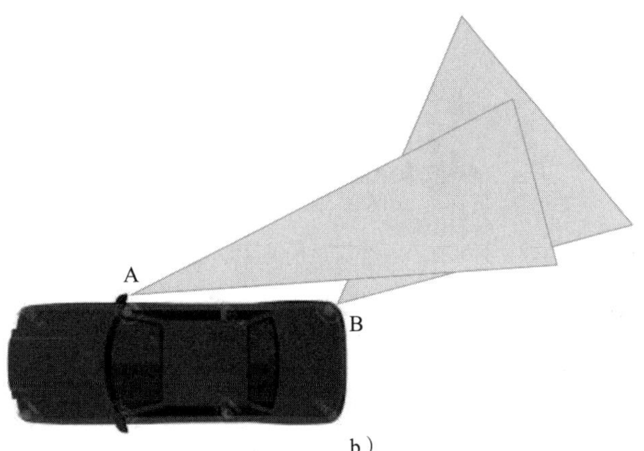

b）

图 8.2　a 最先进的汽车盲点检测；b 盲点检测示意图

(1)$d_A = \mathbb{I}_{\text{检测到一个金属对象}}$，$d_B = \mathbb{I}_{\text{检测到一个金属对象}}$，这里 $\mathbb{I}$ 是一个指示函数。$D = d_A V d_B$，表示有车辆正危险地变更到右车道。

(2)如果 $D=1$，右边后视镜上的告警三角形变为橙色。

(3)如果这台自动驾驶汽车的行驶动作计划变更到右车道，则 $a_{\text{变更到右车道}}=1$，否则为 0。

(4)如果 $D \wedge a_{\text{变更到右车道}}=1$，告警三角形变为红色，并且禁止变更到右车道的动作。否则，告警三角形保持不变。

(5)返回步骤(1)。

216

从上面的例子可以看出，逻辑规则的综合是在知识表示的基础上实现从开始状态到目标状态的规划算法的有效途径，这可由下面的简单例子进一步说明。

⊖　见本章参考文献[2]。

例：假设平地上有一些立方体形状的方块。这些块可以堆叠，一个块只可以直接放在另一个块的正上方。一个有两条手臂的机器人可以拿起一块方块，并将它移动到另一个位置，要么放在地面上，要么放在另一块积木的顶部。机器人一次只能拿一块。如图 8.3 所示，机器人希望从开始状态移动方块到达目标状态。如何基于知识表示和简单逻辑运算来开发一个机器人规划算法？

图 8.3　一个简单的从左边的开始状态到右边的目标状态的机器人规划案例

解：机器人的动作可以由一个算子 Move(ψ；l_i，l_j)来表示，这意味着将 l_i 上方的方块 ψ 移动到 l_j 的上方。在本例中，ψ 可以是 A、B、C，而 l_i 和 l_j 可以是 A、B、C 和 G(表示地面)。从开始状态开始，可以实现目标状态的操作顺序如下：

(a) Move(C；A，G)

(b) Move(B；G，C)

(c) Move(A；G，B)

当然，更进一步的详细知识表示可以包括坐标的概念。

8.1.1　贝叶斯网络

217

为了使机器人能够执行类人操作，理想的知识表示必须是全面的，以将高层的知识和底层的特征或属性连接起来。这样创建的模型就可以适合机器人提供的服务。请回忆一下适合处理不确定性的概率模型，这些模型对于识别机器人对其环境的活动和动作是有用的。**贝叶斯网络**(bayesian network)利用概率推理和图形推理直接服务于这一目的。

在处理不确定性的情况下，**概率图模型**(probabilistic graphical model)很好地满足了这种不确定下的知识表示的目的。图中的每个顶点表示一个随机变量，两个顶点之间的边表示相应随机变量之间的概率依赖性。带无向边的图模型通常称为**马尔可夫随机场**(Markov random field)或**马尔可夫网络**(Markov network)。贝叶斯网络对应于另一类图模型，它由**有向无环图**(Directed Acyclic Graph，DAG)表示。贝叶斯网络在统计、机器学习和人工智能领域有着广泛的应用。DAG 的结构定义为顶点集(或节点)和有向边(或链接)的集合。

假设顶点 X 和 Y 表示两个随机变量。有向边 $X \rightarrow Y$ 表示随机变量 Y 取值取决于随机变量 X 的值，这表明 X 影响 Y。因此，X 被称为 Y 的**父节点**，Y 被称为 X 的**子节点**。同样的概念也可以推广到祖先节点或后代节点。换句话说，一个带方向的箭头意味着两个变量之间有直接的因果关系，因此贝叶斯网络反映了一种带不确定性关系的结构。

在更高级的科目之前，让我们先看看一些简单的贝叶斯网络及其特征。贝叶斯网络的概率模型可以写成简单的因式，而有向边表示直接依赖(即因果关系)。没有边意味着条件独立性。

图 8.4 给出了三节点贝叶斯网络的两种简单实现，作为研究贝叶斯网络的基础。在图 8.4a 中，给定 A，B，C 是条件独立的，条件独立即

$$p(A, B, C)=p(B|A)p(C|A)p(A) \tag{8.1}$$

一种应用场景是：如果 A 是一种疾病，那么 B 和 C 可能代表由 A 引起的条件独立的症状。

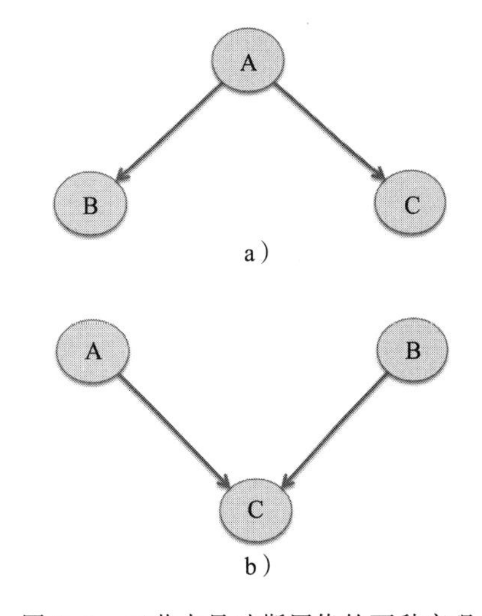

图 8.4　三节点贝叶斯网络的两种实现

218

同样地，图 8.4b 中，A 和 B 是边际独立的，但一旦 C 已知，A 和 B 就成为条件相关的，这就给出了如下的条件独立性：

$$p(A, B, C)=p(C|A, B)p(A)p(B) \tag{8.2}$$

这样的情景暗示了**解释消失效应**(explaining away effect)，即在给定 C 的情况下，观察 A 会降低 B 的可能性。

▶**练习**：在超市购买的肉馅可能会被感染。平均来说，这种情况在 600 次中发生一次。可以使用阳性和阴性结果的测试。如果肉是干净的，那么 500 例中的 499 例检测结果为阴性，如果肉是感染的，那么 500 例中的 497 例检测结果为阳性。构建一个贝叶斯网络，并计算阳性检测结果确实表明肉类感染的概率。

贝叶斯网络的一般原理可以通过下面的例子来理解。

例(智能家居中的安全系统)：川口横滨的家中安装了一个运动传感器系统来探测可能的窃贼进入，并在窃贼进入时自动向他的手机发送短信。今天早上，川口从手机上收到了警报短信，而他正在3小时路程之外的名古屋拜访客户。他的房子里有窃贼的可能性有多大？当他拨打110报警时，被告知横滨发生了地震，而这可能会触发警报系统。川口的房子里有窃贼的可能性有多大？(如图8.5所示。)

219

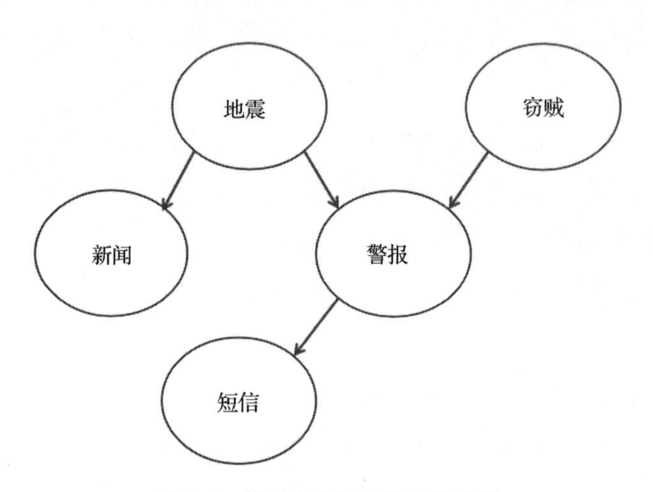

图8.5 例子中的贝叶斯网络模型

解：首先，让我们定义下列变量(即概率事件)：

- B：川口家有窃贼
- A：警报
- M：手机警报短信
- E：横滨地区发生地震，但名古屋地区不明显
- N：关于地震的新闻

$$P(B, E, A, M, N)=P(B)P(E)P(A|B, E)P(M|A)P(N|E) \quad (8.3)$$

定义下列概率：

- 入室盗窃概率：$P(B=1)=\beta$；$P(B=0)=1-\beta$；例如，$\beta=0.001$表示3年一次的入室盗窃率。
- 发生地震的概率：$P(E=1)=\varepsilon$；$P(E=0)=1-\varepsilon$，E和B相互独立。
- 警报概率：川口家的警报系统的误报概率为f，比方说$f=0.001$(三年一次)。如果发生以下事件，则警报会响：①窃贼进入房屋的概率为$\alpha_B=0.99$(即，如果有窃贼触发警报的可靠性为99%)；②地震触发警报的概率为$\alpha_E=0.01$。

220

给定 B 和 E 的条件下，A 发生的概率为

$$P(A=0|B=0,\ E=0)=1-f$$

$$P(A=1|B=0,\ E=0)=f$$

$$P(A=0|B=1,\ E=0)=(1-f)(1-\alpha_B)$$

$$P(A=1|B=1,\ E=0)=1-(1-f)(1-\alpha_B)$$

$$P(A=0|B=0,\ E=1)=(1-f)(1-\alpha_E)$$

$$P(A=1|B=0,\ E=1)=1-(1-f)(1-\alpha_E)$$

$$P(A=0|B=1,\ E=1)=(1-f)(1-\alpha_B)(1-\alpha_E)$$

$$P(A=1|B=1,\ E=1)=1-(1-f)(1-\alpha_B)(1-\alpha_E)$$

如下假设也是合理的：

- $P(M=1|A=1)=0$，即无警报时不产生手机警报信息。
- $P(N=1|E=0)=0$，关于地震的新闻是可靠的。
- 盗窃事件和地震事件是独立的。

当 $M=1$ 时，我们知道存在一个警报 $A=1$。根据贝叶斯定理，B 和 E 的后验概率为

$$P(B,\ E|A=1)=\frac{P(A=1|B,\ E)P(B,\ E)}{P(A=1)} \tag{8.4}$$

通过对 E 进行边际化，可以得到窃贼在川口家中的概率，得到的数值结果为

$$P(B=1|A=1)=0.505$$

$$P(B=0|A=0)=0.495$$

一旦收到手机警报信息，就很难判断是否有窃贼。然而，当 $E=1$(即从新闻中学习)时，B 的后验概率为

$$P(B=1|E=1,\ A=1)=0.92$$

$$P(B=0|E=1,\ A=0)=0.08$$

川口因窃贼闯入而回家的可能性要小得多。

221

贝叶斯网络模型实际上是图论和概率论相结合的**图模型**，提出了一个表示交互变量模型的一般框架，被广泛应用于人工智能和机器人技术的问题中。图中的每个节点表示一个随机变量(或一组随机变量)。图中的边模式表示变量之间的定性依赖关系，而边连接的变量之间的定量依赖关系则通过(非负)**势函数**来确定。图模型的两种常见形式是**有向图模型**和**无向图模型**。对于有向图，势函数是节点给定其父节点的条件概率。

让 $\mathcal{G}(\mathcal{V}, \mathcal{E})$为一个有向无环图，其中 $\mathcal{V}$ 为节点，$\mathcal{E}$ 为图的边。$\{X_v; v\in\mathcal{V}\}$表示图节点索引的随机变量集合。对于每个节点 $v\in\mathcal{V}$，π_v 表示其父节点索引的子集。$\boldsymbol{X}_{\pi_v}$ 表示 v 的父节点索引的随机向量。给定一组核函数$\{k(x_v|\boldsymbol{X}_{\pi_v}): v\in\mathcal{V}\}$，归一化为 1，我们可以定义一个联合概率分布：

$$p(x_v)=\prod_{v\in\mathcal{V}} k(x_v|\boldsymbol{X}_{\pi_v}) \tag{8.5}$$

由于该联合概率分布有$\{k(x_v|\boldsymbol{X}_{\pi_v}): v\in\mathcal{V}\}$作为其条件，所以可以写成 $k(x_v|\boldsymbol{X}_{\pi_v})=p(x_v|\boldsymbol{X}_{\pi_v})$，而 $p(x_v|\boldsymbol{X}_{\pi_v})$是与节点 v 相关的局部条件概率。

对于无向图，基本子集称为图的**团**(clique)，即全连通的节点子集。对于一个给定的团 C，$\psi_C(x_C)$表示一个一般的势函数，为每个组态 x_C 赋一个正实数。我们有：

$$p(x)=\frac{1}{Z}\prod_{C\in\mathcal{C}}\psi_C(x_C) \tag{8.6}$$

其中 $\mathcal{C}$ 表示图相关的团集，Z 为归一化因子，确保 $\sum_x p(x)=1$。请注意 $p(x_v|\boldsymbol{X}_{\pi_v})$是势函数的一个很好的例子。

下面将简要介绍图模型上的概率推理。令(E, F)将图形模型的节点索引划分为不相交的子集，使(X_E, X_F)表示与图相关联的随机变量的一个划分。两个常见的感兴趣的推理问题如下：

222

- 边际概率：

$$p(x_E)=\sum_{x_F} p(x_E, x_F) \tag{8.7}$$

- 最大后验(MAP)概率：

$$p^*(x_E)=\max_{x_F} p(x_E, x_F) \tag{8.8}$$

在这些计算的基础上，可以得出一些进一步感兴趣的结果。例如，条件概率为

$$p(x_F|x_E)=\frac{p(x_E, x_F)}{\sum_{x_F} p(x_E, x_F)} \tag{8.9}$$

同样，假设(E, F, H)是节点索引集的一个划分，条件概率为

$$p(x_F|x_E)=\frac{p(x_E, x_F)}{\sum_{x_F} p(x_E, xF)}=\frac{\sum_{x_H} p(x_E, x_F, x_H)}{\sum_{x_F, x_H} p(x_E, x_F, x_H)} \tag{8.10}$$

在概率图模型中，边将描述某些变量作为节点导致了其他变量发生的可能性。使用上述推理原则，可以为感兴趣的情况开发许多算法。

▶**练习**：Minkowski 博士 92 岁了，独自生活。一个护理机器人负责照顾他。为

了保证食物和营养的平衡，护理机器人必须保证家里有足够数量的两到三种水果。太多种类的水果可能会对确保水果新鲜带来挑战。智能冰箱通知护理机器人，只需要订购新的草莓，漏检的概率为 3%。护理机器人扫描厨房，如图 8.6 所示。除了冰箱内的草莓外，在红色标记的窗口中识别出足够数量的橙子，识别错误(即除了草莓以外没有足够水果)的概率为 5%。厨房外有水果的概率只有 10%。如果家中只有一种水果或没有水果的概率高于 95%，那么护理机器人就需要订购新的水果配送。请推导出该护理机器人是否要求新的水果配送的决策图，以及订购食物配送的相关决策机制。

223

图 8.6　厨房的扫描图像与目标识别：不可食用的洗洁精瓶子标记为蓝色；潜在但不太可能的容器(烤箱、微波炉、电饭煲、咖啡机)标记为绿色；识别出的水果标记为红色，而冰箱里已知有草莓(附彩图)

▶**练习：**设计一辆自动驾驶汽车(AV)总是很具有挑战性，尤其是周围有人开车的情况下。假设一辆自动驾驶汽车在双车道街道的右车道上跟在一辆大卡车后面行驶。这个巨大的卡车挡住了 AV 上所有的视觉设备(激光雷达、毫米波雷达、摄像机)。如果卡车前面有一辆慢车，则卡车司机可能会刹车或变道。如果有一辆汽车在卡车前面刹车，则卡车也必须刹车。自动驾驶汽车知道后面没有紧跟的车。请在观察前面卡车的刹车灯的同时，开发一个贝叶斯网络，以便该自动驾驶汽车刹车或变道。

8.1.2 语义表示

图在知识表示中很有用。与概率图不同的是，**语义图**(semantic graph)的节点和边描述了观察到的实体之间的语义概念和细节。例如，空间概念可以用语义图来描述，其中节点可以描述场景中的对象，而边可以描述共性或对象之间的位置关系，例如图8.3中一个物体可能在另一个物体之上。时序关系(即两个或多个时间相关的事件)也可以通过语义图来体现。

224

▶**练习**：如图8.7所示，一个机器人正试图采取适当的动作给客厅里的植物浇水。为了实现这个目标，请开发语义图来正确地表示相关知识。

图8.7　红色矩形表示与机器人运动相关的对象，黄色矩形表示可能对机器人的移动没有帮助的门，蓝色矩形表示与植物无关的对象；绿色矩形表示植物(附彩图)

8.2 离散规划

在人工智能中，规划和问题求解是高度相似的科目。当在第2章搜索算法中引入了A^*算法时，就知道它对于规划类问题求解是很有用的。本节将面向一般的离散规划。同样，将使用状态空间的概念来定义这个问题。世界上每一种不同的情况称为一个**状态**，用x表示，所有可能状态的集合称为**状态空间**$\mathcal{X}$。离散的数学意义意味着可数，并且在规划中通常是有限的。世界可以通过规划师选择的**动作**(action)而转变。当

225

将每个选定的动作 a 应用到当前状态 x 时，将产生一个新的状态 x'，这由**状态转移函数** Φ 来确定。

$$x'=\Phi(x,\ a) \tag{8.11}$$

注：当我们定义状态时，应该包括所有相关的信息，但不应该包括任何无关的信息，以避免不必要的复杂度。

让 $\mathcal{A}_x$ 表示状态 x 的动作空间，它是所有可以应用到状态 x 上的可能动作集合。对于不同的 x，$x'\in\mathcal{X}$，$\mathcal{A}_x$，$\mathcal{A}_{x'}$ 不一定是不相交的，因为相同的动作可能适用于不同甚至所有的状态。因此，集合 $\mathcal{A}$ 被定义为表示所有状态下所有可能的动作：

$$\mathcal{A}=\bigcup_{x\in\mathcal{X}}\mathcal{A}_x \tag{8.12}$$

通过定义一组目标状态 X_G，规划算法是确定一个动作序列(即策略)，将初始状态 x_I 转变为 X_G 中的某个状态。在规划问题的定义之后，通常要构造一个有向状态转移图。顶点的集合就是状态空间。存在一条从 x 到 x' 的有向边当且仅当存在一个动作 $a\in\mathcal{A}_x$ 使得 $x'=\Phi(x,\ a)$。

例：图 8.8 中，假设一个移动机器人可以向上、向下、向左和向右移动，但不能进入障碍处(即黑色块)。状态表示位置。动作包括四种可能的移动，但在某些状态中由于障碍而可用的动作更少。假设作为初始状态的绿色块是移动的起始位置，红色块则是要结束的目标状态。

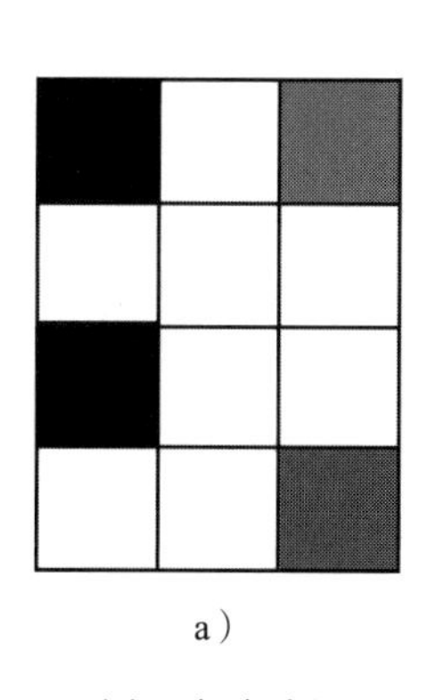

a）

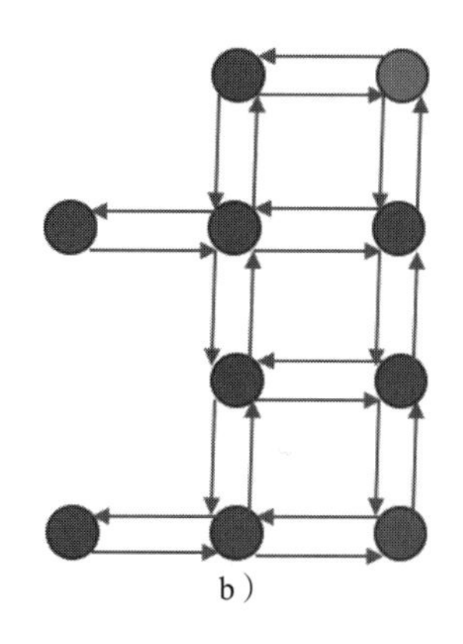

b）

图 8.8　图 a 为移动机器人可能移动的方块，图 b 为状态转移图(附彩图)　226

作为一种典型的图算法，机器人的运动规划是很直接的，图搜索算法通常用于规划。任何规划算法都遵循以下原则来构造搜索图 $\mathcal{G}(V,\ E)$：

(1) 初始化：用空集 E 和一些开始状态形成的 V 来初始化图 $\mathcal{G}(\mathcal{V},\ \mathcal{E})$。对于前向搜索，$V=\{x_I\}$。对于后向搜索，$V=\{x_G\}$。搜索图逐步增长，以显示更多的状态转移图。

(2) 选择定点：选择定点 $n_{\exp}\in V$ 用于扩展，$x_{\exp}$ 为其状态。

(3) 应用动作：在前向搜索中，对动作 $a\in\mathcal{A}_x$，通过 $x_{new}=\Phi(x,\ a)$获得新的状态 x_{new}，或者，在后向搜索中，对动作 $a\in\mathcal{A}_{x_{new}}$，计算状态 $x=\Phi(x_{new}a)$。

(4) 在搜索图中插入一条有向边：一旦满足特定的算法条件，生成一条从 x 到 x_{new} 的有向边，用于前向搜索，或从 x_{new} 到 x 的有向边，用于后向搜索。

(5) 检查目标：确定 $\mathcal{G}$ 是否创建了一条从 x_I 到 x_G 的路径。

(6) 迭代：重复(返回第(2)步)，直到找到解或满足终止条件。

▶**练习**：请给出图 8.8 中的移动机器人从绿色块移动到红色块的规划方案。

当然，规划算法的目的不仅仅是找到一个规划，而是想要一个好的或最优的规划，这就导致了**最优规划**。最优性有一定的衡量标准，有时间、距离、能耗等典型情况，这导致了代价函数的引入。因此，最优规划使成本最小化或奖励最大化。假设这些代价函数是已知的，并且暂时是静态的。类似于有限视界的概念，用 δ_K 表示为由动作序列 $a_1,\ a_2,\ \cdots,\ a_K$ 组成的 K 步规划，下标 K 表示步数。当 δ_K 和 x_I 给定时，可以根据状态转移函数 Φ 导出一个状态序列。初始时 $x_1=x_I$，然后 $x_{k+1}=\Phi(x_k,\ a_k)$。

给定可加性代价函数(类似于长度的概念)L，**离散定长最优规划**(discrete fixed-length optimal planning)的形式化表达包括：

- $\mathcal{X}$、$\mathcal{A}_x$、Φ、x_I、X_G 如之前的定义一样，目前只对有限的 $\mathcal{X}$ 感兴趣。
- 一个规划中的 K 个阶段对应动作序列 $a_1,\ \cdots,\ a_K$。状态也由阶段来标记，比如动作 a_k 后的 x_{k+1}，$k=1,\ \cdots,\ K$。因此，x_{K+1} 表示最终状态。
- 代价函数为

$$L(\delta_K)=\sum_{k=1}^{K} l(x_k,\ a_k)+l_{K+1}(x_{K+1}) \tag{8.13}$$

其中 $l(x_k,\ a_k)\in\mathbb{R}^+$，$\forall x_k\in\mathcal{X}$，$a_k\in\mathcal{A}_{x_k}$；$l_{K+1}(x_{K+1})=0$，如果 $x_{K+1}\in X_G$，否则 $l_{K+1}(x_{K+1})=\infty$。

227

最优规划可由下式获得：

$$\min_{a_1,\cdots,a_K}\left\{\sum_{k=1}^{K} l(x_k,\ a_k)+l_{K+1}(x_{K+1})\right\} \tag{8.14}$$

这是一个典型的动态规划问题，或由第 2 章的值迭代(如 Dijkstra 算法)进行的后向搜索问题。

8.3　自主移动机器人的规划和导航

接着前一章中的定位，本节重点是执行自主移动机器人(AMR)的规划和导航，AMR可能是智能工厂中的自主导引车，或者执行自动化运动来完成其目标的自动修剪草坪的机器人。

给定一个参考坐标系(如地图)和一个目的地，**路径规划**(path planning)为AMR确定一个轨迹，以执行自动运动到达目的地并避开障碍物，这可以视为策略求解问题。设n为时间索引，AMR在时刻n有地图$\mathcal{M}_n$和信念$\mathbb{B}_n$。路径规划的第一步是确定机器人位置和姿态的**构型空间**(configuration space)。假设机器人有k个自由度(DoF)，即机器人的每个状态或构型都需要k个参数来定量描述。构型空间还可以包含关于可移动网格的信息，或者在与地图相关联的特定位置有障碍物的信息。路径规划旨在连接机器人在路网上运动的起点和目的地，通常可以用图来表示。在许多情况下，如果一个机器人由视觉设备引导，其多边形构型空间的可视图由连接所有顶点对的边组成，这些顶点是指在移除指向障碍物的边后可以被观察到的顶点。因此，路径规划的后续任务就是找到本书的第1章和第2章中的最短路径。

228

上面的构型空间看起来定义得很好，但实际的应用场景可能不是这样。因此，我们必须：

- 将操作环境分解为称为**单元**(cell)的相互连接的区域。
- 确定可用/开放和相邻的单元来构建一个**连通图**。
- 确定起点和终点，在连通图中搜索一条路径。
- 根据动态系统(即机器人)的k参数来计算一个动作序列。

上面的步骤被称为**单元分解路径规划**(cell decomposition path planning)，而本书中几乎所有的例子和练习都是这样考虑的，并且理想地采用方形网格作为单元。这种方法被称为**精确单元分解**(exact cell decomposition)。如果分解的结果是一个近似的实际地图，这被称为**近似单元分解**(approximate cell decomposition)，这是服务于移动机器人规划的一种流行方法。例如，后面将使用的**野火算法**(grassfire algorithm)是一种高效且易于实现的技术，用于在这种环境的近似固定大小的单元阵列中寻找合适的路线。该算法简单地从目标位置向外进行波前扩展，标记每个单元到目标单元的距离。这个过程一直持续，直到到达机器人初始位置对应的单元。在这一点上，路径规划师可以估计机器人到目标(或目标状态)的距离，以及通过简单地将相邻且总是更接近目标的单元连接在一起来发现特定的解轨迹。

8.3.1 规划和导航示例

下面，我们考虑一个使用 RL 和规划算法来完成其任务(或达到其目标)的 AMR 的示例。让清洁机器人在如图 8.9 所示的由大量方块组成的大型地板上工作，这与网格地图相对应。每个机器人都可以在一个单位时间内上、下、左、右移动。一块方块/网格的清洁任务在同一时间单位内完成。这些自动清洁机器人共享相同的任务(即清洁整个地板)，但它们都是按照自己的智能来执行，没有任何中心化的控制器来管理它们的动作，就像一个协同式 MAS。为了使这个示例在不同的应用场景中更有意义，我们假设：

229

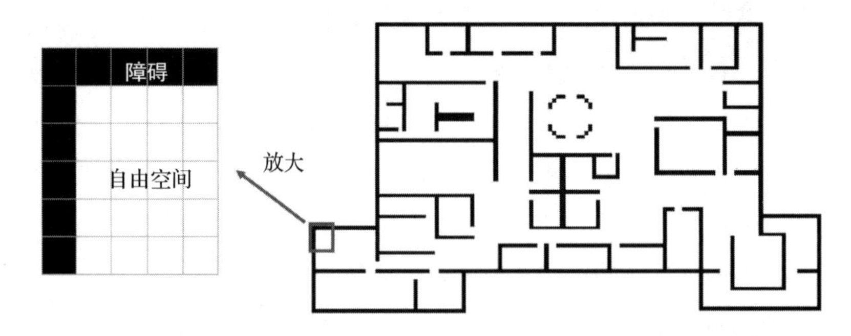

图 8.9 清洁区平面布置图，该区域由 6760 个自由空间网格和 1227 个障碍物网格组成

- 目标区域的大小和形状是时不变的，但对机器人(即智能体)是未知的。换句话说，智能体无法获得目标区域的地图。
- 每个智能体一开始并不知道自己的位置，必须探索建立私有参考(即自己的但不完整的目标区域地图)。
- 每个智能体都装备了合适的传感器和定位算法，来告诉每个方块是即将清洁，还是之前正在清洁，或者是一个障碍。每个智能体执行它自己的学习和决策，这将被建模为强化学习。
- 以完成整个(或一定百分比)地板清洁任务的时间作为该 AI(单智能体或多智能体)系统的性能指标。

每个智能体都装备了传感器，以精确地观察相邻的 4 个网格(上、下、左、右)，在一个时间单位内精确移动和清理，但是不知道地板地图。智能体必须通过占用网格图来表示环境，这意味着机器人必须生成私有参考作为定位的解决方案。

8.3.2　强化学习的系统阐述

基于对每个智能体(即机器人)都具有不确定性的系统模型，可以采用强化学习来表示每个智能体的行为。**目标区域**(target area)用基于网格的地图表示。每个网格表示每边一个单位长度的方块，用 $g_{p,q}$，p，$q \in \mathbb{N}$ 来唯一标记，这直接表示其在网格地图上的几何位置(p，q)。每个网格属于下面几种类型之一：

230

- 障碍：一个完全被占据的网格，不能让机器人穿越。障碍物网格可以用 $\mathcal{M}_{\text{obs}}$ 来表示。
- 未访问(没有清洁)：一个被灰尘覆盖但还没有被清洁的网格。未访问网格的集合用 $\mathcal{M}_{\text{X}}$ 表示。
- 已访问(已清洁)：网格已经被清洁，不需要再次访问。已访问网格的集合是 $\mathcal{M}_{\text{O}}$。(注意，未访问的网格和已访问的网格都是**自由空间**，用 $\mathcal{M}_{\text{free}}$ 表示。)

目标区域的网格化地图用 $\mathcal{M}$ 表示，$\mathcal{M}$ 包含目标区域的大小和形状、网格的标签、网格的类型等信息。假设智能体遵循离散时间调度 $t \in \{0, 1, 2, \cdots\}$。它可以在每个时刻 t 从当前网格移动到四个相邻网格之一的中心。在时段(t，$t+1$)内，它清扫它所占用的当前网格。智能体根据其观察(一个网格是不是障碍)和经验(是否已经访问过网格)，相对于初始位置，在不知道真实地图的情况下，来建立和更新自己的地图。这种自我构建的地图实际上形成了**私有参考**。因此，智能体 u_i 在 t 时刻的私有参考用 $\mathcal{M}_t^i$ 表示。

令智能体 u_i 的状态由其当前位置 $g_{p,q}^i$ 定义。例如，假定在时刻 t，智能体 u_i 在网格 $g_{p,q}^i$ 上，我们使用 $y_t^i = g_{p,q}^i$ 来表示其状态。注意 $g_{p,q}^i$ 中的上标表示使用其私有参考。对于任何状态 y_t^i，可能的动作都可以基于之前的假设来确定。换句话说，它知道哪些相邻网格是可穿越的。在这个假设下，令 $\mathcal{N}(y_t^i)$ 是四个相邻网格的集合，我们就可以定义状态 y_t^i 的动作集为

$$\mathcal{A}(y_t^i) = \{y \mid y \in \mathcal{N}(y_t^i) \cap y \in \mathcal{M}_{\text{free}}\} \tag{8.15}$$

假设智能体能够准确控制其运动，则状态转移概率 $p(y_{t+1}^i \mid y_t^i, A_t)$ 是已知的。假设前一个状态为 $y_t^i = g_{j,k}^i$，则新状态必然为

$$y_{t+1}^i = \begin{cases} g_{j,k}^i & \text{如果 } A_t = \text{停留} \\ g_{j,k+1}^i & \text{如果 } A_t = \text{向前} \\ g_{j,k-1}^i & \text{如果 } A_t = \text{后退} \\ g_{j-1,k}^i & \text{如果 } A_t = \text{向左} \\ g_{j+1,k}^i & \text{如果 } A_t = \text{向右} \end{cases} \tag{8.16}$$

231

智能体每次采取一个动作，除了转换到下一个状态外，还会得到一个实值奖励 R_{t+1}，而奖励函数的设计是强化学习的关键部分。给定智能体的状态 $y_{t+1}^{i}=g_{p,q}^{i}$，其实际位置可由移位算子 T_i 得到。例如，如果 u_i 相对于真实地图的初始位置是 $g_{j,k}$，那么算子 T_i 就会得到结果 $T_i(g_{p,q}^{i})=g_{p+j,q+k}$，而智能体将其初始位置视为 $\mathcal{M}^i$ 的原点。因此，对于 $T_i(y_{t+1}^{1})=g_{a,b}$，为了鼓励机器人探索地图，我们将奖励结构设置为

$$R_{t+1}=\begin{cases}R^{+} & \text{如果 } g_{a,b} \text{ 未清洁}\\ R^{-} & \text{其他}\end{cases} \tag{8.17}$$

R^{+}可以表示为 $R_{\text{good}}-E_1$。R_{good} 是鼓励智能体逐步完成清洁任务的正值。E_1 表示从一个网格移动到另一个网格的成本。当网格被清理后，$R^{-}=-E_1$ 作为惩罚。

接下来就可以为一个智能体选择基线强化学习了。由于噪声感知，奖励地图 $\widetilde{R}(g)$上的值会出现误差，误差概率为 p_e。

$$P\{\widetilde{R}(g)=R^{-}/g \text{ 脏}\}=p\{\widetilde{R}(g)=R^{+}\mid g \text{ 已清洁}\}=p_e \tag{8.18}$$

$$P\{\widetilde{R}(g)=R^{-}\mid g \text{ 已清洁}\}=P\{\widetilde{R}(g)=R^{+}\mid g \text{ 脏}\}=1-p_e \tag{8.19}$$

由于智能体在查找奖励图时，每次错误都是独立发生的，所以在任何时刻 t 对于任意 g 的 $R(g)$，中错误是独立发生的。由于真实状态是隐藏的，智能体必须来估计隐藏状态，估计的状态称为**信念状态**(belief state)，我们用 b_t^i 来表示。智能体应用 Q 学习根据隐藏的信息完成地板清洁任务，由于地板地图未知，使用 ε-贪婪算法进行探索，而最终的算法总结如下：

(1) 智能体随机部署在一个自由空间网格上，该网格在其私有参考 $\mathcal{M}_t^i$ 中被定义为坐标(0，0)，$t=0$。

(2) 感知 4 个周围的网格。对于所有在动作集 $\mathcal{A}(b_t^i)$中的动作 a，如果 $Q(b_t^i，a)$未定义，则初始化 $Q(b_t^i，a)=Q_0$。Q_0 只是一个可以设置为任意值的初始值。

(3)在奖励地图中使用 $\widetilde{R}_{t+1}$ 计算动作-值函数。$\widetilde{Q}(b，a)$中的～表明它不是真实的动作-值，而是估计的动作-值。$\forall a\in\mathcal{A}(b_t^i)$，有

232

$$\widetilde{Q}(b_t^i, a)\leftarrow Q(b_t^i, a)+\alpha[\widetilde{R}_{t+1}+\underset{a'}{\text{argmax}}Q(b_{t+1}^i, a')-Q(b_t^i, a)] \tag{8.20}$$

其中 $\widetilde{R}_{t+1}$ 遵循式(8.17)，但可能会受限于式(8.18)中提及的误差；y_{t+1}^i 则遵循式(8.16)。

(1) 令最优动作为 $a^{*}=\text{argmax}_a\widetilde{Q}(b_t^i，a)$。按照 ε-贪婪策略选择动作 A_t，即

$$A_t=\begin{cases}a^* & \text{以概率 } 1-\varepsilon \\ a\neq a^* & \text{以概率} \dfrac{\varepsilon}{|\mathcal{A}(b_t^i)|-1}\end{cases} \tag{8.21}$$

(2) 操作动作 A_t，转换到状态 b_t^i，并接收奖励 R_{t+1}。更新动作-值函数

$$Q(b_t^i,\ a)\leftarrow Q(b_t^i,\ a)+\alpha[R_{t+1}+\underset{a'}{\arg\max}Q(b_{t+1}^i,\ a')-Q(b_t^i,\ a)] \tag{8.22}$$

(3) $t\leftarrow t+1$。如果奖励地图上所有的奖励都是 R^-，意味着所有的网格已经清洁完，终止。否则，返回步骤(2)。

尝试使用传感器数据为每个智能体的动作进行一些基本类型的强化学习后，用 Q 学习来估计动作-值函数证实是有效的，我们将结合进一步的技术用作基线学习，而 n 步时域差分学习(TD-n)则没有全局地图信息。

纯粹依靠强化学习来完成没有地板地图(即协作智能体之间的公共参考)的大区域上的任务是非常无效的。为了解决这一难题，我们将引入私有奖励地图上的两种规划范式，以实现定位和规划。规划算法是根据智能体的动作策略来制定的。因此智能体可交换地采用原始的行为策略(例如 ε-贪婪)和规划策略。第一种规划范式称为**固定深度规划**(fixed depth planning)，智能体在每个决策轮搜索其奖励地图上的有限部分信息。第二种范式为智能体在奖励地图上启动穷举规划提供了切换条件，因此称为**条件穷举规划**(conditional exhaustive planning)。

8.3.3 定长规划

固定深度规划(Fixed Depth Planning，FDP)遵循一种直接的方法来开发奖励地图。使用 ε-贪婪策略之前，它会检查奖励地图中是否存在正值奖励。也就是说，尽管是根据动作值来决定动作，但智能体首先检查曼哈顿距离 d 内的所有网格然后去往有正值奖励的最近网格。智能体当前位置 $g_{a,b}^i$ 与任何其他网格 $g_{p,q}^i$ 的曼哈顿距离定义为

233

$$\text{md}(g_{a,b}^i,\ g_{p,q}^i)=|a-p|+|b-q| \tag{8.23}$$

因此，用 Q 学习巩固定长规划可以总结为在 8.3.2 节中的式(8.20)的步骤之前增加一个额外的步骤(2a)：

(2a)令 $\mathcal{N}^m(b_t^i)$表示从 b_t^i 开始 m 步内可达的网格集合。选择 A_t，使得过程相信状态 b'正使智能体往具有正值奖励的网格靠近(限定在曼哈顿距离 d 内)。平局则中断。

8.3.4 条件穷举规划

在地板清洁任务和其他应对未知环境的任务场景中，探索(在环境中)与利用(完成

智能体的主要任务)之间的权衡是稳固存在的。固定深度规划是一个典型的案例，不断尝试利用，在任务完成时间和计算代价之间做出权衡。当机器人进行探索的时候，它对周围的环境有了更全面的了解。更重要的是，探索有助于建立一个私有参考和私有奖励地图，这些都是将来可以为他人和其将来的决策提供的有价值的资源。但完全的探索行为很可能会浪费不必要的精力和时间。因此，最好确定一个合理的条件，以决定何时开始规划。为了完善**条件穷举规划**(CEP)的概念，我们引入了一种直接的路径规划算法，称为**野火算法**，该算法在奖励地图上穷尽搜索正值奖励。

采取规划的条件：由于探索和规划都可能对智能体的任务有益，因此很难在两者之间找到平衡，我们认为探索和规划二者有一者出现性能糟糕的情况都是不可取的。例如，机器人刚刚打扫完整个房间或走到走廊的尽头。如果它一直在同一区域徘徊，那么探索进程肯定会暂停。更直观的是，智能体在刚清理完一个**区块**(block)后，在短时间内被禁止继续进行探索。

234

一个区块可以看作一个有限的区域。我们设区块的大小为 N_B。用我们的地图表示方式，即网格地图由单位长度的正方形组成，大小为 N_B 的区域可认为是 N_B 个连续网格。所以，当机器人在块内移动超过 N_B 步时，它肯定会访问一些网格至少两次。

规划算法(野火算法)：在规划中，智能体的目标是根据现有的最好知识去清理未探索的区域。有几种方法可以实现这一点，要么规划一条可以覆盖所有未清理网格的路径，要么搜索其私有参考并随机选择一个网格作为下一个目的地。然而，探索与利用之间的权衡(即规划清洁私有参考中整个区域)至关重要。为了避免重复相同的错误，例如局部规划中的贪婪利用，我们决定让智能体进行适度的规划。因此，智能体假设制定了一个简单的计划来逃离区块。逃离区块最有效的方法是搜索并前往最近的未清理的网格。野火算法是一种基于网格的图上的宽度优先搜索方法，可以有效地在图上搜索目标，并构造一条从起点到目标点的路径。因此，野火算法可以服务于规划算法，帮助机器人导航到最近的未清理网格。由于野火算法在找到一个未访问的网格前不会停止搜索，因此它是一种穷举搜索方法。

野火算法可以实现为基于网格的宽度优先搜索(BFS)算法。BFS 从一个点开始，扩展到尚未搜索的相邻网格。搜索过程在达到目标或不再允许扩展时结束，即所有网格都已检查。与之相对的一种方法是深度优先搜索(DFS)。BFS 和 DFS 的主要区别在于它们在展开搜索时如何决定节点的优先级。DFS 一次选择一个要展开的节点，直到分支结束才停止。如果没有找到目标，则返回具有未展开节点的最低层，并开始搜索另一个分支。BFS 扩展来搜索与当前扩展节点直接相连的每个邻居节点，而不是像

DFS 一样一直搜索到分支结束。所有探索到的邻居节点都将作为将来的候选扩展节点进入队列，一旦探索完其所有邻居节点，这个节点就会从队列中删除。候选扩展节点在队列中有序排列，并将以先进先出的方式服务。因此，可以计算出任意节点与原始节点之间的最短距离。在基于网格的图上应用 BFS 搜索就是野火算法。 235

计算复杂度为 $\mathcal{O}(|V|)$，$|V|$ 是图中节点（即网格）的数量。图 8.10 展示了这个过程。

(1)设定初始位置。

(2)从当前位置开始展开。探索所有的邻居节点，检查是否有任何绿色网格。

(3)因为没有找到目标，所以让之前探索的网格成为已扩展的网格。探索过的网格将不再被搜索。

(4)一旦找到目标，尽管这里我们展示了两个目标，扩展过程实际上是按顺序进行的。如果它从顶部标记为 2 的网格展开，它将首先找到上面的目标。相反，如果它从右下角标记为 2 的两个网格中的一个展开，它会发现目标位于下半部分。

(5)假设我们找到了右下角偏右的目标。为了构造一条从起点到目标网格的路径，我们首先回溯并反转一条路径。也就是说，构造一条从目标出发的路径，简单地移动到具有最小距离值的邻居网格，并任意断开具有相同最小距离值的节点，直到到达原点。然后反转路径。图 8.10 用橙色线显示了三条最短路径。 236

学习 N_B：没有规则来定义区块 N_B 的大小，块的适当大小可能与环境中的模式相关。因此，我们再次采用一种强化学习算法来让智能体动态选择区块大小。为了评估 N_B 的值到底有多好，首先我们为 N_B 设置一个范围，即 $\{N_B \mid N_B \in \mathbb{N}, A \leqslant N_B \leqslant B\}$。所有的值初始化为零。$V(N_B)=0$，$\forall N_B$。在开始时，智能体随机选择一个值来定义区块大小。当它从探索模式转变为规划模式时，它会记录从 s_P 到 s_G 路径上收集到的所有奖励和代价。但是因为 s_G 是最近的未访问的网格，机器人肯定不会得到任何正值奖励。总的奖励和代价是：

$$\text{Cost}(s_P, s_G)=\text{md}(s_P, s_G)\times E_1 \tag{8.24}$$

从目标 s_G 开始，机器人还记录下它在接下来的 N_B 步中获得的奖励和代价。这些从到达 s_G 到 N_B 步之后的时间段内收集的回报可以写成：

$$G_{t(s_G):t(s_G)+N_B}=\sum_{i=t(s_G)+1}^{t(s_G)+N_B} R_i \tag{8.25}$$

式中，$t(s_G)$ 表示从规划开始计数到达 s_G 时的最小时间索引。

有了式(8.24)和式(8.25)，机器人可以在线更新 $V(N_B)$：

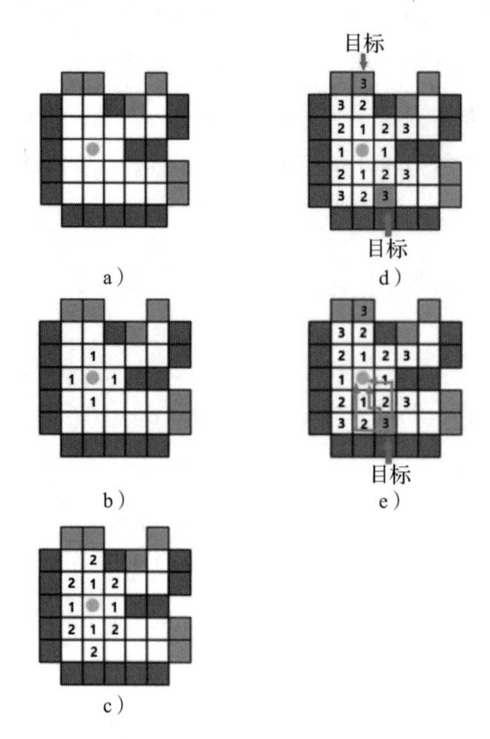

图 8.10　野火算法：在基于网格的地图上进行广度优先搜索，其中黄色圆圈表示我们试图找到最近目标的当前位置，即绿色网格。请参阅 8.3.4 节(附彩图)

$$V(N_B) \leftarrow V(N_B) - \alpha[(G_{t(s_G):t(s_G)+N_B} - \text{Cost}(s_P, s_G) - V(N_B)] \tag{8.26}$$

每次修改 N_B 的任意一个值函数，机器人都会选择具有最高值函数的 N_B，因为 N_B 根据自己的经验有可能带来更多的收益。图 8.11 展示了结合规划和定位的 Q 学习，甚至是非常简单或直接的规划算法，都具有显著的效率，这为机器人设计 AI 机制提供了有用的经验法则。当然，当考虑第 10 章中的多机器人系统中的无线通信时，这样的算法就将用作基线算法。

■**计算机练习：**一个机器人将要打扫一间布局如图 8.12 的办公室。然而，这个机器人事先并不知道办公室的布局。机器人装备了传感器，以完美地感知 4 个相邻网格(左、右、上、下)的状态，并相应地移动。黑格禁止入内(即墙)。机器人有内存来存储正在访问和感知的网格，具有与入口点相对的位置并形成了它自己的参考(即地图)。假设所有的阴影网格都是不可访问的。请开发基于内存的 RL 算法和简单规划算法来访问所有白色网格并从办公室的入口离开(用两个三角形表示)。根据你的编程，机器人需要走多少步？

237

238

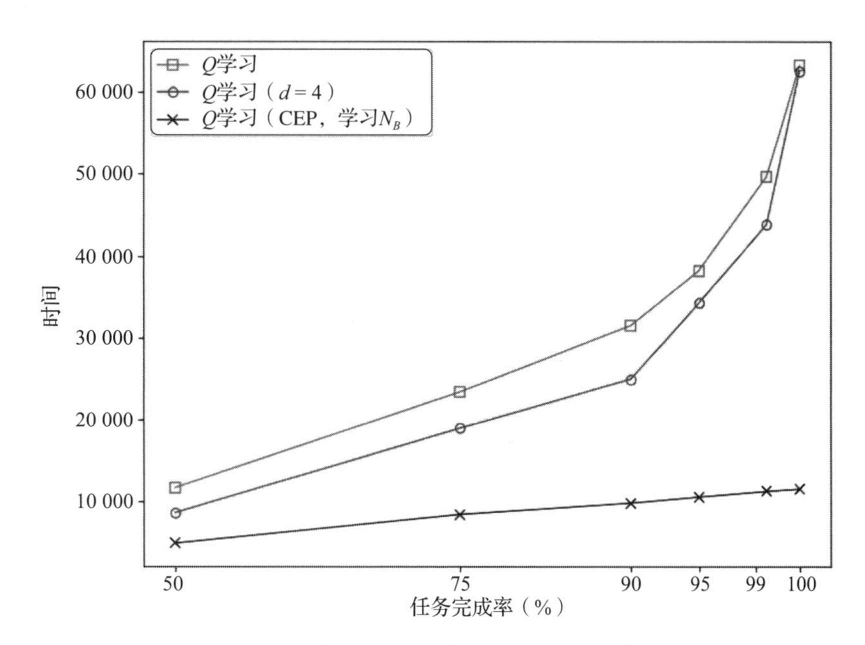

图 8.11　具有区块大小学习能力的私有参考规划，其中参数是固定为 $\varepsilon=0.1$，$\alpha=0.1$，$\gamma=0.9$，$R^{+}=1$，$R^{-}=-0.5$，$Q_0=1$(来自本章参考文献[5])

■**计算机练习：**请使用与前面练习相同的算法和代码，但办公室的布局如图 8.13 所示。有什么不同吗？如果有，如何为通用布局进行算法改进？

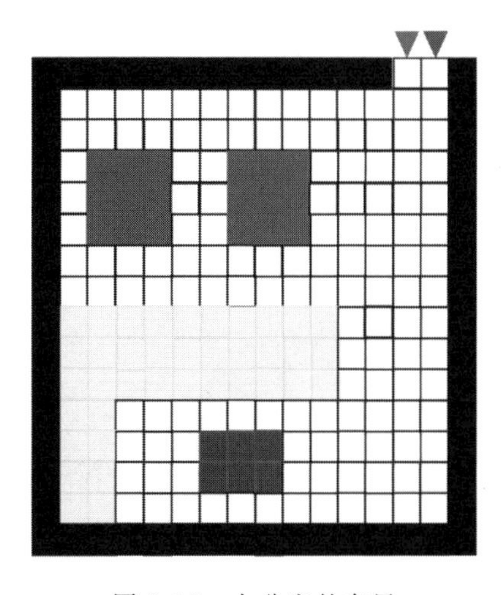

图 8.12　办公室的布局

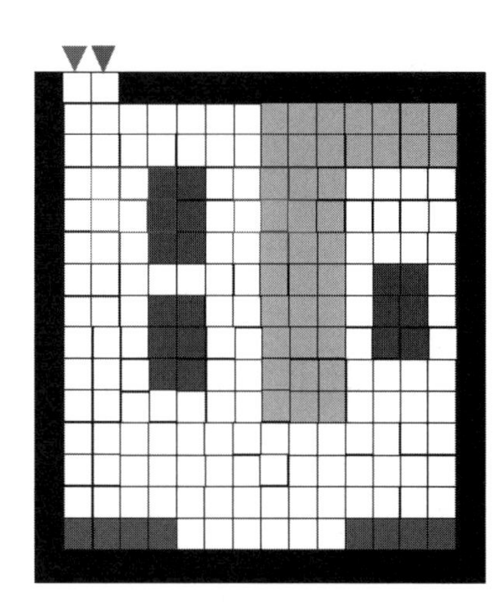

图 8.13　另一个办公室的布局

延伸阅读：在参考文献[1]中可以找到机器人规划的基本 AI 知识。在参考文献[3]中可以找到对贝叶斯网络和决策图更深入的处理。智能体或机器人的基本规划可在参考文献[1，5]中找到。在参考文献[4]中可以找到更深入的机器人规划及其力学知识。

参考文献

[1] Stuart Russell, Peter Norvig, *Artificial Intelligence: A Modern Approach*, 3rd edition, Prentice-Hall, 2010.

[2] D. Paulius, Y. Sun, "A Survey of Knowledge Representation in Service Robots", *Robotics and Autonomous Systems*, vol. 118, pp. 13-30, 2019.

239

[3] F.V. Jensen, T.D. Nielsen, *Bayesian Networks and Decision Graphs*, 2nd edition, Springer, 2007.

[4] K.M. Lynch, F.C. Park, *Modern Robotics: Mechanics, Planning, and Control*, Cambridge University Press, 2017.

[5] K.-C. Chen, H.-M. Hung, "Wireless Robotic Communication for Collaborative Multi-Agent Systems", *IEEE International Conference on Communications*, 2019.

240

第 9 章　多模态数据融合

一个最先进的机器人装备了多种传感器，以理解环境，从而可执行具有更好的质量和可靠性的动作。随之产生的融合多种(传感器)信息的新兴技术，即**多模态数据融合**，这是促进机器智能的需要。图 9.1 描述了一个典型自主移动机器人的感知决策机制。多种传感器感知环境，结合云端/边缘管理的信息，执行多模态数据融合来启动机器人的决策和动作。

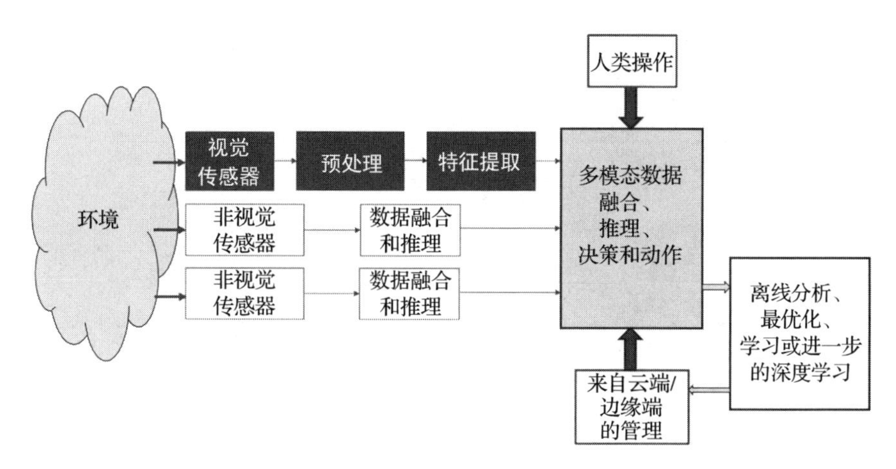

图 9.1　机器人决策和动作的多模态感知机制

9.1　计算机视觉

视觉可能是人类最重要的感知能力，大脑的大部分功能都与视觉有关。计算机视觉是一种允许计算机或基于计算的智能体从(数字或数字化)图像或视频中获得高级理解的技术。事实上，一段视频由多个图像帧和它们在瞬间内的偏差组成，其中人类可以对视频有“连续”的视觉。虽然图像或视频原则上是二维的，但三维理解也是可能的。计算机视觉或后来的机器视觉由两部分组成：

- 感知设备从目标环境捕获尽可能多的细节以形成一幅图像。人眼捕捉透过虹膜的光线并将其投射到视网膜上，视网膜上的特殊细胞通过神经元将信息传递给大脑。在计算机视觉和机器视觉中最常见的摄像机以类似的方式通过形成像素捕捉图像，然后将信息传输给计算机或视觉处理单元。最先进的摄像机比人类更好，因为它们可以看到红外线，可以看得更远或者更精确。

241

- 解译设备处理或计算信息，并从图像中提取高级理解。人类大脑在大脑的多个步骤和不同区域完美地工作。从这方面来说，计算机视觉仍然落后于人类视觉感知，但可以通过深度学习处理大量的图像，适用于某些应用。

例(我不是一个机器人测试)： 图 9.2 中有六张照片(A-F)，请选择前面有车库门的住宅照片。这对人类来说很容易选择，但对于计算机或软件机器人来说，要在短时间内做出决定就相当具有挑战性。

242

图 9.2　“我不是一个机器人测试”的六张照片

9.1.1　计算机视觉基础

计算机视觉的起源可以追溯到 1966 年麻省理工学院的一个暑期项目，但现在涉及从计算机科学、工程、数学到心理学的多学科知识。计算机视觉是困难的，因为它不仅是开发像素和 3D 建模，而且需要解释意义。因此，计算机(或动物)视觉依赖于感知设备和解读设备。1981 年诺贝尔生理学或医学奖获得者 David H. Hubel 和 Torsten N. Wiesel 开辟了动物(和人类)视觉和大脑功能的研究。

在计算机视觉中，通常用红、绿、蓝三种基色来表示颜色。白平衡是调整从传感器接收的图像数据来适当地渲染成中性色(白、黑和灰色级别)的过程，这在最先进的数码摄像机中是采用适当的滤波来自动完成的。像素是图像的基本元素，通常以方形表示。RGB 模型中的彩色图像像素在每个红、绿、蓝通道中都有从 0 到 255 的量化强度值。一个三维张量表示一幅彩色图像（x 和宽度，y 和长度以及红、绿和蓝色值）。

例：假设有一幅图像，由宽度为 Δx 和长度为 Δy 的 $N_x N_y$ 个像素组成，如图 9.3 所示。我们可以用张量（x，y，q_{red}，q_{green}，q_{blue}）表示该像素的颜色。完成这基本步骤后，就可能对计算机视觉做进一步的理解。请注意，在本例中，我们忽略了数据压缩和通过二维滤波的进一步改善技术中的一些潜在过程。

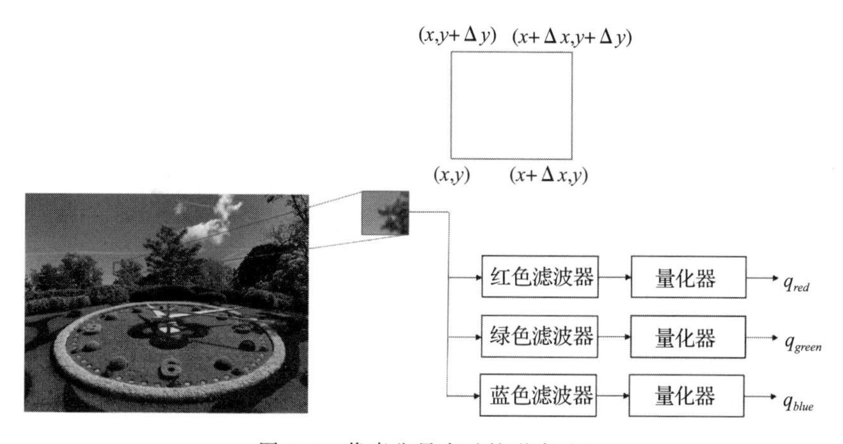

图 9.3 像素张量表示的形成过程

243

9.1.2 边缘检测

在研究大脑和视觉的连接时，人们注意到某些神经元可能在不同方向上对边缘最兴奋。进一步的心理学研究表明，只需要图像的一部分就足以识别整个物体，如图 9.4 所示。

图 9.4 需要识别的部分单色物体的例子（如黑色的汽车、黄色的松鼠和红色的苹果）（附彩图）

实际上，在从图像或照片中识别像素时，9.1.1 节中描述的像素并不是同等重要的。值得注意的是，边缘信息在许多情况下都特别有用，如图 9.5 所示。一幅相当复杂的狮子的彩色图像可以很容易地通过边缘信息来识别，甚至只看到部分可用的边缘。边缘通常提供高度压缩的信息，可以看作信号分析中的高频成分，在大脑的识别中激发了更强的反应。因为这些边缘可以用相当简单的方法得到，因此，期望边缘在机器人对环境的感知中有用。

图 9.5 （左）草地上的狮子（右）左图的部分边缘信息

对视觉非常有用的**边缘检测**（edge detection）的目的是识别图像中的突然变化（即不连续性）。直观上，图像中的大多数语义和形状信息都可以嵌入对象的边缘，因为边缘有助于提取信息、识别对象和恢复几何形状。在许多情况下，代替彻底分析图像或照片，图像中的边缘对检测并识别感兴趣的对象非常有用。再加上前面心理学的课程，图 9.6 说明了即使是部分图像的不精确的边缘信息也足以识别一个物体。

244

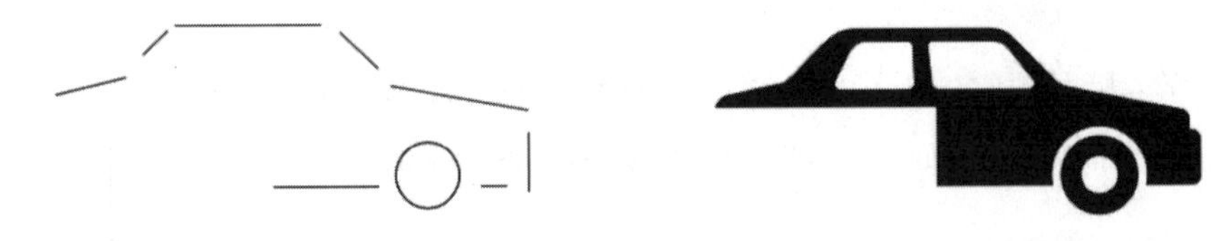

图 9.6 一个物体（即一辆轿车）的部分图像的边缘信息足以识别该物体

▶**练习**：假设你正在为一辆自动驾驶汽车设计自动停车功能，下图是汽车顶部的摄像头拍摄的图像（高度约为 1.6 米），如图 9.7，请开发一个计算机程序来识别停车位。提示：边缘检测似乎能起作用。

▶**练习**：图 9.8 是在著名画家莫奈的花园里拍摄的照片，请使用边缘检测来识别房子，注意一些误导人的曲线。房子的大部分都藏在植物后面，但人脑很容易就能认出来。

245

图 9.7　一张摄于南佛罗里达大学工程大楼前的停车场照片

图 9.8　一张拍摄自莫奈的花园的照片

9.1.3　图像特征和目标识别

简单应用第 4 章中基于互相关的统计决策理论实际上不足以实现图像或视频的进一步理解。因此，**局部不变图像特征**(local invariant image features)在目标检测、分类、跟踪、运动估计等方面对图像和视频的处理和理解具有重要作用。利用局部不变特征的一般方法可以总结如下：

(a) 找到并定义一组独特的关键点。

(b) 定义关键点周围的局部区域。

(c) 从指定区域提取并归一化（或重新调整大小）区域内容。

(d) 从归一化区域（即像素强度或边缘的函数）计算一个局部描述子。

(e) 匹配局部描述子。

由于关键点的重要作用，又开发了另外一种称为**关键点定位**(key-point localization)的技术，该技术能够持续和重复地检测特征，并允许更精确的定位来发现图像中感兴趣的内容。

在现实世界的操作中，机器人必须在不同的照明条件下，从不同的距离和角度识别物体来执行正确的动作。最重要的是，要识别的对象可能不具有完全相同的外观，因此也就是不完全相同的图像。例如，一个自主汽车必须识别行人以采取适当的行动。窗户（例如哈里斯角点检测）可以用来检测关键点。使用相同大小的窗口将不能在不同大小的图像之间检测相同的关键点。但是，如果适当地缩放或重新调整窗口的大小，则可以捕获相同的内容或类似的关键点。除了窗口缩放之外，该技术的另一个关键因素是窗口的旋转。窗口技术可以通过推广到3D来进一步增强，这样就从2D的8个相邻像素增加到3D的26个相邻像素。

246

在计算机视觉中，人们感兴趣的是识别一组共同观察的像素，这称为**图像分割**(image segmentation)。人类凭直觉进行图像分割。例如，两个人在看同一幅光学图像时，可能会有完全不同的理解方式，这都取决于他们的大脑如何分割这幅图像。图像分割的典型实现是通过聚类，这在第3章中已经介绍过（例如K均值聚类，一种无监督学习方法）。

通过适当的初始化、平移和旋转窗口来获取关键点，目标识别正确地分配图像到一个集群（即对应一个正确标签的一类图像）中。如果训练是可能的，通过适当选择核函数，K近邻(KNN)可适用于监督学习。目标（当然还有地标）识别在自主移动机器人的定位和SLAM（第7章）中也是非常重要的。

▶**练习**：请应用以上技术来识别图9.9中的彩色目标（即左边哪个黑色物体具有最高相似性）。十个黑色目标分别是：足球、鞋、马、鸡、猫、树、苹果、显微镜、房子和汽车。

计算机视觉通常处理视觉图像（即可见光）。它的原理一般也可以应用于其他成像技术，包括雷达技术，在其他频段如红外、毫米波等。为了保证信息的多样性和人/数据的隐私性，机器人技术中也经常考虑传统视觉以外的方法。

图 9.9　左边有 10 个黑色目标，右边有 5 个需要识别的彩色目标（绿色、灰色、红色、黄色和蓝色）（附彩图）

9.2　基于视觉功能的多模态信息融合

对于像自动驾驶汽车这样的机器人来说，最关键的信息可能是视觉传感器。对于人类来说，大脑的主要功能是支持视觉。视觉传感器具有丰富的图像或视觉信息内容，为机器人提供了关键信息。在本节中，我们主要关注自动驾驶汽车的视觉功能。典型的视觉传感器包括：

247

- 在可见光下工作以提供图像或视频等视觉信息的摄像机。
- 使用无线电波形来探测对象及其距离的无线电探测和测距（雷达），其中毫米波雷达由于视距传播和频率波段的纯度而受到更多关注。
- 使用可见光或不可见光（如红外线）进行光探测和测距（激光雷达）。
- 使用基于压力波的超声波传感器。

248

视觉传感器通常为机器人的决策提供关键信息。一般来说，以自动驾驶为例，机器视觉的知识表示可以分为：

- 度量知识，如静态和动态对象的几何结构，需要用来确保自动驾驶汽车在车道上，并保持与其他机器/人类驾驶汽车的安全距离。这些知识通常包括多车道几何、自己的车辆的位置和方向，以及场景中其他交通参与者的位置或速度。
- 符号知识，如车道分类为“前向行车道”“反向行车道”“自行车道”“人行道”或“交叉路口”，允许符合基本的操作规则。
- 概念性知识，如指定其他交通参与者之间的关系、允许预测场景的期望演化、进行前瞻性驾驶，并由机器人做出适当的决策。

例：图 9.10 展示了来自自动驾驶图像的不同知识。

图 9.10　带有度量知识(黄色)、符号知识(橙色)和概念知识(红色)的认知视觉(来自本章参考文献[1])(附彩图)

249

在检测和分类物体之前，早期视觉从**单帧**(single-frame)图像中提供有限的信息，而**边缘检测**通常基于亮度或颜色梯度进行处理。相比之下，从不同的视觉传感器或在不同时刻从移动的摄像机获取的对场景的**双帧**(dual-frame)观察产生的图像比单幅图像承载着多得多的信息。典型的对应早期视觉任务分别是**立体视觉**(stereo vision)和**光流估计**(optical flow estimation)。这两种方法的根本目的都是在早期视觉图像之间寻找精确的匹配，即一组对应的像素坐标对。一个重要的特征是结果的密度：密集方法在理想情况下为每个像素提供匹配，而稀疏方法通常只在多个像素中产生一个匹配。

由于原始图像的直接匹配缺乏效率和鲁棒性，从早期视觉计算的**描述子**(descriptor)理想地表示一个像素及其邻近区域，这种方法允许与其他图像达到鲁棒和高效匹配。为给定图像寻找最佳匹配涉及比较和最小化不相似度量，这通常通过二值描述子的汉明距离或向量描述子的绝对差/差的平方和来量化。

立体视觉利用固定安装好的多个摄像头在同一时间点捕捉图像。校正变换这些图像，使得图像匹配的搜索空间可以限制在沿公共图像行上的一维视差，这有助于解决歧义性。

光流表示图像运动的速度和方向。光流的估计是一个比立体视觉更普遍的问题，因为在看到的场景中的物体以及摄像机本身可以在连续帧之间任意移动。类似于立体校正，它们的核面几何仍然可以用来提高方法的运行时效率，而作为交换，其对于没有运动物体的静态场景的应用范围受到了限制。这种方法可以通过运动恢复结构从而来实现三维重建，并且需要摄像机的自运动(ego-motion)作为输入。

为了进一步利用 3D 知识，**多帧**(multi-frame)方法通常比立体或光流对使用更多的图像。例如，这类方法的一个重要子集是在两个时间点上评估来自两个摄像机(立体)的四幅图像。这样就可以估计场景流——表示重建的三维点的三维速度的运动场。 250

为了促进多模态信息融合，图 9.11 演示了如何使用车载激光雷达形成 3D 信息，这对于自动驾驶汽车了解驾驶环境是很好的。

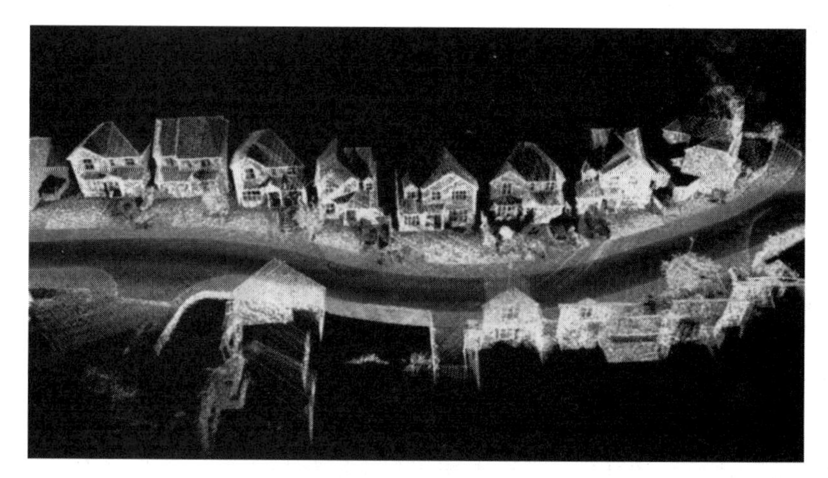

图 9.11 三维激光雷达信息的机载捕获(来自 http://www.meccanismocomplesso.org/en/laser-scanning-3d/)

然而，要实现自动驾驶定位的目的，必须融合多种信息。一种可能的方法是整合这种多模态信息，包括地图信息和不同层次的系统动态信息，如图 9.12 所示。 251

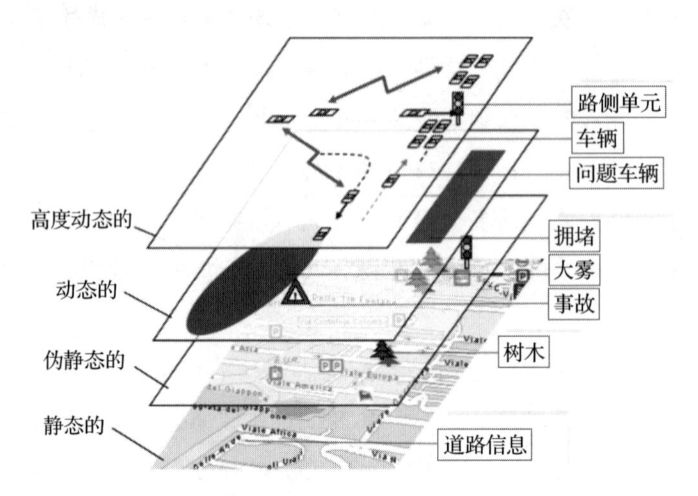

图 9.12　多层信息形成的局部动态地图(来自 http://www.safespot-eu.org/documents)

在当前的(无线)机器人技术中，可以在多模态融合中考虑许多不同类型的信息，包括来自下列各方面的数据或信息。

- 车载视觉设备：摄像机、激光雷达、毫米波雷达、红外传感器/成像等。
- 收集数据形成所需信息的车载定位设备：GPS、定位传感器、地标摄像机等。
- 车载参考信息：公共/私有(坐标)参考(即地图)、姿态估计、陀螺和里程计、机器人状态的信念等。
- 无线网络：可能影响规划的信息(例如：交通状况和法规)、任务分配、其他可能与机器人交互的智能体的状态、系统运行的预测信息、环境中的其他传感器网络等。

感兴趣的读者可以在参考文献[4]中找到更系统的方法论。

9.3　决策树

在人工智能中，做出适当的决策总是起着重要的作用。请回忆一下我们已经介绍的一系列技术。假设检验使我们能够在统计上根据观测或相同的观测序列做出决策；序贯决策使我们能够从随时间推进的观测中做出最优的决策；马尔可夫决策过程或强化学习允许我们识别与环境交互的最优决策策略。在这一节中，我们将研究基于丰富的知识信息结构做决策的方法论，也就是是**决策树**(decision trees)，它被广泛应用于不同的方面来实现机器人的智能。

树形结构是组织知识结构最有效的方法之一，它在计算上具有优势。树是一类特殊的图，我们先来复习树的基本性质。

9.3.1　决策示例

例 9.1：一位房地产经纪人带着一位品味不错的新婚客户圭子去看市场上的几栋房子。该客户希望找到 3 个候选的感兴趣的房子来确定最终报价，但拒绝披露确定的因素。房地产经纪人巧妙地做了一张表(表 9.1)，总结了圭子所看到的房子的特点和圭子的偏好结果。房地产经纪人如何预测最终候选房屋的感兴趣等级？ 252

表 9.1　市场上各种房屋的特点与客户圭子最终感兴趣的等级

卧室数量	卫生间数量	树林	花园	院子占地面积	房子年份	开放厨房	市场价	感兴趣等级
5	4	是	大	大	8	否	950K	否
2	2	是	小	大	5	是	450K	否
3	2	是	小	小	13	否	550K	否
4	2	否	大	小	2	是	650K	是
3	1	是	大	小	28	否	380K	否
4	3	否	大	小	23	是	690K	是
5	3	是	大	大	18	否	790K	否
4	3	否	小	小	1	是	580K	否
4	2	否	大	小	15	是	710K	?

这个示例问题不同于对标称和离散数据进行分类的最常见的决策问题，没有明确的自然符号相似性或者甚至有序性。模式是由一系列属性而不是由实数组成的向量来描述。**决策树**方法在面对这些非度量数据时特别有用。我们通过一系列问题对模式进行分类，下一个问题取决于当前问题的答案。图 9.13 展示了与表 9.1 中情况相对应的决策树的实现，这样就很容易确定未知的感兴趣等级。 253

剩下的挑战是如何根据训练样本和一组特征来生成一棵树。下面是一个简单的说明，它描述的是称为**分类与回归树**(Classification And Regression Tree，CART)的通用过程。

(a) 我们首先识别测试，而每个测试或问题都涉及一个特征子集中的单一特征。

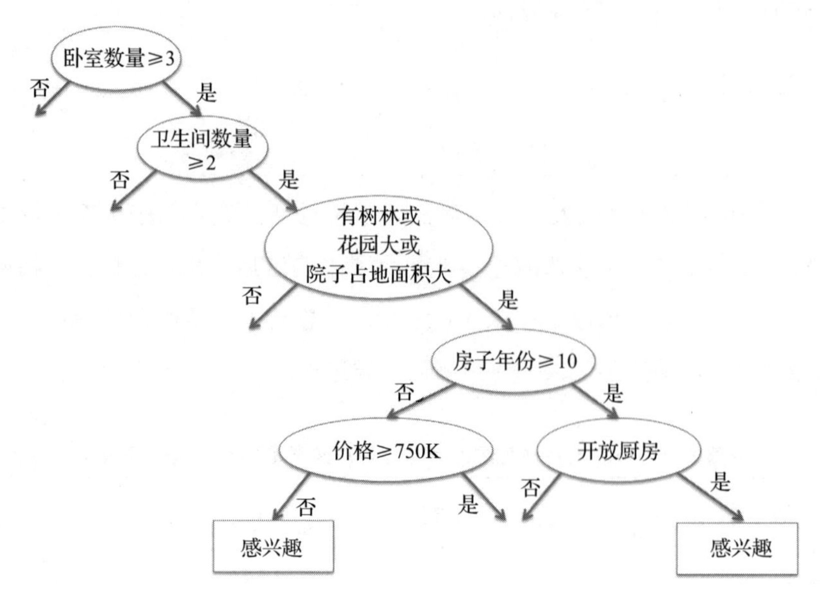

图 9.13　适合圭子住房品味的决策树

(b) 决策树逐步将训练集划分为越来越小的子集。

(c) 如果该节点上的所有样本具有相同的类标签，则它是一个纯节点，因此不需要进一步划分。

(d) 给定一个节点上的数据，确定该节点为叶节点或寻找另一个特征进行划分，这就是所谓的递归树生长过程。

▶**练习：**请根据图 9.14 构建划分红色和绿色圆盘的决策树。

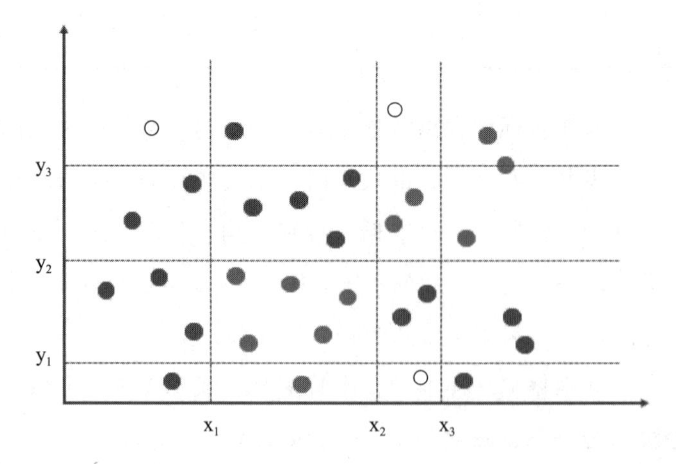

图 9.14　红色和绿色的圆盘分布在二维平面上，黑色的空圆圈表示无法判断颜色(附彩图)

▶**练习：**请根据图 9.15 构建决策树，将不同颜色的方块分开。 254

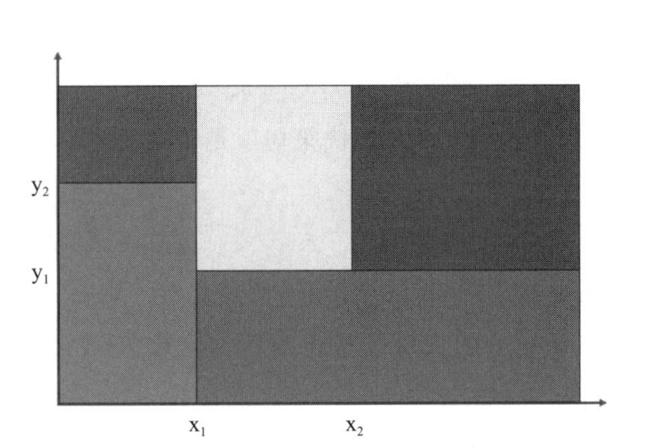

图 9.15　各种颜色的方块分布在二维平面上(附彩图)

我们将在下面进一步讨论。

9.3.2　正式处理

在参数估计中，在整个输入空间中定义一个模型，从训练数据或观察数据中学习相关参数。然后，我们使用相同的模型和相同的参数集来从测试输入中推断输出。对于非参数估计，根据特定的距离测度(如欧氏距离)将输入空间划分为局部区域，该区域内的训练数据给出相应的模型。

定义：决策树是一种有监督学习的层次模型，其中一个局部区域是由一系列以少量步骤分裂来递归确定的。决策树由内部决策节点和终端叶节点组成。每个**决策节点** u 实现一个测试函数 $f_u(\boldsymbol{x})$，用离散的结果标记分支。这个过程从根节点开始，递归地重复直到**叶节点**的值构成输出。

注：由于没有参数密度和树结构的先验知识，决策树实际上是一种非参数方法。

注：每个 $f_u(\boldsymbol{x})$，$\boldsymbol{x}=(x_1, x_2, \cdots, x_d)$，定义了 d 维输入空间中的判别函数，沿根节点到叶节点的路径将其划分为小区域。$f_u(\boldsymbol{x})$首选简单函数，这样可以将复杂的决策机制分解为简单的决策。一个叶节点指定了输入空间中的一个局部区域，属于这个区域的实例在分类中具有相同的标签，或者在回归中具有相同类型的数值输出。 255

注：决策树的一个关键优势是可以直接转换为一组容易实现的 if-then 逻辑规则。

定义：在**单变量树**(univariate tree)中，每个内部决策节点的测试只使用其中一个输入维。

换句话说，节点 u 的测试可以简单地表示为二元决策：

$$f_u(\boldsymbol{u}): x_j \geqslant \eta_{uj} \tag{9.1}$$

或

$$f_u(\boldsymbol{u}): x_j < \eta_{uj} \tag{9.2}$$

其中 η_{uj} 是选择的判定阈值。例 9.1 中的决策树就是单变量树。

9.3.3　分类树

如果一个决策树是为了分类(或假设检验)而建立的，则称为**分类树**(classification tree)，在分类树中，一个划分的优度被量化为**不纯度度量**(impurity measure)。如果划分后任何分支中的所有实例都属于同一个类，那么划分就是**纯**(pure)划分。

测量不纯度的一种直观方法是估计类 C_i 的概率。对于节点 u，设 N_u 为到达节点 u 的训练实例数，其中 N 为根节点。N_u 的 N_u^i 属于类 C_i，且 $\sum_i N_u^i = N_u$。给定一个到达节点 u 的实例，可以直观地得到类 C_i 的概率估计为：

$$\hat{p}_u^i = P(C_i \mid \boldsymbol{x}, u) = \frac{N_u^i}{N_u} \tag{9.3}$$

如果 p_u^i 对所有 i 都为 0 或 1，则节点 u 为纯的。0 表示到达节点 u 的实例都不在 C_i 类中，1 表示所有这样的实例都在 C_i 类中。如果划分是纯的，则不需要进一步划分，可以修改叶节点的标记为该类标签。一种常用的对于类别$\{C_1, C_2, \cdots, C_K\}$的不纯度测定方法是使用熵：

256

$$I_u = -\sum_{i=1}^{K} p_u^i \log p_u^i \tag{9.4}$$

事实上，这两类问题的可能测度可以实现为满足下列条件的非负函数 ϕ。

- $\phi(p, 1-p)$，$p \in [0, 1]$，当 $p=1/2$ 时达到最大值。
- $\phi(0, 1)=\phi(1, 0)=0$。
- $\phi(p, 1-p)$在$[0, 1/2]$上递增，而在$[1/2, 1]$上递减。

有一些满足上述条件的样例 $\phi(p, 1-p)$，都可以很好地满足不纯度测度的目的：

- 二元熵函数：$\phi(p, 1-p)=h_b(p)$。
- Gini 指数：$\phi(p, 1-p)=2p(1-p)$。
- 误分率：$\phi(p, 1-p)=1-\max\{p, 1-p\}$。

所有这些测度都可以扩展到多(即$\geqslant 2$)类的情况，并且三个指标之间没有重要性之分。

如果节点 u 不是纯的，那么为了生成最小的树，就需要在划分后找到将不纯度降到最低的划分。假设在节点 u，N_u 取第 j 个分支 N_{uj}，且存在 $\boldsymbol{x}^t$ 使得检验 $f_u(\boldsymbol{x}^t)$ 返回结果 j，类 C_i 的概率估计为：

$$\hat{P}(C_i \mid \boldsymbol{x}, u, j)=\frac{N_{uj}^i}{N_{uj}} \tag{9.5}$$

其中 N_{uj} 的 N_{uj}^i 属于类 C_i，且 $\sum_{i=1}^{K} N_{uj}^i = N_{uj}$ 。划分后的随后的总不纯度为：

$$I_u^* = -\sum_{j=1}^{n} \frac{N_{uj}}{N_u} \sum_{i=1}^{K} p_{uj}^i \log p_{uj}^i \tag{9.6}$$

其中 $\sum_{j=1}^{n} N_{uj} = N_u$ 。

▶**练习**：请总结构建分类树的算法。

注：以上原则为分类与回归树算法及其扩展奠定了基础。在树构造的每一步中，我们选择不纯度减少最大的划分，不纯度即两个方程的差值。

9.3.4　回归树

除了考虑用于回归的适当的不纯度测度之外，回归树的构造与分类树基本相同。对节点 u，X_u 是达到节点 u 的 X 的一个子集。也就是说，它是从根节点到节点 u 的路径上所有决策节点中满足所有条件的所有 $\boldsymbol{x} \in X$ 的集合。我们定义一个表示 $\boldsymbol{x}$ 到达节点 u 的函数为 257

$$b_u(\boldsymbol{x})=\begin{cases}1, & \boldsymbol{x} \in X_u \\ 0, & \text{其他}\end{cases} \tag{9.7}$$

在回归中，划分的优度可以用估计值的均方误差(MSE)来衡量。设 g_u 为节点 u 的估计值。

$$V_u = \frac{1}{|X_u|} \sum_t (r^t - g_u)^2 b_u(\boldsymbol{x}^t) \tag{9.8}$$

其中 $|X_u| = \sum_t b_u(\boldsymbol{x}^t)$ 。在特定节点中，到达该节点的实例所需输出的平均值用来定义：

$$g_u = \frac{\sum_t b_u(\boldsymbol{x}^t) r^t}{\sum_t b_u(\boldsymbol{x}^t)} \tag{9.9}$$

因此，V_u 对应于节点 u 上的方差。如果误差是可接受的，即 $V_u < \eta_r$，则创建一个叶节点并存储 g_u 的值。如果错误不可接受的，则到达节点 u 的数据将被进一步划分，以使分支中的误差总和最小。这个过程不断递归下去，类似于决策树。我们可以

把 X_{uj} 定义为 X_u 取分支 j 的子集，且 $\bigcup_{j=1}^{n} X_{uj}=X_u$ 。同理，$b_{uj}(\boldsymbol{x})$表示 $\boldsymbol{x} \in X_{uj}$ 到达节点 u 的并取第 j 个分支的指示函数，并令 g_{uj} 表示节点 u 的分支 j 的估计值。

$$g_{uj}=\frac{\sum_{t} b_{uj}(\boldsymbol{x}^t) r^t}{\sum_{t} b_{uj}(\boldsymbol{x}^t)} \tag{9.10}$$

则划分后的误差为：

$$V_u^*=\frac{1}{|X_u|}\sum_{j}\sum_{t}(r^t-g_{uj})^2 b_{uj}(\boldsymbol{x}^t) \tag{9.11}$$

注：可以在实例上采用线性回归拟合，而不是在实现常量拟合的叶节点上取平均值。

258

$$g_u(\boldsymbol{x})=\boldsymbol{w}_u^{\mathrm{T}}\boldsymbol{x}+w_{u0} \tag{9.12}$$

9.3.5　规则和树

我们已经介绍了通过连续划分节点来生长树的方法。然而，我们如何才能终止呢？我们可以继续，直到每个终端节点只包含一个实例，这会导致过拟合问题(即在训练中表现出色，但在预测中表现不佳)。可以采用两种基本方法：

- 停止规则：如果不纯度函数的变化小于预先设定的阈值，则停止分裂节点，但很难预先指定一个好阈值。
- 剪枝：决策树一直生长到它的终端节点拥有纯类，然后进行剪枝，用终端节点替换子树。

为了使决策树的推理在计算上可行，可以开发规则来推断可能访问/计算的节点。下面的练习演示了这个应用。

■**计算机练习：**假设蓝色圆圈和绿色圆圈代表警车，它们可以垂直和水平地观察街道(白色的)，直到视线被阻挡(黑色的)。在没有观察到被盗车的情况下(红星)，警车随机移动，也就是说，向前移动或左右转弯的可能性相同。一旦警车发现任何被盗车，它就会继续追踪，直到被两辆警车拦住。在跟踪过程中，由于警车的运动，策略可能会丢失视线观测，如果没有可用的推理结果，则以随机方式确定其运动。所有车辆都知道图 9.16 所示的街道地图，而蓝色警车可以观察到红星表示的被盗车，并将红星被盗车的位置通知绿色警车。红星被盗车现在先移动一步，然后警车也轮流移动一步，而所有的汽车都可以按照它们构建的决策树一次移动一步。每棵决策树的深度不能超过 64 层。红星被盗车能在被两辆警车拦住之前从三个出口里面的一个跑掉吗？

图 9.16　街道地图(黑色为禁止驾驶，白色为街道)(附彩图)

9.3.6　定位机器人

在许多机器人应用中，决策树是一种提高智能的有效方法。例如，如图 9.17 所示，机器人知道地图多边形 $\mathcal{P}$ 和可见多边形 $\mathcal{V}$，可见多边形表示机器人从当前位置在环境中可以看到的区域。再假设机器人知道如图所示的 $\mathcal{P}$ 和 $\mathcal{V}$ 的方向。黑点表示机器人在可见多边形中的位置。通过审查 $\mathcal{P}$ 和 $\mathcal{V}$，机器人可以确定它在 $\mathcal{P}$ 中的 p_1 点或 p_2 点，这意味着假设集为 $\mathcal{H}=\{p_1, p_2\}$。

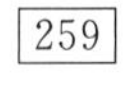

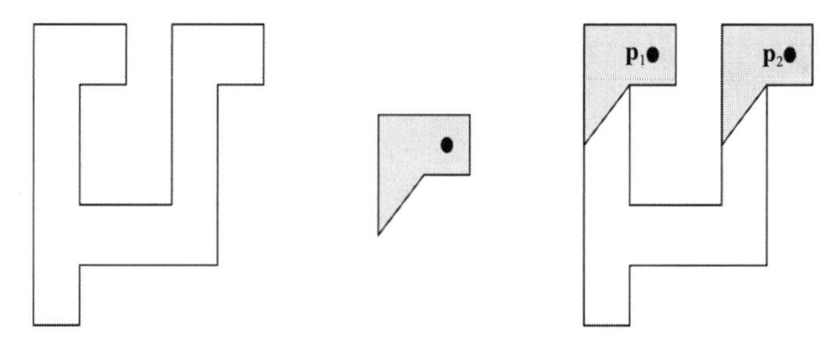

图 9.17　给定一个左边的地图多边形 $\mathcal{P}$，中间的可见多边形 $\mathcal{V}$，机器人必须确定右边的两个可能的初始位置 p_1 和 p_2 的哪一个是其在 $\mathcal{P}$ 中的实际位置(来自本章参考文献[5])

因为 $\mathcal{V}(p_1)=\mathcal{V}(p_2)=\mathcal{V}$，所以 p_1 和 p_2 无法区分。但是，通过移动到 $\mathcal{P}$ 中的走廊部分，再进行一次探测，机器人就可以精确地确定自己的位置。这种验证行程是机器人在预先知道其初始位置的情况下，通过探测来验证信息，然后返回到起始位置的路径。最优验证行程是最小旅行长度 $d_{\min}$ 的验证行程。

260

没有必要假设任何关于 $\mathcal{H}$ 的先验知识或统计数据。因此可以应用决策树。定位决策树是由两种节点和两种加权边组成的树。节点是感知节点(S 节点)或减少节点(R 节点)，节点类型沿着从根到叶的任何路径交替出现。因此，沿着树向下的树边要么将一个 S 节点连接到一个 R 节点(SR 边)，要么将一个 R 节点连接到一个 S 节点(RS 边)。

(1) 每个 R 节点都与一个还没有被排除的假设初始位置的集合 $\mathcal{H}'\subseteq\mathcal{H}$ 相关联。根结点是与 $\mathcal{H}$ 相关联的 R 节点，每个叶节点是与单假设集相关联的 R 节点。

(2) 每条 SR 边表示机器人根据该边的 S 节点端收集到的信息进行排除假设的计算。SR 边不代表机器人的物理旅行，因此其权重为 0。

(3) 每条 RS 边都有一个与机器人初始位置相关联的路径。这是机器人被引导到下一个感知点的路径。每条 RS 边的权值就是它的关联路径的长度。

为了最小化机器人的移动距离，定位决策树的加权高度可按如下方式定义。在一棵定位决策树中，根到叶路径的权值是该路径上各边权值的和。局部决策树的加权高度是根到叶路径的最大权值。最优定位决策树是最小加权高度的定位决策树。一般来说，寻找最优定位决策树的问题是 NP 难的。

■**计算机练习：** 请为图 9.18 开发一棵定位决策树，其中假设集为 $\mathcal{H}=\{p_1, p_2, p_3, p_4\}$。请正确选择与定位决策树的高度相关的探测点。请计算在决策树上执行搜索来获得机器人的最小行走距离的复杂度。

261

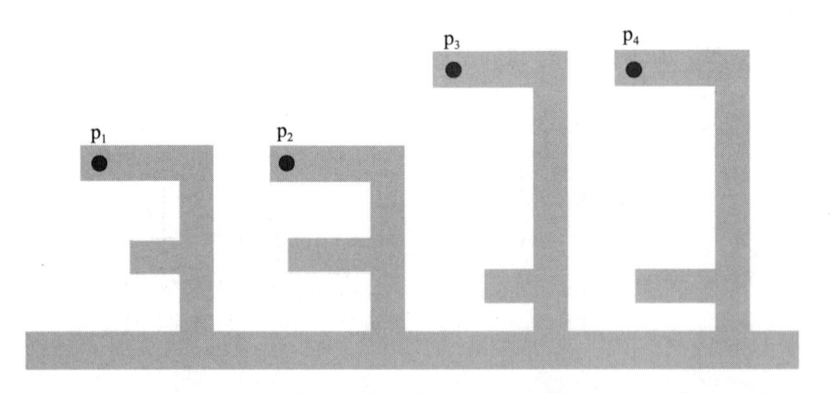

图 9.18　在四个可能的位置定位一个机器人，假设机器人的视角为 90°

9.3.7　带决策树的强化学习

在许多机器人或基于智能体的应用中，获取经验是非常昂贵和耗时的。实现这一目标的两种主要方法是将泛化(函数近似)并入无模型方法，以及开发基于模型的算法。基于模型的方法通过学习某一领域的模型，并在其模型中模拟经验，实现了很高的样本效率，从而节省了现实世界中宝贵的样本。基于模型的强化学习方法一旦建立了一个准确的领域模型，就可以通过模型内的值迭代来快速找到最优策略。因此，提高基于模型方法的样本效率的关键是提高它们的模型学习效率。快速学习领域模型的一种方法是使用现代机器学习技术在模型学习中引入泛化。学习模型本质上是一个监督学习问题，输入是智能体当前的状态和动作，学习算法必须预测智能体的下一个状态和奖励。许多现有的监督学习算法能够将它们的预测推广到新的或看不见的状态空间部分。

有效地学习模型需要结合快速学习算法和快速获得必要训练样本的策略。智能体可以将其期望改进模型的探索状态作为目标。这些状态可能是智能体不经常访问的地方，或者是模型对其预测置信度低的地方。为了实现上述愿望，引入了一种新的强化学习算法，**带决策树的强化学习**(RL-DT)，它使用决策树来有效地学习领域模型，将泛化结合到模型的学习中。该算法在切换到利用模式之前，很早就进行探索来学习一个精确的模型。

262

RL-DT 的数学表达式从第 4 章中的标准 MDP 开始，包含状态集 $\mathcal{S}$，动作集 $\mathcal{A}$，一个奖励函数 $R(s,a)$和一个状态转移函数 $P(s'|s,a)$。在状态 $s\in\mathcal{S}$ 中，智能体执行动作 $a\in\mathcal{A}$，然后得到奖励 $R(s,a)$，通 $P(s'|s,a)$达到新的状态 s'。智能体的目标是找到一个策略 π 映射状态到动作上，使得能最大化在视界上的期望累积折扣奖励。任何给定的状态-动作对的值 $Q^*(s,a)$通过求解贝尔曼方程来确定：

$$Q^*(s,a)=R(s,a)+\gamma\sum_{s'}P(s'|s,a)\max_{a'}Q^*(s',a') \tag{9.13}$$

其中 $0<\gamma<1$ 表示折扣因子。最优值函数 Q^* 可以通过在贝尔曼方程上的朝向收敛的值迭代来计算。最优策略 π 为

$$\pi(s)=\underset{a}{\operatorname{argmax}}Q^*(s,a) \tag{9.14}$$

Rl-DT 算法是一种基于模型的强化学习算法，它维护了观察集 $\mathcal{S}_M$ 中所有状态的集合，并计算每个状态-动作对的访问次数。从一个给定的状态 s，一个机器人执行由它的动作值指定的动作 a，并增加访问计数 $Visit(s,a)$。它获得一个奖励 r 和下一个状态 s。如果状态 s 还没有在 $\mathcal{S}_M$ 中出现，则将其添加到状态集 $\mathcal{S}_M$ 中。然后，该算法通过后面描述的**模型学习**(model learning)方法，用这种新的经验来更新其模型。算法决定探索还是利用，则基于它是否相信它的模型是准确的，这依赖于后面描述的**校验模型**(Check-Model)。如果模型有改变，算法将通过值迭代重新计算动作值。

RL-DT 的一个特殊目的是学习一个转移函数和奖励函数的模型，特别是在尽可能少的样本中学习底层的 MDP 模型。值得注意的是，许多状态中的转移函数和奖励函

数可能是相似的，如果是这样的话，通过在相似的状态中泛化这些函数，可以更快地学习到这个模型，尤其是在不访问每个状态的情况下学习 MDP 的精确模型。例如，在本书的许多网格例子中，向右移动的相对效果(例如，$x \leftarrow x+1$)比绝对效果(例如，$x \leftarrow 5$ 或 $x \leftarrow 6$)更容易推广。RL-DT 利用这一规则，在学习其模型时，使用监督学习技术来泛化跨状态动作的相对效果，该模型可以预测动作的效果，甚至可以预测那些它不经常访问或根本不访问的状态。

263

智能体使用决策树学习转移函数和奖励函数的模型。建立一个单独的决策树来预测奖励和 n 个状态变量的每一个的奖励。前 n 棵树每一个都对概率 $P(x_i^r|s, a)$进行预测，而最后一棵树则预测奖励 $R(s, a)$。一旦更新模型，就在模型上执行值迭代来查找所期望的策略。

我们使用以下示例来说明如何将决策树应用到早期的移动机器人场景中。

例：在图 9.19 所示的迷宫中，在穿行该房间时，预先指定的决策机制可能：(i) 更喜欢直走；(ii) 更喜欢左转；(iii) 更喜欢右转；(iv) 在交叉口随机选择方向继续行走。我们应如何建立决策树，来为这种预先指定的机制来快速学习四种选择的偏好？

图 9.19　从左上块开始到右下块结束

智能体对移动模式有自己的偏好：直走，左转和右转。为了模拟一个智能体的移动模式，观测的智能体需要先观察目标智能体的移动模式。一个智能体穿过图 9.19 所示的块。其结构是，左上方块是起点，智能体希望达到目标块(即右下方块)。该试验将进行 N 次，在进行 N 次试验后，观测的智能体生成被观察智能体的移动模型来猜测其移动偏好。

264

模仿移动的算法

首先，为了保持例子的简单性，观测的智能体假设目标智能体基于马尔可夫决策过程(MDP)移动。模拟的过程如下：

- 创建状态(位置)树。
- 观测目标智能体移动模式的 N 次试验。
- 使用第一个过程中生成的树来模拟路径。

创建树

假设观测的智能体知道整个地图的结构以及图 9.19 中所有可能通过的区块。在这里，观测的智能体创建每个状态 s(块的位置)的树。并且智能体也知道 s 的所有邻居状态，以及下一步可能通过的邻居状态。现在我们定义状态 s 的可能的邻居列表(例如 s'，s''，…)为 $neighbor(s)=[s', s'', \cdots]$。然后智能体将列表 $neighbor(s)=[s', s'', \cdots]$中的所有状态连接到状态 s，并将此过程迭代到所有状态。在这棵树中，列表 $neighbor(s)=[s', s'', \cdots]$中的状态 s'，s''，…可以称为状态 s 的**子节点**，状态 s 也可以称为 s'，s''，…的**父节点**。

- 从开始状态 $s^{(s)}$ 开始，并得到 $neighbor(s^{(s)})$。
- 用边连接 $neighbors(s^{(s)})$中的所有邻居到状态 $s^{(s)}$。
- 转到 $neighbors(s^{(s)})$中的下一个状态，并对每个状态应用相同的过程。
- 迭代直到达到目标状态 $s^{(g)}$。

观测并模拟树

现在，观测的智能体根据目标智能体的试验模拟这棵树。观测的智能体需要做的就是模拟到树上状态节点的整个路径。在对目标进行 N 次试验期间，观测的智能体将每个节点(状态)的访问状态 s 的次数记作 N_s。当状态 s 是父节点，s'是子节点时，我们定义从状态 s 到 s'的转移概率为 $p_{ss'}=p(s'|\mathrm{s})$。这个 $p_{ss'}$表示当智能体在状态 s 时，智能体去往状态 s'的偏好。如果 s'是列表 $neighbors(s)$中唯一的状态，换句话说，是 s 的唯一一个子节点，那么 $p_{ss'}=1$，这意味着智能体刚从状态 s 走直到状态 s'。但是，如果存在多个来自状态 s 的子节点，则 $p_{ss'}=N_{s'}/N_s$，而 $N_{s'}$是访问子节点 s'的状态的次数。模拟树的过程如下：

265

- 初始设置，$n=0$，n 为执行的试验次数，对 $s\in S$，$N_s=0$，S 为所有状态的集合。
- $n\leftarrow n+1$。
- 在节点 s，如果目标访问了状态 s，则 $N_s\leftarrow N_s+1$ 并对所有状态 $s\in S$ 应用相同的过程。
- 从第 2 步重复同样的过程直到 $n=N$。
- 检查 $p_{ss'}$，如果状态 s 和 s'的节点是连接的，而且 s 是状态 s'的父状态，则 $p_{ss'}=N_{s'}/N_s$。

模拟

使用图 9.19，模拟 $N=10$ 的目标智能体移动模式，观测的智能体试图得到目标的偏好。

图 9.20 展示了如何根据图 9.19 中的地图来生成树，起始状态为 $s=s_{0,1}$，然后智能体生成树，直到达到目标 $s_{8,5}$。生成树后，当智能体开始模拟树时，图 9.21 展示了根据图 9.19 如何转到状态的每个节点。例子是当智能体走过块(0，1)，(1，1)，(2，1)，(3，1)，…时，则在树上，智能体通过 $s_{0,1}$，$s_{1,1}$，$s_{2,1}$，$s_{3,1}$，…来模拟。

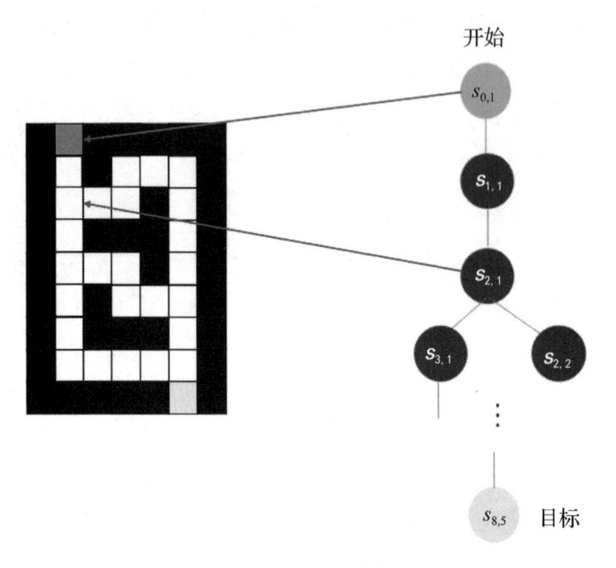

图 9.20 创建树

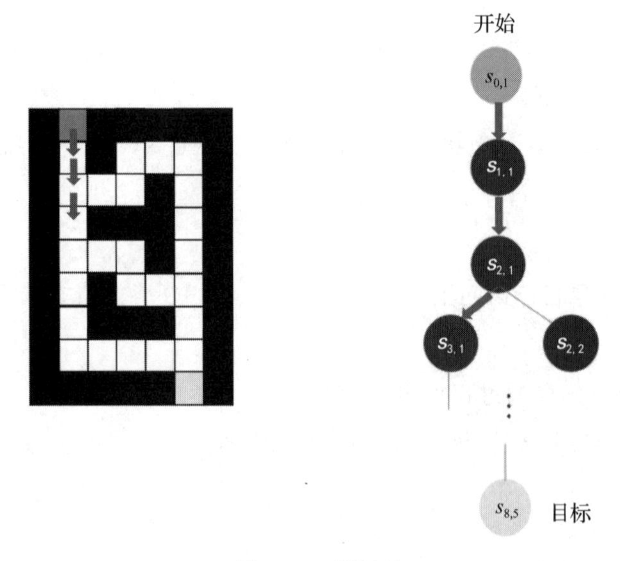

图 9.21 模拟树

N 次试验后，智能体计算每条边的 $p_{ss'}$。在图 9.22 的例中，有两个交点，这意味着在树中这些状态有 2 个子节点。本例中，智能体计算 $p_{ss'}=p(s'|s)$，结果为 $p(s_{3,1}|s_{2,1})=0.67$，$p(s_{2,2}|s_{2,1})=0.33$，$p(s_{5,1}|s_{4,1})=0.67$，$p(s_{4,2}|s_{4,1})=0.33$；对于其他状态 s 和 s'，$p(s'|s)=1$。在这种情况下，观测的智能体得出结论：当有交叉路口时，目标智能体的偏好是以 $p=0.67$ 的概率直行，以 $p=0.33$ 的概率向右转弯。 266

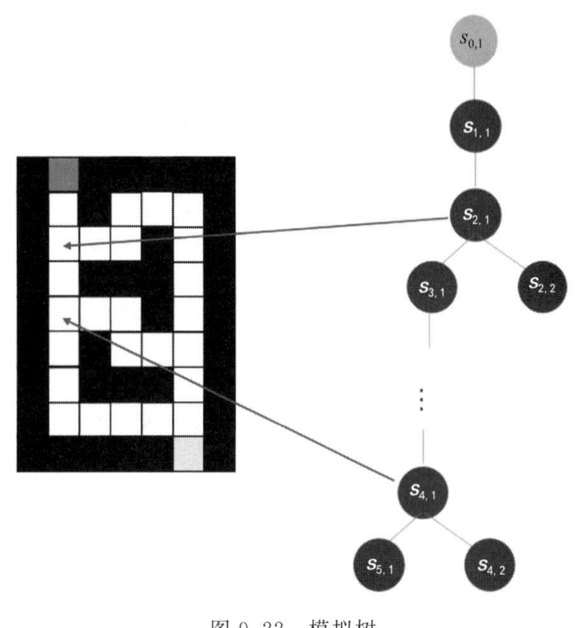

图 9.22　模拟树 267

我们使用这个简单的例子来说明如何利用决策树来学习另一个智能体的动作模型，这个方法具有广泛的应用。

注： RL-DT 是 RL 的一个变体，用于快速学习 MDP 模型，RL-DT 可以应用于许多场景，如人机协作、机器人足球比赛，以及在本章前面的练习中的车辆追逐等。

9.4　联邦学习

融合中心通过无线链路对收集到的数据进行推理，是促进物联网中的人工智能的常见技术场景，这也指出了保护传输数据的安全性或至少隐私性的技术挑战，也是 6G 移动通信的应用场景。当设备具有良好的计算能力时，机器学习 ML(如深度学习)就成为推理的手段，而相关数据(或数据集)的隐私保护则被认为是要实现的高优先级技术目标。最近，一种新的 ML 方法，**联邦学习**(Federated Learning，FL)被提出来解决这种技术挑战[1]，本节中将对此技术进行介绍。

9.4.1 联邦学习基础

假设网络中有 N 个数据所有者(或传感器)$\{\boldsymbol{S}_i\}_{i=1}^N$，$\boldsymbol{S}_i$ 有一个数据集 $\mathbb{D}_i$。传统的融合中心必须通过无线通道收集所有的数据集$\{\mathbb{D}_i\}_{i=1}^N$，通过训练 ML 模型 $\boldsymbol{M}_{\text{SUM}}$ 来进行推理，这意味着数据所有者 $\boldsymbol{S}_i$ 必须开放数据集 $\mathbb{D}_i$ 给融合中心。

相反，联邦学习(FL)的目的是基于这些数据集建立一个联合的 ML 模型，而不需要实际获得任何数据集。FL 分为两个阶段进行，**模型训练**(model training)和**模型推理**(model inference)。在模型训练中，信息可以交换。但数据不是，模型训练不会泄露任何数据集$\{\mathbb{D}_i\}_{i=1}^N$ 的私有部分。经过训练的模型可以驻留在融合中心或任何 $\boldsymbol{S}_i$ 中，或者在它们之间协同共享。模型可用于在任何新数据集上进行推理：

268

- $\{S_i\}_{i=1}^N$ 联合建立一个 ML 模型，其中每一个数据拥有者协同贡献一些数据/信息用于训练模型。
- 模式可以在数据所有者(和融合中心)之间以一种安全的通信方式进行转换(例如，加密的方式)，这样使得数据逆向工程不可能。
- 所得到的模型 $\boldsymbol{M}_{\text{FED}}$ 是直接使用所有数据集的理想模型的一个很好的近似。

令 $\boldsymbol{L}_{\text{SUM}}$ 和 $\boldsymbol{L}_{\text{FED}}$ 分别表示模型 $\boldsymbol{M}_{\text{SUM}}$ 和 $\boldsymbol{M}_{\text{FED}}$ 的性能度量。令 $\delta>0$，$\boldsymbol{M}_{\text{FED}}$ 达到 δ 性能损失，如果

$$|\boldsymbol{L}_{\text{FED}}-\boldsymbol{L}_{\text{SUM}}|<\delta \tag{9.15}$$

数据集 $\mathbb{D}_i$ 可以看作一个矩阵，每一行表示一个(数据)样本，每一列表示一个具体的特征，并带有可能的样本标签。特征空间和标签空间分别表示为 $\mathcal{X}$ 和 $\mathcal{Y}$，样本 ID 空间表示为 $\mathcal{I}$。标签可以表示保险数据集中的保单年费率，也可以表示电子商务数据集中的购买意愿。

图 9.23 展示了 FL 的两种基本形式，**横向联邦学习**(Horizontal Federated Learning，HFL)也被称为样本划分 FL 或样例划分 FL。HFL 适用于在不同站点的数据集共享重叠的特征空间，但在样本空间不同的情况下进行推断。HFL 的条件是：

$$\mathcal{X}_i=\mathcal{X}_j,\ \mathcal{Y}_i=\mathcal{Y}_j,\ \mathcal{I}_i\neq\mathcal{I}_j,\quad \forall\,\mathbb{D}_i,\ \mathbb{D}_j,\quad i\neq j \tag{9.16}$$

另一方面，如果每个参与者的身份和地位都是相同的，则联邦建立“联邦”战略，并称为**纵向联邦学习**(Vertical Federated Learning，VFL)，其条件是：

---

[1] 见本章参考文献[7]。

$$\mathcal{X}_i \neq \mathcal{X}_j,\ \mathcal{Y}_i \neq \mathcal{Y}_j,\ \mathcal{I}_i = \mathcal{I}_j,\ \forall\, \mathbb{D}_i,\ \mathbb{D}_j,\ i \neq j \tag{9.17}$$

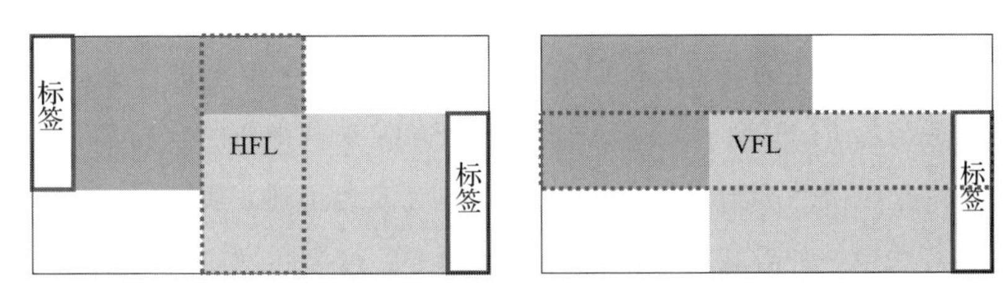

图 9.23　(左)横向联邦学习(右)纵向联邦学习(来自本章参考文献[7])

无线(传感器)数据收集和融合/推理，而隐私是一个严重关切的问题(比如，隐私保护数据收集)。这似乎是一种 FL 可行的场景，FL 通过处理每个数据源生成一个数据集。HFL 和 VFL 都是可能的，取决于确切的操作条件。

9.4.2　通过无线通信进行联邦学习

将联邦学习(FL)与深度学习(DL)相结合通常是很有趣的。图 9.24 给出了一个应用场景，在满足隐私保护要求下，每个融合中心都能够进行深度学习，从自己的传感器数据进行推断。一个集中式的 DL 机制可以与这些融合中心通信，对所有传感器数据进行深度学习。出于对隐私/安全或带宽方面的考虑，特别是集中式 DL 机制和融合中心之间的无线通信链路，可能不太适合将原始数据集从融合中心发送到集中式 DL 机制/服务器。

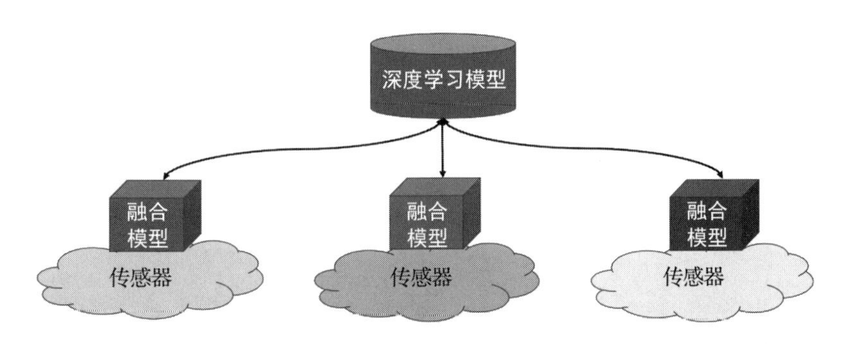

图 9.24　与传感器网络对应的多个传感器融合中心进行通信的集中式深度学习

FL 揭示了一种创新的过程，以达到从整个数据推导 DL 模型(但在不传输数据的情况下)的目的，过程如下：

(1) 集中的 DL 训练全局模型(即深度学习模型)。

(2) 该全局模型发送到各个分布式融合中心。

(3) 每个融合中心利用从自己的传感器网络收集的数据集对模型(即融合模型)进
270
行优化。

(4) 将这些本地训练的模型上传到集中的 DL 机制/服务器上进行更新。

(5) 应用适当的 FL 模型(如 FedAvg 或 FedSGD)来获得新的全局 DL 模型。

(6) 如果满足收敛性准则，则完成 FL。否则，重复上述步骤。

FedSGD 算法以一种直观的方式进行，因为 DL 通常通过应用梯度来训练神经网络。假设在 N 个融合中心中，每个融合中心在较小的数据集中进行 DL，得到梯度 g_n 的融合模型。集中式 DL 服务器计算其梯度：

$$g=\frac{1}{N}\sum_{n=1}^{N} g_n \tag{9.18}$$

神经网络 NN 的权重由下式获得：

$$\boldsymbol{w}_{\text{new}}=\boldsymbol{w}_{\text{old}}-\gamma \cdot g \tag{9.19}$$

其中 γ 表示学习率。为了避免在分布式融合中心和集中式服务器之间频繁的通信，通过简单地平均权值，提出了一种有效且广泛应用的算法 FedAvg：

$$\boldsymbol{w}_{\text{new}}=\frac{1}{N}\sum_{n=1}^{N} \boldsymbol{w}_n \tag{9.20}$$

以上对 FL 的描述只是假设存在通信链路。最先进的研究开发了用于 FL 的新方法，并考虑到了无线通信而进一步进行探索。

9.4.3　无线网络上的联邦学习

我们首先考虑无线网络上的 FL 问题，如图 9.24 所示，在一个多用户无线系统上，该系统由一个连接到集中式 DL 模型的基站(BS)和为这些 N 个融合模型服务的 N 个用户终端 UE 组成[⊖]。每个参与的用户终端 UE n 存储一个大小为 D_n 的本地数据集 $\mathbb{D}_n$。随后的总数据大小为：

271

$$D=\sum_{n=1}^{N} D_n \tag{9.21}$$

考虑到监督学习，在用户终端 UE n，$\mathbb{D}_n$ 表示给定一组输入-输出向量对 $\{\boldsymbol{x}_i, \boldsymbol{y}_i\}_{i=1}^{D_n}$ 的数据集合。对于这类监督学习问题，目标是找到模型参数 $\boldsymbol{w}$，这用损失函数 $f_i(\boldsymbol{w})$ 表征了输出 $\boldsymbol{y}_i$。例如，常见的形式是：

$$f_i(\boldsymbol{w})=\frac{1}{2}\|\boldsymbol{x}_i^{\mathrm{T}}\boldsymbol{w}-\boldsymbol{y}_i\|^2 \tag{9.22}$$

⊖ 见本章参考文献[8]。

因此在用户终端 UE n 处，数据集 $\mathbb{D}_n$ 上的损失函数为：

$$J_n(\boldsymbol{w})=\frac{1}{D_n}\sum_{i\in\mathbb{D}_n}f_i(\boldsymbol{w}) \tag{9.23}$$

学习模型最小化下面的全局损失函数：

$$\min_{\boldsymbol{w}} J(\boldsymbol{w})=\sum_{n=1}^{N}\frac{D_n}{D}J_n(\boldsymbol{w}) \tag{9.24}$$

FL 处理如下[㊀]：

(1) 对每个 UE，在第 t 步更新，

计算：每个 EU 求解本地问题

$$\boldsymbol{w}_n^t=\underset{\boldsymbol{w}_n}{\arg\min}F_n(\boldsymbol{w}_n|\boldsymbol{w}^{t-1},\ \nabla\boldsymbol{J}^{t-1}) \tag{9.25}$$

要求本地精度满足 $0\leqslant\theta\leqslant1$。

通信：每个 UE 发送 $\boldsymbol{w}_n^t$ 和$\nabla\boldsymbol{J}_n^t$ 到基站 BS，根据预先指定的网络机制(例如，时分多址称为 TDMA)。

(2) 在基站 BS 端，聚合下列信息：

$$\boldsymbol{w}^{t+1}=\frac{1}{N}\sum_{n=1}^{N}\boldsymbol{w}_n^t \tag{9.26}$$

$$\nabla\boldsymbol{J}^{t+1}=\frac{1}{N}\sum_{n=1}^{N}\nabla_n^t \tag{9.27}$$

然后反馈给所有的 UE，重复这个过程直到达到目标精度 $0\leqslant\varepsilon\leqslant1$(即$\|\nabla\boldsymbol{J}(\boldsymbol{w}^t)\|$收敛)。

在这种设置下，无线网络上 FL 的问题面临的如下之间的权衡：(i) 学习时间和使用帕累托效率模型的 UE 能量消耗；(ii) 计算与通过寻找最佳的学习精度参数[8]的通信学习时间。为了理解这些问题，我们采用如下的计算模型和通信模型。 272

- 对每个 EU n，花费 c_nD_n 个指令周期来计算 $\mathbb{D}_n$。EU n 处的 CPU 周期频率为 ϕ_n，则 EU n 处一次局部迭代计算的 CPU 能耗可以表示为：

$$\mathcal{E}_n^{\text{comp}}(\phi_n)=\sum_{i=1}^{c_nD_n}\frac{\alpha_n}{2}\phi_n^2=\frac{\alpha_n}{2}c_nD_n\phi_n^2 \tag{9.28}$$

其中 $a_n/2$ 为 CPU 能量效率的电容系数。因此计算时间是 c_nD_n/ϕ_n。

- 假设在 AWGN 信道上 OFDM，UE n 的可达传输速率为：

$$r_n=B\log\left(1+\frac{h_nP_n}{N_0}\right) \tag{9.29}$$

㊀ 见本章参考文献[9]。

其中 B 表示带宽，h_n 表示信道增益常数，P_n 表示传输功率，N_0 表示加性噪声。理想情况下，$\boldsymbol{w}_n$ 和$\nabla \boldsymbol{J}_n$ 的数据大小都是 s_n，选取 r_n 里面的一部分 τ_n 来发射。也就是

$$\tau_n = s_n / r_n \tag{9.30}$$

是最节能的传输策略，其给出的通信效率为 $\varepsilon_n^{\text{comm}}(\tau_n)$。因此，我们可以形成相应的优化问题来探索权衡。

9.4.4 多接入通信上的联邦学习

在早期的建模中，我们假设无线网络或精确地说多接入通信上的 FL 中存在一种理想的网络机制。实际上，我们要么应用多接入协议，要么采用带控制信令的预订机制，这会消耗额外的带宽。对于特定的学习/融合模型、深度学习或线性回归，损失函数定义为式(9.22)，通过 $\boldsymbol{x}_n$，$\boldsymbol{y}_n$ 和 $\boldsymbol{w}^t$ 对 $\boldsymbol{w}_n^{t+1}$ 进行局部更新。而 BS 则使用式(9.26)来更新 DL(或回归)模型。

在 FL 中，BS 端的局部更新和聚合通过迭代采用式(9.22)和式(9.26)来完成。迭代要求 N 个 UE 都上传其本地权重向量。如果 N 太大，每次迭代上传需要的通信时间在这种多接入通信中就可能很长。为了缩短上传时间，多通道和多址接入协议可以一起使用。考虑到最简单的多址接入协议 ALOHA，我们打算通过多通道 ALOHA 来开发一种随机抽样方法来近似式(9.26)。

273

对于 9.4.3 节中的原始 FL，在式(9.26)中求平均值需要所有 N 个局部更新。然而，无线通信总是需要处理一个关键的限制，带宽。我们必须评估所有局部更新在每次迭代中可能不可用的可行性。换句话说，假设有 M 个并行信道，其中 $M \ll N$，使得这 M 个 UE 能在每次迭代中同步上传其局部更新。为了避免选择困境，采用了访问概率依赖于局部更新的多信道 ALOHA 协议。

首先，基于 BS 的视角，根据 UE 的访问概率，我们提出一个优化问题来近似聚合操作。然后，我们证明了每个用户可以通过自己的局部更新和来自 BS 的(简单)反馈信息来决定自己的访问概率。定义 $a = \sum_{n=1}^{N} w_n$，表示为归一化的聚合。进一步定义 $u = \sum_{n=1}^{N} w_n \delta_n$，$\delta_n \in \{0, 1\}$，其中 $\delta_n = 1$ 是一个指示器，表示 BS 从 UE n 收到了局部更新。我们假设 δ_n 是依赖于 w_n 的。u 可以看作 a 的近似值用于式(9.26)中的聚合。为了评估逼近误差，我们可以考虑以下条件误差范数：

$$E[\|a-u\| \mid \mathcal{W}]=E\left[\|\sum_{n=1}^{N} w_n(1-\delta_n)\| \mid \mathcal{W}\right] \tag{9.31}$$

$$\leqslant \sum_{n=1}^{N} a_n E[1-\delta_n \mid w_n] \tag{9.32}$$

$$\leqslant \sum_{n=1}^{N} a_n \mathrm{e}^{-q_n} \tag{9.33}$$

其中 $a_n=\|w_n\|$，且 $q_n=\mathbb{E}[\delta_n \mid w_n]$是 BS 接收到来自 UE n 的局部更新的概率。式(9.32)由三角形属性获得，而式(9.33)则是因为 $1-x\leqslant \mathrm{e}^{-x}$，$x\in(0, 1)$而成立。274

本章参考文献[10]基于上述原则对多信道 ALOHA 上的 FL 进行了评估，并证明其具有良好的性能。参考[11，12]还对无线通信的本质进行了有趣的探索。

当机器人必须依靠无线传感器网络来执行精确和安全的操作时，联邦学习和其他隐私保护推理技术成为无线机器人技术的一个关键方面。

延伸阅读：参考文献[2]有关于自动驾驶汽车的计算机视觉和成像的详细材料。参考文献[3]提供更多关于计算机视觉的详细知识和技术。参考文献[4]对多模态数据融合提供了一个很好的概述。参考文献[6]提供了一个早期集成决策树和 RL 的尝试。

参考文献

[1] B. Ranft, C. Stiller, "The Role of Machine Vision for Intelligent Vehicles", *IEEE Tr. on Intelligent Vehicles*, vol. 1, no. 1, pp. 8–19, March 2016.

[2] R.P. Loce, R. Bala, M. Trivedi, *Computer Vision and Imaging in Intelligent Transportation Systems*, Wiley-IEEE, 2017.

[3] R. Szeliski, *Computer Vision: Algorithms and Applications*, Springer, 2010.

[4] D. Lahat, T. Adali, C. Jutten, "Multimodal Data Fusion: An Overview of Methods, Challenges, and Prospects", *Proceeding of the IEEE*, vol. 103, no. 9, pp. 1449–1477, Sep. 2015.

[5] G. Dudek, K. Romanik, S. Whitesides, "Localizing A Robot With Minimal Travel", *SIAM J. Comput.*, vol. 27, n0. 2, pp. 583-604, April 1998.

[6] T. Hester, P. Stone, "Generalized Model Learning for Reinforcement Learning in Factored Domains", *The Eighth International Conference on Autonomous Agents and Multiagent Systems (AAMAS 09)*, Budapest, 2009.

[7] Q. Yang, Y. Liu, T. Chen, and Y. Tong, "Federated machine learning: Concept and applications", *ACM Trans. Intell. Syst. Technol.*, vol. 10, pp. 12:1–19, Jan. 2019.

[8] N.H. Tran, W. Bao, A. Zomaya, M.N.H. Nguyen, C.S. Hong, "Federated Learning over Wireless Networks: Optimization Model Design and Analysis", *IEEE INFOCOM*, 2019.
275

[9] J. Konecny, H. B. McMahan, D. Ramage, and P. Richtarik, "Federated Optimization: Distributed Machine Learning for On-Device Intelligence", arXiv:1610.02527 [cs], Oct. 2016.
[10] J. Choi, S.R. Pokhrel, "Federated Learning with Multichannel ALOHA", *IEEE Wireless Communications Letters*, early access, 2020.
[11] F. Ang, L. Chen, N. Zhao, Y. Chen, W. Wang, F. Richard Yu, "Robust Federated Learning with Noisy Communication", *IEEE Tr. on Communications*, early access, 2020.
[12] K. Yang, T. Jiang, Y. Shi, Z. Ding, "Federated Learning via Over-the-Air Computation", *IEEE Tr. on Wireless Communications*, early access, 2020.

276

第10章　多机器人系统

最先进的机器人技术经常处理需要多个机器人来完成一个任务的场景，比如图10.1中所示的自动化工厂中的机器人、一组探索机器人，或一队自动驾驶汽车，这就引入了另一个关于多机器人系统(Multi-Robot Systems，MRS)的重要技术。无线通信和网络使多机器人系统具有高度的灵活性和动态性，并有可能在技术的进一步发展下形成一个网络化的多机器人系统(networked MRS)。一个多机器人系统可以看作人工智能中的一个多智能体系统(Multi-Agent System，MAS)，我们称(无线)联网的MAS为网络化MAS(Networked MAS，NetMAS)。

图10.1　多个机器人组装汽车。照片来自福布斯，https://www.forbes.com/sites/annashedletsky/2018/06/11/when-factories-have-a-choice-between-robots-and-people-its-best-to-start-with-people/#41e02d2e6d5f

10.1　多机器人任务分配

多机器人任务分配(Multi-Robot Task Allocation，MRTA)是机器人任务分配的直接技术挑战，其根源可能在于分解任务复杂度、提高MRS的整体性能、提高MRS的可靠性，或在不同功能的机器人之间的协作。MRTA问题因此定义为：为了实现整个系统的目标/任务，找到任务到机器人的分配。有两个子问题需要完成：

(a) 一组任务分配给一组机器人，或者等价地，一组机器人分配给一组任务。

(b) 协调多个机器人的行为来高效、可靠地完成集体(通常是合作或协作)任务。

注： MRTA 问题本质上是一个动态决策问题，它随时间和环境改变、灵活动态的顺序等现象而变化，这就意味着 MRTA 更倾向于随时间推移来获得迭代解。

10.1.1 最优分配

MRTA 问题可以直接表述为如下的最优分配(Optimal Assignment，OA)问题：定义 $R=\{r_1，\cdots，r_m\}$一队机器人，其中 r_i，$i=1，\cdots，m$ 表示第 i 个机器人，$T=\{t_1，\cdots，t_n\}$为一组任务 t_j，$j=1，\cdots，n$ 的集合，$U=\{u_{ij}\}$表示为机器人效用的集合，其中 u_{ij} 表示机器人 i 执行任务 j 的效用。OA 问题的目标是将 T 分配给 R，反之亦然。

注： 效用通常涉及两个方面，任务执行的期望质量 Q_{RT} 和执行的期望资源成本 C_{RT}。假设机器人 i 能够执行任务 j，

$$u_{ij}=Q_{ij}-C_{ij} \tag{10.1}$$

一般来说，MRTA 必须考虑以下几个方面：

- 单任务(Single-Task，ST)机器人或多任务(Multi-Task，MT)机器人。
- 单机器人(Single-Robot，SR)任务或多机器人(Multi-Robot，MR)任务。
- 即时分配(Instantaneous Assignment，IA)或时间延迟分配(Time-extended Assignment，TA)，而即时分配意味着关于机器人、任务和环境的信息服务于即时决策(或一次性决策)。

278

定义(ST-SR-IA 最优分配问题)： 给定 m 个机器人和 n 个任务，每个机器人都能执行该任务(即正效用)，目标是将 R(即机器人)分配给 T(即任务)，来最大化总体期望效用 U。

ST-SR-IA OA 问题可以用很多方法来表示，通常是众所周知的**整数线性规划**(integral linear program)：找到 mn 个非负整数 α_{ij} 来最大化

$$U=\sum_{i=1}^{m}\sum_{j=1}^{n}\alpha_{ij}u_{ij} \tag{10.2}$$

s. t.

$$\sum_{i=1}^{m}\alpha_{ij}=1，1\leqslant j\leqslant n \tag{10.3}$$

$$\sum_{j=1}^{n}\alpha_{ij}=1，1\leqslant i\leqslant m \tag{10.4}$$

其中 α_{ij} 的功能就像一个指示函数，要么为 0 要么为 1。

换句话说，ST-SR-IA OA 问题可以理解为：给定 m 个机器人，n 个任务，对 mn 个可能的机器人-任务对里面的每一个进行效用估计，给每个机器人最多分配一个任务。如果这些效用可以集中已知并集中执行线性规划，则最优分配时间复杂度为 $O(mn^2)$。

另外，基于分布式拍卖的方法也可以用来寻找最优分配，通常所需要的时间与最大效用成正比，与最小竞价增量成反比。为了理解这些经济启发的算法，需要线性规划对偶性的概念。与所有最大化线性规划一样，OA 问题有一个对偶最小线性规划，它可以表述为：找到 m 个整数 μ_i 和 n 个整数 υ_j 来最小化

$$\Psi = \sum_{i=1}^{m} \mu_i + \sum_{j=1}^{n} \upsilon_j \tag{10.5}$$

s. t.

$$\mu_i + \upsilon_j \geqslant u_{ij}, \quad \forall i, j \tag{10.6}$$

注：对偶定理表明原问题和对偶问题是等价的，并且它们各自的最优解的总效用是相同的。

279

这种用于任务分配的最优拍卖算法通常按下列方式工作。构建一个基于价格的任务市场，其中任务由虚构的经纪人出售给机器人。由经纪人出售的每个任务 j 都有一个值 c_j。每个机器人 i 也在任务 j 上设置了一个值 h_{ij}。接下来的问题是确立任务价格 p_j，它决定机器人的任务分配。为了可行，任务 j 的价格 p_j 必须大于或等于经纪人的估值 c_j；否则，经纪人将拒绝出售。假设机器人的行为很自私，机器人 i 会购买一个任务 $t_{(i)}$ 使其利润最大化。

$$t_{(i)} = \underset{j}{\operatorname{argmax}}\{h_{ij} - p_j\} \tag{10.7}$$

当价格没有使两个机器人选择相同的任务时，则称这样的市场是均衡的。均衡时，在这个市场上每个个体的利润是最大化的。解决 OA 问题的两种方法(即集中式和分布式)代表了计算时间和通信开销之间的权衡。集中式方法通常比分布式方法运行得更快，但是会带来更高的通信开销。

当 MRS 包含的任务比机器人多时，或者如果存在一个任务到达过程模型时，就可以较准确地预测机器人对任务的未来效用，该问题就是 ST-SR-TA OA 问题的一个例子。ST-SR-TA 近似算法如下：

(1) 最优求解初始 $m \times n$ 分配问题。

(2) 当机器人可用时，使用**贪婪算法**在线分配剩余的任务。

知识框：组合优化

组合优化是在基于**子集系统**的理论框架下发展起来的。

定义(子集系统)：子集系统(E, F)是一个有限对象集E和其子集的非空集合F构成的有序二元组，其中E子集称为独立集，满足性质：如果$X \in F$且$Y \subseteq X$，则$Y \in F$。

定义(最大化子集)：给定一个子集系统(E, F)和效用函数$U: E \rightarrow \mathbb{R}^+$，求出能使总效用最大化的$X \in F$：

$$U(X) = \sum_{e \in X} U(e) \tag{10.8}$$

给定子集系统上的最大化子集问题，标准贪婪算法被广泛用来求解此类问题。

命题(贪婪算法)：

(1) 对$E=\{e_1, e_2, \cdots, e_n\}$中元素排序，使得$U(e_1) \geqslant U(e_2) \geqslant \cdots \geqslant U(e_n)$。

(2) 设$X := \varnothing$。

(3) 对$j=1 \sim n$：如果$U \cup \{e_j\} \in F$，则$X = X \cup \{e_j\}$。

10.1.2 多旅行商问题

机器人连续执行任务可以类比第2章的旅行商问题(TSP)，机器人对应推销员，任务对应访问城市。这种方法的优点是引入了与环境设置或时间相对应的距离度量。因此通过指定m个推销员，MRTA与多旅行商问题(multiple TSP，mTSP)相对应。这些销售人员必须覆盖所有可用节点，并返回到他们的起始节点(即每个销售人员往返一次)。mTSP可以在一个图$\mathcal{G}=(\mathcal{V}, \mathcal{E})$上正式定义，其中$\mathcal{V}$是$n$个节点(即任务)的集合，$\mathcal{E}$是边的集合(更准确地说，是有向边，表示执行任务的顺序)。设$\boldsymbol{D}=[\boldsymbol{d}_{kl}]$为与$\mathcal{E}$有关的距离矩阵。一般情况下，非对称距离测度不成立，即$\boldsymbol{d}_{kl} \neq \boldsymbol{d}_{lk}$，$\forall (k, l) \in \mathcal{E}$。

定义一个指示：

$$\eta_{kl} = \begin{cases} 1, & \text{如果边}(k, l)\text{已使用} \\ 0, & \text{其他} \end{cases} \tag{10.9}$$

mTSP问题表示为如下问题：

$$\min \sum_{k=1}^{n} \sum_{l=1}^{n} \eta_{kl} d_{kl} \tag{10.10}$$

s. t.

$$\sum_{k=2}^{n} \eta_{1,l}=m \tag{10.11}$$

281

$$\sum_{k=2}^{n} \eta_{l,1}=m \tag{10.12}$$

$$\sum_{k=1}^{n} \eta_{kl}=1,\ l=2,\ \cdots,\ n \tag{10.13}$$

$$\sum_{k=1}^{n} \eta_{kl}=1,\ k=2,\ \cdots,\ n \tag{10.14}$$

$$\eta_{kl}\in\{0,\ 1\},\ \forall(k,\ 1)\in\varepsilon \tag{10.15}$$

$$\sum_{k\in S}\sum_{l\in S} \eta_{kl}\leqslant|\mathrm{subTrip}|-1,\ \forall S\subseteq\mathcal{V}\setminus\{1\},\ \mathrm{subTrip}\neq\varnothing \tag{10.16}$$

注：多旅行商问题 mTSP 有很多变种，以适应 MRTA 的不同场景。然而，NP 难复杂度总是与这种方法相关。文献中针对 TSP 和 mTSP 提出了各种可计算算法。

10.1.3　工厂自动化

MRTA 算法分配任务时不考虑任务的顺序，而**众包**(crowdsourcing)通常以这种方式组织任务，但不确定任务执行的可靠性。然而，任务的顺序确实很重要。特别是，MRTA 的一个特殊类别是关于**工厂自动化**(factory automation)的，它按照一定的顺序分配任务。例如，在一个大规模生产一种产品的自动化生产线上，分配的机器人只有在另一个机器人完成另一个任务后才能执行这个分配的任务，如图 10.2 所示，这就给之前定义的优化问题带来了额外的约束。

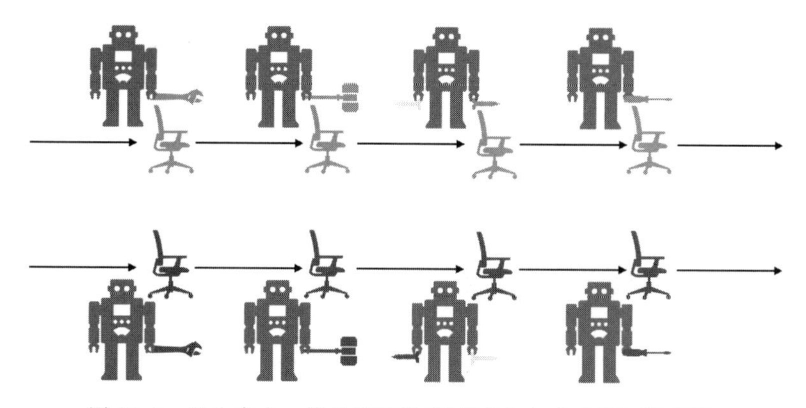

图 10.2　两个完全一样的装配线(用绿色和红色表示)(附彩图)

282

除了任务的顺序之外，自动化装配线中 MRTA 的另一个新维度是任务的执行时间。例如，第 l 个机器人 R_l 执行任务 J_l 需要 τ_l 的时间，$l=1$，…，L。到目前为止，τ_l，$l=1$，…，L 视为相同的持续时间，但通常和实际情况下，它们是不相同的。例如在图 10.3 中，由于拧螺丝机器人的工作速度是其他机器人的两倍，不是使用 50% 的生产能力，而是同时服务两条生产线，节省工厂安装代价和能耗。

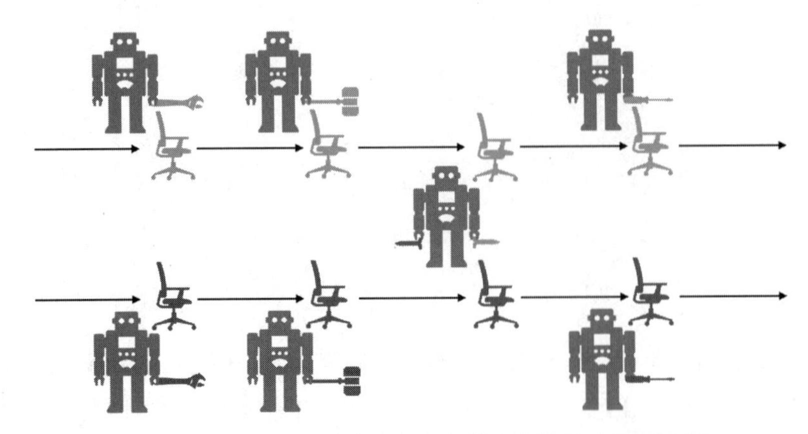

图 10.3 利用 MRTA 来考虑每个机器人的装配时间(附彩图)

另一种方法是通过图形方法查看图 10.2 和图 10.3。机器人可以定义为一个表示第 j 台第 i 种类型机器人的状态变量 (i, j)。后续的有向图将机器人视为节点，将在生产顺序中的每次移动视为有向链接/边，从而可以完整地描述整个多机器人系统的运行情况。例如，图 10.4 用来描述图 10.2 和图 10.3 中的 MRTA。与旅行商问题(TSP)问题类似，产品的装配等价于按顺序访问特定类型的机器人，而每个机器人都对应了一个城市的标签 (i, j)。

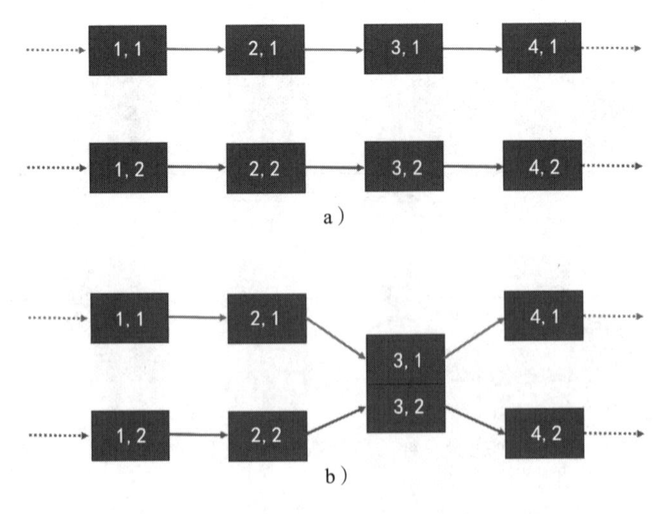

图 10.4 与 a 图 10.2 和 b 图 10.3 等价的图

注：在网络性能分析中广泛应用的排队论理论认为，考虑一个机器人序列的执行

时间实际上可以形成一个串联队列。

近年来，除了上述的自动化装配线，**智能制造**中的**智能工厂**被认为是未来工业革命的方向，也就是**工业 4.0**。智能制造预计将迅速响应市场需求来灵活安排多种产品的生产流程，不像目前最先进的制造业中只有一条自动化装配线，甚至整个工厂都只生产一种产品。促进智能制造需要几个阶段：

283

(a) 根据可能来自互联网或者在线机制获得的供需数据，进行市场(在线)分析后，规划生产何种产品以及相应的数量。

(b) 通过在线方法获取零部件并执行运输物流到智能工厂。

(c) 安排机器人的任务，确定高效的生产流程，包括在机器人之间移动未完成产品。

阶段(c)是本书的兴趣所在，并将在后面进一步介绍。让我们从一个简单的例子开始，来展示以灵活高效制造为目标的智能工厂的优势。

例(智能工厂中的 SR-ST MRTA)：一个工厂有 4 种机器人，如图 10.5a 所示，每种有 3 个机器人，可以组成 3 条自动化装配线来制造桌子，如图 10.5b 中的黄色所示。同时，这四个类型的机器人还可以用来制造图 10.5b 中的床(红色)和沙发(绿色)，这在今天的固定生产线上是不可能的，除非花费许多时间来重设生产线，而且可能会严重影响原始产品的生产。更糟糕的是，在许多情况下，重设生产线可能并不会带来经济利益。例如，这家工厂可以每天完成 3000 张桌子(即每条生产线每 4 个机器人生产 1000 张桌子或者床/沙发)，但造桌子保证赢利 100 美元，而制造沙发或床保证赢利 120 美元。Mohsen 管理着这家工厂，并在即将到来的周四收到了 1000 张床的订单，这并不值得，因为制造一张床需要两个锤式机器人，因此他放弃了每天生产 2000 张桌子的生产能力，即使不考虑重新设置时间造成的损失。

284

随着计算、控制和通信/网络技术的进步，智能工厂可以通过在机器人之间移动生产产品来灵活调整生产。现在 Mohsen 又得到了一份在即将到来的周四生产 1000 个沙发的订单，因此智能工厂可以每天生产 1000 张床，1000 个沙发和 1000 张桌子。可以很容易地找到图 10.4 的结果，有两种可能(实际上是六种，但考虑到对称性)，如图 10.6 所示。解可以通过修改第 2 章的图搜索来找到。智能工厂技术让 Mohsen 可以灵活地承接这两个订单，获得更高的利润。

另一个有趣的问题是能源效率。在图 10.6 中，在不同的行之间移动一个未完成的产品显然需要更多的能量，例如在第 2 行和第 3 行之间移动比第 1 行和第 3 行之间移动消耗更多的能量。因此，我们前面提到过，什么是节能 MRTA？很容易注意到，在

285

10.6 中执行的第 1 行(或第 3 行)的沙发生产结果是理想的机器人分配。

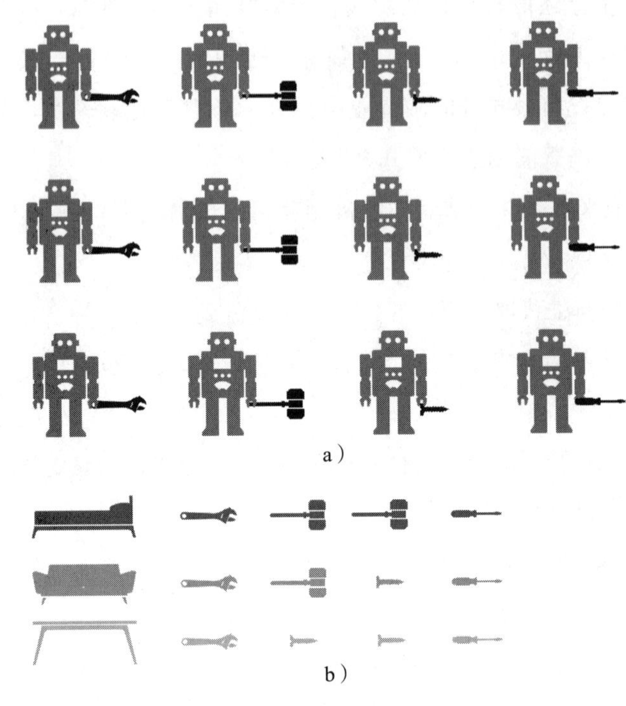

图 10.5　图 a 为机器人在工厂的布局；图 b 为在灵活和智能制造中的可能产品(附彩图)

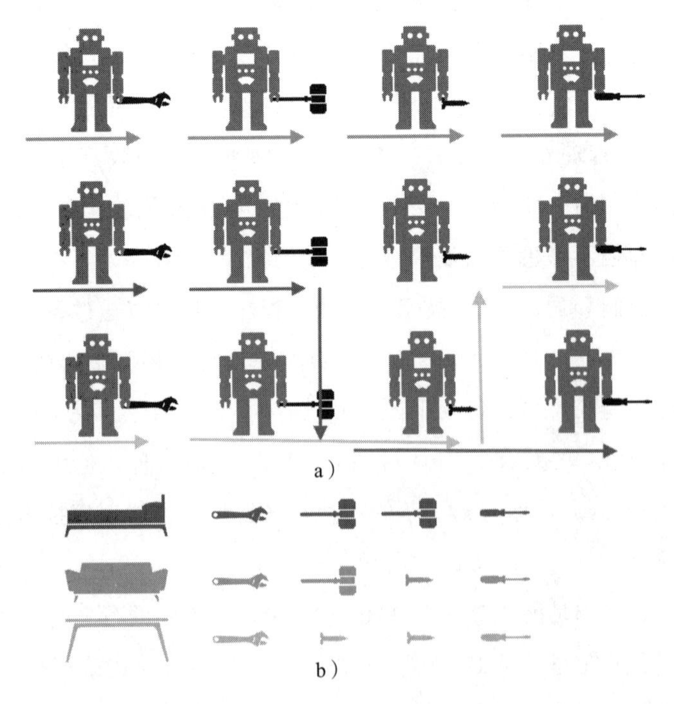

图 10.6　达到机器人利用率的最大化的三种产品的生产流程

▶**练习(机器人的分时系统)**：在一个智能工厂中，总共有 9 个机器人，4 种功能，如图 10.7 所示。对于每个机器人来说，双手的工具数量意味着在一个时间段内执行这个数量的任务的能力，也就是说一个机器人可以在一个时间段内执行多个任务。此外还展示了制造自行车和天平所需的任务。任务的执行必须遵循类型，例如，1 型机器人在将未完成的产品交付给 2 型(或 3 型)机器人之前必须先完成产品的任务。对于同一行的机器人，运送到下一个相邻机器人的成本为 1，对于同列的机器人，运送到下一个机器人的成本为 2。因此，两个机器人之间的对角线传递是$\sqrt{1^2+2^2}=\sqrt{5}$，例如，从第 1 行第 1 列的机器人到第 2 行第 2 列的机器人。请为这个智能工厂设计出最佳的生产流程，使得在给定最大生产能力(即成品的数量)时，其生产成本最小。

286

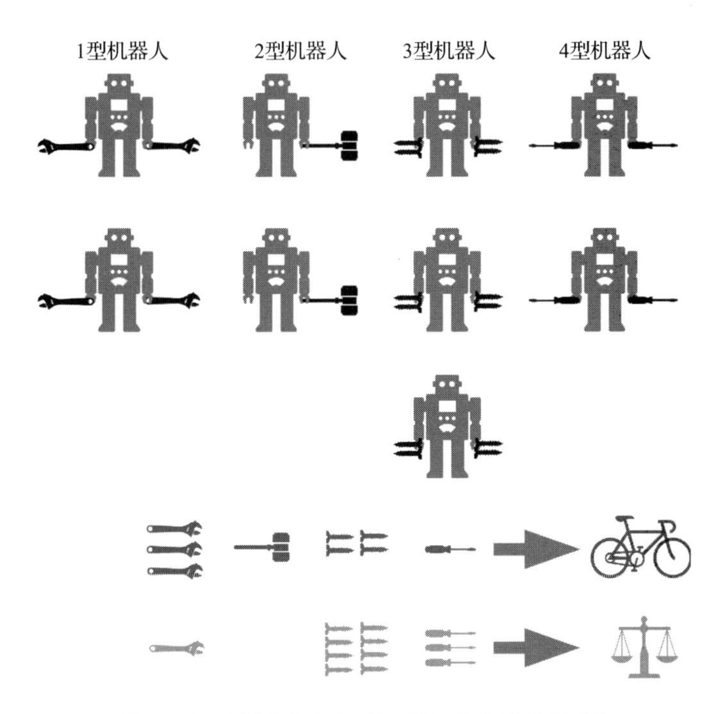

图 10.7　智能工厂生产两种产品的生产流程安排

注：在上述智能工厂的简单例子中，10.2 节的无线网络需要将任务分配给一个多机器人系统，并指示移动机器人沿着这些灵活的路径移动未完成的产品。此外，排队论可以用于建模涉及时间安排的 MRS，如机器人的分时系统或不同机器人的不同工作时间。

10.2　无线通信和网络

当我们在10.1节中开发MRTA时，它被视为一个纯粹的计算问题。然而，在现实世界中，任何多机器人系统都需要依靠通信进行信息交换来完成计算任务。例如，在8.3节中，两个没有通信的清洁机器人完成任务的时间与单个机器人几乎相同，因为它们不可能知道彼此的状态。如果机器人可以移动或者有移动功能(如机器人手臂的运动)，就必须应用无线通信和网络技术，这就是我们将**无线机器人**(wireless robotics)作为这本书的标题的原因。

287

10.2.1　数字通信系统

通信系统(communication system)就是把一条信息从一个地方带过来(即发射机)传输到另一个地方(即接收机)，通过媒介传播(即信道)，而信息可以是文本、语音、音频、图像、视频，或混合类型的信息。如果信息是离散的，或者我们将信息量化成离散格式，这就是一个**数字通信系统**(digital communication system)。由于数字集成电路的有效实现、易于实现频谱效率和更好的系统性能(即误码率，这是最常见的系统性能指标，10^{-6}是高质量数字信息传输的首选)等原因，现代通信系统一直是数字化的，具有便于纠错码和密码学等固有的特性。

如图10.8所示，数字无线通信系统通常包括以下组件或功能模块。

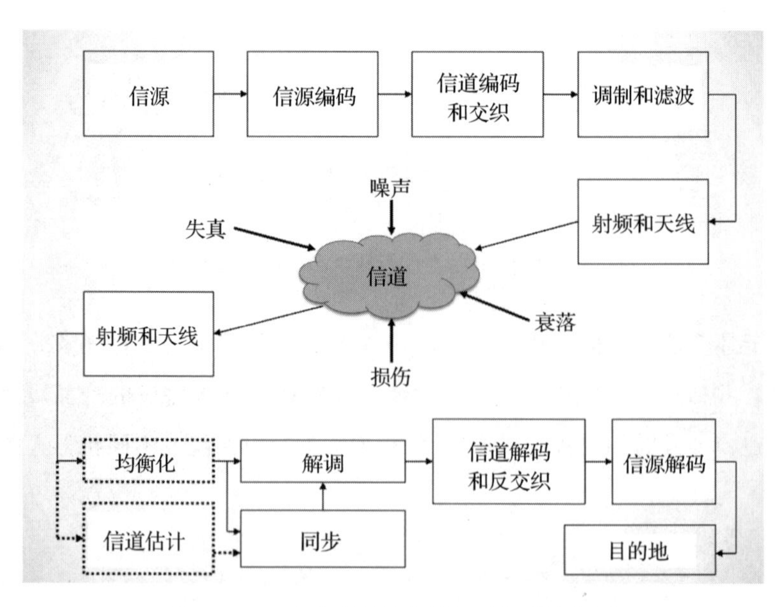

288

图10.8　一个典型的数字无线通信系统框图

- 发射机：如图上部分所示，在进入通道之前，发射机通常执行以下功能：(i) 以尽可能少失真的最少量位将模拟信息转换为数字信息，即**信源编码**；(ii) 附加冗余位，以保护数字符号不受错误影响，即**信道编码**；(iii) 将信息位调制成数码符号并嵌入信号波形(即**调制**)；(iv) 通过射频部分转换成载波频率和天线，用来将调制和编码后的波形传输到信道中。
- 信道：信道主要是传播波形的无线介质，也包括射频前端和天线的一些影响。除了信号衰减，信道还引入了：(i) 嵌入的噪声，我们通常将其考虑为**加性高斯白噪声**(AWGN)，它的性质在第 4 章中介绍过；(ii) 信号失真，由无线传播的非线性影响造成，可能导致**码间干扰**；(iii) **信号衰落**导致信号强度远低于期望水平，主要是由于多径传播和大信号带宽导致；(iv) 最终基带信号波形中的其他损伤。
- 接收机：接收机的目的是根据接收到的波形重建信号，因此接收机通常比发射机复杂得多。信号检测是接收机的核心功能，它位于所谓的**外部接收机**(outer receiver)，需要借助所谓的**内部接收机**(inner receiver)，根据接收到的波形以及收发双方的协议来提供信息。解调、信道解码和信源解码是输出接收机的主要功能。外部接收机必须完成几个关键功能：(i) **同步**，使接收到的波形在时间、频率、相位和幅度上与发射机对齐；(ii) **均衡化**，消除符号间的干扰；(iii) **信道估计**，获得信道的参数，使信号检测能够顺利进行。

例(数字调制)：选择合适的数字调制方案将信息位嵌入信号波形是设计数字通信系统的核心问题之一。波形一般可以用下列数学方程表示：

$$A\sqrt{2}\cos(2\pi ft+\phi), \quad 0\geqslant t\geqslant T$$

289

式中，A 为振幅，f 为(载波)频率，ϕ 为相位，T 为符号周期。因此，有三种基本的数字调制方案：

- 幅移键控(Amplitude Shifted Keying，ASK)，将信息嵌入振幅。例如：$A_m\sqrt{2}\cos(2\pi ft+\phi)$，$m=0$，1 表示可能的二进制信号{0，1}。
- 频移键控(Frequency Shifted Keying，FSK)，将信息嵌入频率。例如：$A\sqrt{2}\cos(2\pi f_m t+\phi)$，$m=0$，1 表示可能的二进制信号{0，1}，其中 $|f_1-f_0|\gg 1/T$。
- 相移键控(Phase Shifted Keying，PSK)，将信息嵌入相位。例如：$A\sqrt{2}\cos(2\pi ft+\phi_m)$，$m=0$，1 表示可能的二进制信号{0，1}。当 $\phi_0=0$，$\phi_1=\pi$ 时，这就是二进制 PSK(BPSK)，生成抗 AWGN 的最大可能信号分离，也称为对极

信号(antipodal signal)。BPSK在现代数字通信系统中得到了广泛的使用。如果我们在同相信道(即I信道)上实现BPSK，在正交信道(即Q信道)上并行实现另一个BPSK，这被称为正交PSK(QPSK)，它一次传输两个信息位，在带宽和误码率性能方面是最有效的。

进一步混合上述机制是可能的。例如，为了开发一种用于高带宽应用(即高速率传输)的调制，我们可以使用16阶正交幅度调制(16-QAM)、64-QAM，甚至256-QAM。图10.9给出了信号空间中QPSK和16-QAM的信号星座图，其中QPSK可以携带两个信息位(即00、01、11、10)，16-QAM可以携带4个信息位。

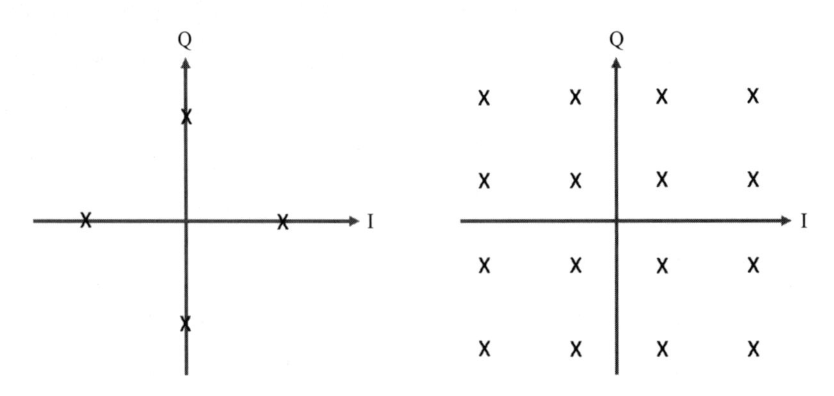

290

图10.9　信号星座图：(左)QPSK(右)16-QAM

例(同步)：忽略噪声影响，接收的波形一般可以表示为：

$$y(t)=\sum_{n}\alpha(t)\mathrm{e}^{i\theta(t)}s(t-nT-\tau) \tag{10.17}$$

- 对于大动态范围的$\alpha(t)$，我们通常采用**自动增益控制**(Automatic Gain Control, AGC)，这在电子学中可以通过运算放大器来实现。
- 为了恢复τ，这被称为**定时恢复**(timing recovery)。信号波形通常基于符号或位，这种定时恢复又称为符号同步或位同步。
- 恢复$\theta(t)$被称为**载波恢复**(carrier recovery)，它包括**频率估计**(frequency estimation)和**相位估计**(phase estimation)。
- n的对齐称为**帧同步**(frame synchronization)或块同步，在多媒体通信中起着非常重要的作用。

同步机制通常可以通过估计或 M 进制假设检验来实现。例如，我们可以考虑这样的符号(或者实际就是位)同步，在基带定时延迟的 N 种假设$\{\tau_1, \cdots, \tau_N\}$中选择最可能的定时延迟。一种典型的情况是考虑符号/位周期内的均匀采样，即假定 $\tau_n=(n-1)T/N$，$n=1, \cdots, N$。这实际上是一个 N 元假设检验(请参阅第 4 章)，选择一个与实际定时最接近的假设时间延迟。

$$H_n：最接近实际定时的\ \tau_n,\ n=1,\ \cdots,\ N$$

换句话说，从 AWGN 的 N 元假设检验中，假设载波恢复和幅度控制已经完成，定时由下式确定：

$$\hat{\tau}=\underset{n}{\operatorname{argmax}}\int_0^T y(t,\ \tau)s(t-\tau_n)\mathrm{d}t$$

注(信道容量)：香农创新了著名的**信息论**，探索了通信系统的基本极限。对于每个信道，都存在**信道容量**(channel capacity)C。当该信道的传输速率为 R 且 $R\leqslant C$ 时，就存在一种实现可靠通信的方法，这被称为**信道编码定理**(channel coding theorem)。对于带宽为 W 且信噪比为 SNR 的 AWGN 信道，则有

$$C_{AWGN}=W\log_2(1+SNR) \tag{10.18}$$

291

注：一般来说，细胞分裂过程中基因信息的复制也可以看作一种数字通信。多智能体之间的信息交换可以看作一个通信系统或网络，从而形成一个网络化的多智能体系统(MAS)。

10.2.2 计算机网络

数字通信系统通常包括一个发射机和一个接收机，即点对点通信。此后，我们必须考虑多个用户或节点之间的通信，形成一个通信网络。特别是，如果每个节点都具有计算、存储和转发/接收能力，这些节点就可以形成一个**计算机网络**(computer network)。然而，请注意，通信和网络行业的一个特殊性质是为智能体开发通信设备，这些设备必须是可互操作的，即使来自不同的供应商。为了在不同的应用中实现这种性质，国际标准化组织(International Organization for Standardization，ISO)为计算机网络和因特网开发了许多标准。

图 10.10 描述了计算机网络的 7 层**开放系统互联**(Open System Interconnection，OSI)结构。这样的 7 层划分可能不利于优化网络效率。然而，通过这样的分层结构来实现大规模的网络则有很大的价值。工程师可以在网络中独立地实现一部分软件和硬件，甚至是插件网络，或者替换一部分网络硬件或软件，前提是各层之间的接口和标准都得到了很好的定义。考虑到**随机多路复用**(stochastic multiplexing)分组交换网络

的本质，OSI层结构可以很容易地促进计算机(无线)网络和机器人无线网络的快速发展。

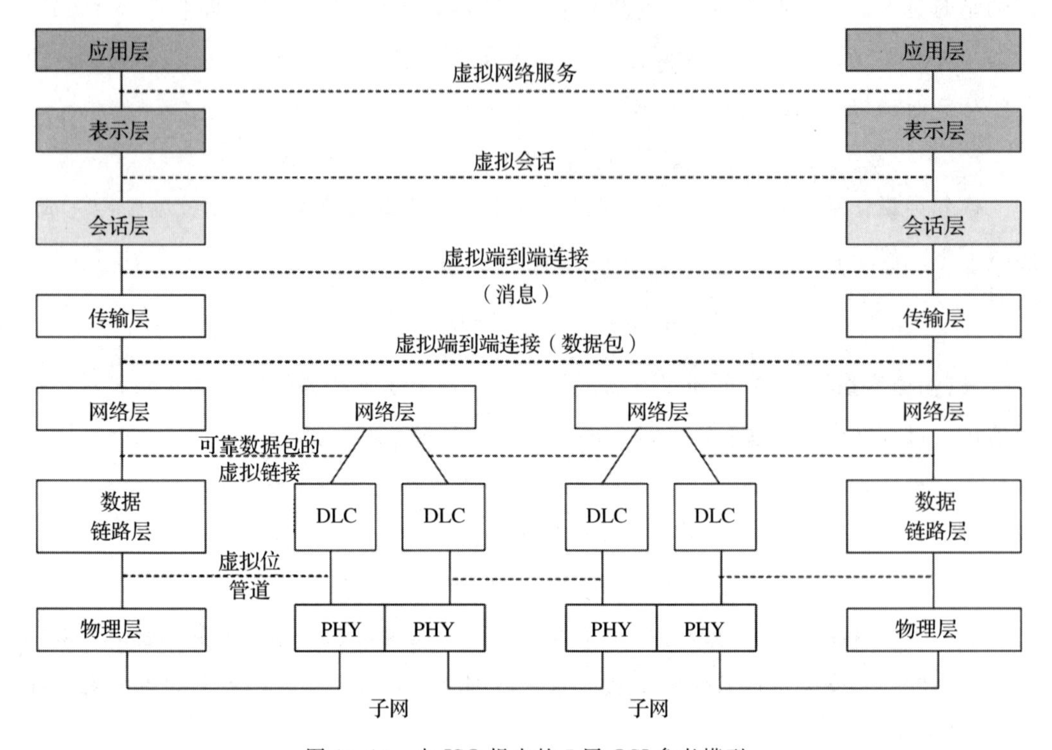

图 10.10 由 ISO 提出的 7 层 OSI 参考模型

最上面四层在网络运行中主要是“逻辑”概念，而不是“物理”概念。而物理信令的发送、接收和协调则在下面两层——物理层和数据链路层进行。因此，无线网络的物理层是在无线介质中正确地发送和接收位，而介质访问控制(MAC)则是利用多个位组成的介质来协调数据包的传输。数据链路层有两个主要功能：逻辑链路控制(LLC)和介质访问控制(MAC)。网络层是对网络资源、路由、流量控制等的利用。对于移动机器人，移动管理以及后续无线网络的无线资源管理由网络层进行处理。传输层和会话层分别对应于数据包和消息的虚拟端到端传递。

现代无线网络或移动网络可分为两类：**基础设施**(Infrastructured)网络和**自组织**(ad hoc)网络。如图 10.11 所示的每个基础设施无线网络都有一个(高速)主干网(有线或无线)来连接多个基站(或接入点)。移动站点通过基站，然后通过主干网络，随后再与目标移动站点进行通信。分组传送依赖于由主干网和基站组成的基础设施。另一方面，一些移动站可以在没有任何基础设施的情况下建立一个自组织网络，如图 10.11 所示，两个节点(即移动站点)之间的每一条链路都被绘制出来，这些链路构成了自组织网络的网络拓扑结构。尽管在机器人技术中已经考虑到自组织网络，但其在可伸缩性方面的技术挑战大多被忽视了，这给无线机器人技术带来了一个技术机遇。

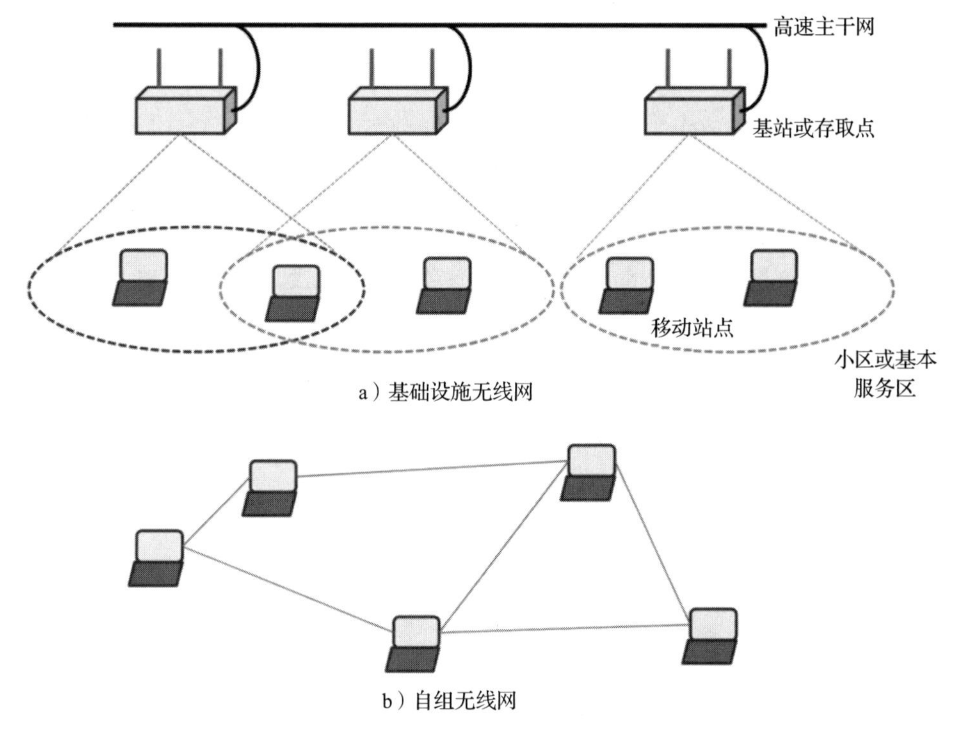

图 10.11　基础设施和自组无线网

与无线机器人技术相关的一个紧迫问题是**移动自组织网络**（Mobile Ad Hod Network，MANET）中的路由，这在 2.3 节中已经描述过。贝尔曼-福特算法和迪杰斯特拉算法很好地满足了自组网路由的目的。由于需要频繁更新每个节点的路由表，移动性使得这些算法的执行更具挑战性。另一种辅助方法是对 MANET 进行聚类，对每个集群使用话者选择算法。

293

10.2.3　多址通信

回顾分层网络结构，在 DLC 和物理层之间需要一个称为**介质访问控制**（MAC）的子层。这个额外子层的目的是分配多访问介质的各种节点。在计算机/通信网络中，协调各节点之间的物理传输的方法被称为多址接入协议，它也是无线网络中必不可少的功能。

开创性的多址接入系统应该是 ALOHA，最初用于多点到单点拓扑的卫星通信(实际上是信息收集)系统。地面上的节点(地面站)试图访问卫星以中继数据包，因此需要一个多接入协议来以分布式的方式协调传输。当一组节点同时共享一个通信通道时，如果两个或多个节点同时传输数据，接收数据就会发生乱码，这就是所谓的碰撞。而且，如果没有传输，信道是未使用的(或空闲的)。多址接入(或多路接入)的挑战是如何通过分布或集中的方式协调使用这样的通道。在本节中，我们将重点讨论广泛应用于无线数据网络中的分布式多址接入协议族。纯阿罗哈(pure ALOHA)相当简单：(i)当一个节点有一个数据包要传输，它就传输；(ii)节点侦听信道。如果发生碰撞，节点通过一个(随机)积压算法重新调度数据包的传输，否则节点成功传输数据包。

294

为了研究多址接入协议，我们通常考虑节点操作的时间轴是按时隙划分的。理想的时隙多址模型的假设总结如下：

- 分时隙系统：所有传输的数据包都有相同的长度，每个数据包需要一个时间单位(称为时隙)进行传输。所有发射机都是同步的，这样每个数据包的接收开始于一个整数时间，结束于下一个整数时间。
- 泊松到达：数据包根据独立泊松过程到达 m 个传输节点进行传输，到达速率为 l/m。
- 碰撞或完美接收：数据包以完美的方式接收，或发生碰撞而丢失信息。
- 即时反馈$\{O, 1, e\}$：多路接入信道可以以三种可能性$\{O, 1, e\}$向分布式节点提供反馈，其中 1 表示数据包传输和接收成功；0 表示信道空闲，没有数据包传输；e 表示多路接入信道中的冲突。
- 碰撞后的重传：每个涉及碰撞的包必须在一些稍后的时隙中重传，进一步重传直到成功传输为止。带有重传包的节点称为积压。
- (a)每个节点没有缓冲区。(b)每个系统中有无穷多个节点。

▶**练习：**请证明纯阿罗哈的吞吐量(即每包传输时间内成功传输的平均包数)为 $1/(2e)$，其中 e 为欧拉常数。

纯阿罗哈的一个明显缺点是任何碰撞都可能持续两个包周期。一个直接的改进是让所有活动节点在每个时隙开始时传输数据包，这将任何碰撞限制在一个数据包周期内，这被称为**时隙 ALOHA**，广泛应用于无线网络。

▶**练习：**请证明时隙 ALOHA 的吞吐量(即每包传输时间内成功传输的平均包数)为 $1/e$，如图 10.12 所示，刚好接近 37%。

295

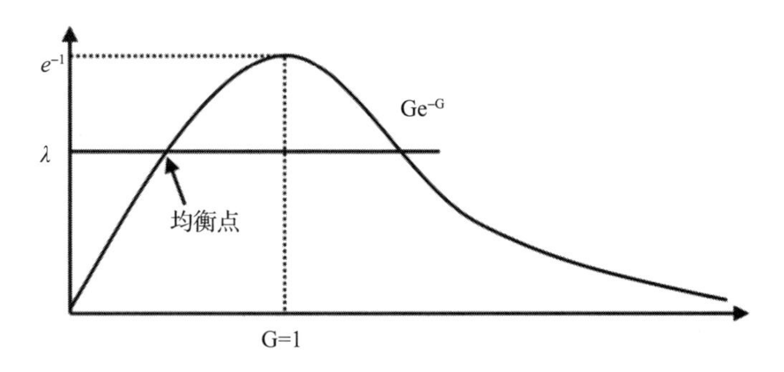

图 10.12　时隙 ALOHA 的吞吐量

事实上，如果节点能够从多址接入通道中收集到某种信息，就可以直观地得到性能更好的多址接入协议。最直接的方法可能是**载波侦听**，即节点首先监听信道中可能的传输，然后再进行传输。因此，载波侦听可以称为**先监听后传输**(LBT)。在传输之前执行载波侦听功能的多址接入协议被称为**载波侦听多路访问**(CSMA)，在 IEEE 802.11 无线局域网(WLAN)中被采用，也被称为 WiFi。

10.3　网络多机器人系统

在介绍了无线通信和网络技术之后，我们希望将无线通信技术应用到多机器人系统中。然而，这一课题在文献中研究得很少。在下面的两节中，我们将探讨关于多机器人系统的两个例子，以了解应用无线技术的好处。

10.3.1　曼哈顿街道上的联网自动驾驶汽车

在 5.2.3 节中，采用 RL 来对在曼哈顿街道上的自动驾驶汽车(AV)的导航进行建模。道路堵塞的一个主要原因是可能有两辆或更多辆自动驾驶汽车同时进入一个十字路口，这需要四向停车标志的规则(即先到先走规则)。请注意，可以将相关区域内的 AV 视为**多智能体系统**(MAS)。如果两辆(或更多辆)自动驾驶汽车能够预见前方可能发生的拥堵，然后重新改变它们的导航路径，以避免在十字路口等待，那么一种直接的方案就是采用无线通信技术连接 AV 并降低在十字路口的拥堵。在这样一个 MAS 中，由于每个 AV 都知道街道地图，智能体(即 AV)可以交换它们的奖励地图和策略来动态调整 RL。

296

1. 理想的无线通信

为了作为一个基准，我们开始探索理想的通信(对通信范围内的所有参与智能体，无错误，具有完美协调、无竞争的无限的无线电/信道资源)对 RL 的 MAS 的影响。无论是否处于通信模式，每个智能体都需要识别或预测其他智能体未来的动作(策略)来避免撞车。在时刻 k，智能体识别其他车辆并生成奖励地图 $R_{i,k}$，但从 $k+d$，$d=1$，2，…起，都是期望的奖励地图 $\hat{R}_{i,k+d}=[\hat{r}_{s_{k+d}}]$，$d$ 为下次步长。如果策略的视界深度为 D，则第 i 辆车生成预测的奖励地图为 $\mathbb{R}_{i,k:k+D}=\{R_{k,i}, \hat{R}_{i,k+1}, \cdots, \hat{R}_{i,k+D}\}$。由于使用无线通信进行信息交换，我们对 RL 进行了修改，结合了另一个智能体的信息，如下所示。

- 通过无线通信的帮助，第 i 辆车识别出第 j 辆车的位置，获得第 j 辆车的奖励地图 $R_{j,k}$。
- 第 i 辆车获得第 j 辆车的策略或预测其未来的移动，第 i 辆车用 $\mathbb{R}_{j,k:k+D}$ 来更新自己的奖励地图 $\mathbb{R}_{i,k:k+D}$。
- 类似地，第 i 辆车也将自己的奖励地图 $\mathbb{R}_{i,k:k+D}$ 分享给第 j 辆车。
- 基于修正后的奖励 $\mathbb{R}_{i,k:k+D}$ 继续进行 Q 学习。

智能体在每个状态 s_k 下计算并设置其奖励，而且生成深度为 D 的更新的奖励地图。我们在 5.2.3 节中已经定义了 r_{s_k}。在通信模式中，使用奖励地图来计算策略，而在没有通信模式的情况下，它表示基于预测运动的奖励。

无论是否处于通信模式，奖励更新的基本过程如下。令 $\amalg_k$ 表示在时刻 k 时，第 i 辆车看到的或通信的所有车辆集合。

297

$$\mathbb{R}_{i,k:k+D} \leftarrow \mathbb{R}_{i,k:k+D} \bigcup_{j \in \amalg_k} \mathbb{R}_{j,k:k+D} \tag{10.19}$$

使用更新后的期望奖励地图 $\mathbb{R}_{i,k:k+D}$，智能体计算第 i 辆车的 Q 值 $Q_{i,k}(s, a)$，其中 s 是某一状态 $s=\{l_x, l_y\}$，$l_x=1$，2，…，L_x，$l_y=1$，2，…，L_y，a 是在状态 s 可能采取{前进，左转，右转，停留}中的一个可能动作，随后的 Q 学习是：

$$Q_{i,k+1}(s, a) \leftarrow Q_{i,k}(s, a)+\alpha[r_{s'}+\gamma \max_a Q_{k+1}(s', a)-Q_k(s, a)] \tag{10.20}$$

第 i 辆车的更新策略 $\pi'=\{a_{k+1}, \cdots, a_{k+D}\}$ 可由更新后的 Q 值导出，并迭代更新后的 $\mathbb{R}_{i,k+1:k+D+1}$ 然后与其他车辆交换策略。每个模式的基本更新过程是相同的(不管是处于通信模式还是未处于通信模式)，但生成奖励地图 $\mathbb{R}_{i,k:k+D}$ 的过程则取决于是否使用通信。算法 1 总结了 RL 的这种新过程。$\mathbb{R}_{i,k:k+D,\mathrm{com}}$ 表示通信模式的奖励地图，$\mathbb{R}_{i,k:k+D,\mathrm{obs}}$ 表示观测地图(没有通信的模式)的奖励地图。在没有通信模式的情况下，智能体利用先前通信中的奖励地图 $\mathbb{R}_{i,k-1:k+D-1,\mathrm{com}}$ 的一部分地图。因此，每个智能体都有可能生成奖励地图 $\mathbb{R}_{\amalg_k}$ 并与其他智能体共享。

算法 1：改进奖励的 Q 学习

```
1  function Q_{k+d}(s,a), R_{i,k}, ℝ_{i,k:k+D,com}, ℝ_{i,k:k+D,obs}, s ∈ S, a ∈ A;
2  Initialization k = 0, d = 0, R_{i,k} = 0, Q_{k+d}(s,a) = 0, ℝ_{i,k:k+D,com} =
     0, ℝ_{i,k:k+D,obs} = 0
3  for k until Vehicle i at the destination do
4      Observe r_{s_k} for R_{i,k}, s'(Possible next state) from s_k with taking action a_k;
5      Update R_{i,k};
6      if There are communication (V2V or V2I2V) then
7          for d ← 0 to D do
8              ℝ_{i,k:k+d,com} ← ℝ_{i,k:k+d,com} ⋃_{j∈𝕀_{k+d}} ℝ_{j,k:k+d,com};
9              for each state s do
10                 Derive r_s from ℝ_{i,k:k+d,com} Q_{k+d}(s,a) ←
                     Q_{k+d}(s,a) + α[r_{s'} + γ max_a Q_{k+l+1}(s',a) − Q_{k+l}(s,a)]
11             end
12         end
13         else
14             for d ← 0 to D do
15                 ℝ_{i,k:k+d,obs} ← ℝ_{i,k:k+d,obs} ⋃ ℝ_{i,k−1:k+d−1,com};
16                 ℝ_{i,k:k+d,obs} ← ℝ_{i,k:k+d,obs} ⋃_{j∈𝕀_{k+d,obs}} ℝ_{j,k:k+d,obs};
17                 for each state s do
18                     Derive r_s from ℝ_{i,k:k+d,obs} Q_{k+d}(s,a) ←
                         Q_{k+d}(s,a) + α[r_{s'} + γ max_a Q_{k+l+1}(s',a) − Q_{k+l}(s,a)]
19                 end
20             end
21         end
22         ;
23     end
24 end
```

2. V2V 通信

在无线通信中，两辆车之间的直接通信称为车对车(V2V)通信。类似地，如果有通信基础设施，比如说光纤主干网，从车辆的上行链接到通信基础设施称为 V2I (Vehicle-to-Infrastructure)通信，从通信基础设施下行链接到车辆则称为 I2V(Infrastructure-to-Vehicle)通信。图 10.13 左侧所示的理想无线通信应用到 V2V 通信的场景，展示了最简单的研究案例。

- 在通信范围 r 内，第 i 辆车识别其他车辆(第 j 辆车，$j \in \mathbb{I}_k$)的状态。
- 获得另一辆车的位置以及期望奖励地图 $\mathbb{R}_{j,k:k+D}$。
- 每辆车都有无限的信道资源，使得 V2V 通信可以保持实时(对于 RL)。

V2V 通信过程如下：

298

- 如果通信范围内有任何($j \in \mathbb{I}_k$)辆车，则第 i 辆车在时刻 k 探测这些车辆的奖励地图，且第 i 辆车成功接收其奖励地图 $\mathbb{R}_{j,k:k+D}$。

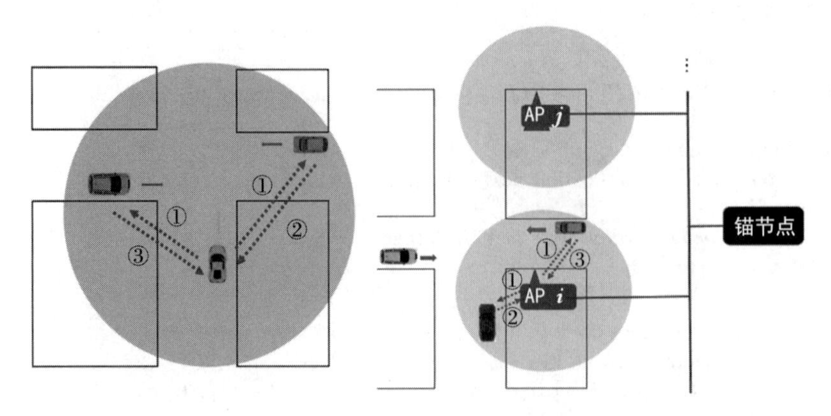

图 10.13　V2V 通信，(左)：每辆车可与通信范围内的其他车辆通信；V2I2V 通信(右)：每辆车可与无线通信范围内的 AP 通信。锚节点(AN)有望装备边缘计算并控制 AP 的运行

- 无论是否收到其他车辆的奖励地图，第 i 辆车按照预先确定的顺序广播自己的奖励地图 $\mathbb{R}_{i,k:k+D}$ 和 $\mathbb{R}_{j,k:k+D}$。

更新奖励地图的基本原理与算法 1 第 8 行的更新公式相同。在 V2V 通信中，智能

299

体接收来自其他车辆的信息，同时也与其他车辆共享自己的信息。设 II_k 表示与第 i 辆车在时刻 k 进行通信的所有车辆 ID 集合。当智能体接收其他车辆的奖励地图用于学习时，

$$\mathbb{R}_{i,k:k+D} \leftarrow \mathbb{R}_{i,k:k+D} \bigcup_{j\in \text{II}_k} \mathbb{R}_{j,k:k+D} \tag{10.21}$$

其他车辆也有多个车辆的策略，第 i 辆车可以更新 $\mathbb{R}_{\text{II}_k}$。对于其他车辆，获得第 i 辆车辆的策略，然后删除 $\mathbb{R}_{i,k}$。

$$\mathbb{R}_{j,k:k+D} \leftarrow \mathbb{R}_{j,k:k+D} \bigcup \mathbb{R}_{i,k:k+D} \tag{10.22}$$

3. V2I2V 通信

众所周知，自组网(如车对车通信)存在可伸缩性问题。因此，我们检验了 V2I2V，两跳无线通信作为比较，以确定路侧基础设施是否有用。网络基础设施可以支持高带宽、低延迟的通信。为了公平起见，将 V2I 和 I2V 的通信范围设置为 V2V 通信范围的一半。假设接入点(AP)被放置在区块的每个角落中，每辆车都有通信范围 r。如果车辆在通信范围内发现 AP，那么车辆就与 AP 连接，并与其他车辆交换奖励地图。

- 在通信范围 r 内，车辆与 AP 连接。

300

- 车辆发送关于位置和未来运动策略的信息。
- 每辆车和 AP 都有无限信道资源单元(RU)，这样它们可以实时通信(在下次实例之前)。

- 一旦 AP 收集车辆信息，然后发送网络基础设施，并通过其他 AP 广播给其他车辆(由于 V2I 和 I2V，因此是在两个时间实例内)。

尽管 V2I2V 是两跳式的，但它的一个优点是可以将奖励地图共享给更多的车辆，即使是在直接通信范围之外的车辆，这要归功于网络基础设施。网络基础设施(NI)通过 AP$m \in M$ 将奖励地图 $\mathbb{R}_{AP_m}$ 进行中继，并通过其他 AP 将这些奖励地图发送给所有车辆。策略的更新方式如下。

$$\mathbb{R}_{AP_{m,k:k+D}} \leftarrow \bigcup_{i \in M_{\neg}} \mathbb{R}_{i,k:k+D} \tag{10.23}$$

$$\mathbb{R}_{NI_{k:k+D}} \leftarrow \bigcup_{m \in M} \mathbb{R}_{AP_{m,k:k+D}} \tag{10.24}$$

$$\mathbb{R}_{i,k:k+D} \leftarrow \mathbb{R}_{AP_{m,k:k+D}} \leftarrow \mathbb{R}_{NI_{k:k+D}} \tag{10.25}$$

4. 多址通信

上述研究基于一个重要的假设，理想通信，即所有通信数据包都由一个“精灵”完美地协调。在实际应用中，由于有限的无线电资源单元(RRU)的存在，必须使用噪声通信信道中的随机接入协议来实现 AV 之间的信息交换，这就意味着在多智能体系统上安装随机接入协议，这是对多智能体系统的独特研究。假设有一个多址通信信道可用，AV/智能体使用时隙 ALOHA 作为基准协议。

时隙 ALOHA 系统操作的定义见 10.2.3 节。

- 时间分割成固定长度的时隙用于传输。
- 当一个节点有一个数据包要传输时，它等待到下一个时隙的开始才去传输。
- 该节点监听信道，如果在时隙期间没有碰撞，则成功传输该数据包。
- 如果发生碰撞，节点通过积压安排另一次重传。

显然，时隙 ALOHA 是一种随机访问，因此受潜在的大延迟问题的影响，无法处理高度动态的系统，因为这需要收集信息用于实时决策，要求超低延迟，如对于 AV，仅仅几毫秒[一]。即使稍后正确地接收到消息，重新传输消息也可能是无用的。因此，要求修改时隙 ALOHA 来支持这种场景下的 RL，并命名为**实时 ALOHA**(rt-ALOHA)，它通过无授权访问、无确认、丢弃重传来对齐超可靠低延迟通信(uRLLC)的设计趋势[二]。

301

- 没有重传，因此没有延迟。
- 当信道繁忙时，智能体(即 AV)准备立即接收。

[一] 见本章参考文献[5]。
[二] 见本章参考文献[5]。

- 当信道空闲时，智能体广播消息，并准备在发送后立即接收他人的消息，而不需要接收之前智能体的任何确认。

5. 基于 rt-ALOHA 的 V2V 通信

应用时隙 rt-ALOHA，每个智能体采用真实的 V2V 通信执行下列操作过程，可参照图 10.13：

- 当信道空闲时，

(1) 如果信道空闲，随机回退时间后，车辆广播 $\mathbb{R}_{i,k:k+D}$（图 10.13 左侧①所示）。

(2) 广播完毕，等待接收其他车辆的奖励地图 $\mathbb{R}_{j,k:k+D}$。

(3) 不管接收成功与否，车辆返回信道侦听下一次广播。

- 当信道繁忙时，

(1)如果信道繁忙，等待接收其他车辆的奖励地图 $\mathbb{R}_{j,k:k+D}$（图 10.13 左侧②③所示）。

(2)不管接收成功与否，车辆返回信道侦听。

与原来的 ALOHA 协议不同，由于每辆车都在不停地移动，环境也在迅速变化，所以没有积压过程，也没有重传过程，因此如果通信不成功，信息交换就会失败。通信失败意味着车辆应用 5.2.3 节（无通信模式）中的停-看模式。信道侦听和广播或接收数据包在一个时间步中执行。

302

6. 基于 rt-ALOHA 的 V2I2V 通信

在多址通信中，随着 V2V 通信范围的增大，碰撞的次数就越多。在理想情况下，更大的范围可以帮助车辆获得更多的信息，但在多路访问中，碰撞或多址干扰（MAI）使得通信失败发生的频率更高，导致性能较差或与非通信模式的延迟类似的问题。从这方面来看，V2I2V 可帮助车辆拥有包碰撞发生概率较小的其他车辆的信息，数据包碰撞概率用来检查基准的性能。V2I2V 采用了两段无线传输，因此，通过更小的无线电范围来减小随机接入时发生碰撞的概率是值得期待的。

类似基于 rt-ALOHA 的 V2V 通信，基于 rt-ALOHA 的 V2I2V 通信操作步骤如下：

- 如果该信道空闲，AP 广播 $\mathbb{R}_{AP_{n\downarrow}}$（图 10.13 中右侧①所示）。
- 如果 AP 在该车辆的通信范围内，车辆从 AP 接收 $\mathbb{R}_{AP_{n\downarrow}}$，然后它们尝试准备广播。
- 在随机回退时间后，每辆车开始广播 $\mathbb{R}_{i,k:k+D}$（图 10.13 右侧②③所示）。
- 不管接收成功与否，AP 返回信道侦听进行广播。

与 V2V 通信不同的是，每辆车都是在等待 AP 广播的情况下继续行驶。一旦接收到 $\mathbb{R}_{APm,k:k+D}$，每辆车识别在通信范围内的 AP，并且车辆可以连接到 AP，然后 AP 从车辆成功接收到 $\mathbb{R}_{APm,k:k+D}$，发送到 AN 并接收更新后的奖励 $\mathbb{R}_{AN_{k:k+D}}$。可能发生碰撞的情况是当多辆车在彼此的通信范围之外，但在 AP 的通信范围内，试图同时进行通信的时候。

7. 模拟

基于图 10.13 中的 $X\times Y$ 大小的街区的曼哈顿街道模型，$X=4$，$Y=6$，街区长度 $b=5$，我们通过强化学习模拟 AV 行驶到目的地。接下来的模拟是关于不同通信模式下车辆到达率的平均延迟。平均延迟(额外的步)是从最小的步到目的地的延迟(即与街上只有 1 辆车时的步数差)。根据为观测模式计算期望奖励的式 5.27，我们把车辆保持在同一状态的概率 $p_{stay}=1/2$(因为当观测到的车辆在十字路口前时，车辆无法识别车辆是在前进还是保持在同一个状态)，并将 p_a 设置为均匀分布，这就是车辆执行动作 a 的概率。在每种状态下 p_a 是车辆在每种状态下可能的行为数目的均匀分布。我们设定到达率 λ，即在一个时间步内进入地图的车辆的平均数量。模拟结果是从 $k=70$ 到 $k=300$，因为我们需要等待车辆数量稳定，而 $k=70$ 时，对 $\lambda=0$，…，10，车辆数量确实不会发生变化。

303

不同通信模式下的平均延迟：我们通过车辆进入不同模式(无通信、理想 V2V 通信、理想 V2V 通信)地图的到达率来模拟平均额外延迟(步)。学习的视界深度为 $D=5$，这里没有数据包碰撞，没有无限信道干扰。

图 10.14 展示了通信如何通过减少平均额外时间步来提高 RL。观测方式未使用通信，V2V 和 V2I2V 采用理想的通信方式(无限信道，无干扰)。更大范围的 V2V 和较小的 V2I2V 表现出相似的性能，因为 V2I2V 通过 AN 获得了更多的奖励地图。当到达率为 $\lambda=1$ 时，对应的车辆数为 40；$\lambda=2$ 时对应的车辆数为 85～90；$\lambda=2.4$ 时，对应的车辆数为 100～105。

丢包通信：对于具有无限通道带宽的 V2V 和 V2I2V 通信，我们关注的是随机丢包或丢包速率 $p=0.01$，0.1，0.3 的情况。通过这种方式，即使车辆在它们的通信范围内连接，通信也不会是完美的。这里就存在数据包错误或具有一定概率的丢包情况。图 10.15 展示的是在 V2V 通信和 V2I2V 通信中，在不同丢包率 p 下的平均延迟结果。对于 V2V，通信范围设 $r=6$，对于 V2I2V，通信范围设 $r=3$。在 V2I2V 距离较短的情况下，每辆车可以获得的信息跟距离较大的 V2V 一样多。丢包率的影响主要体现在街道车辆较多的情况下。

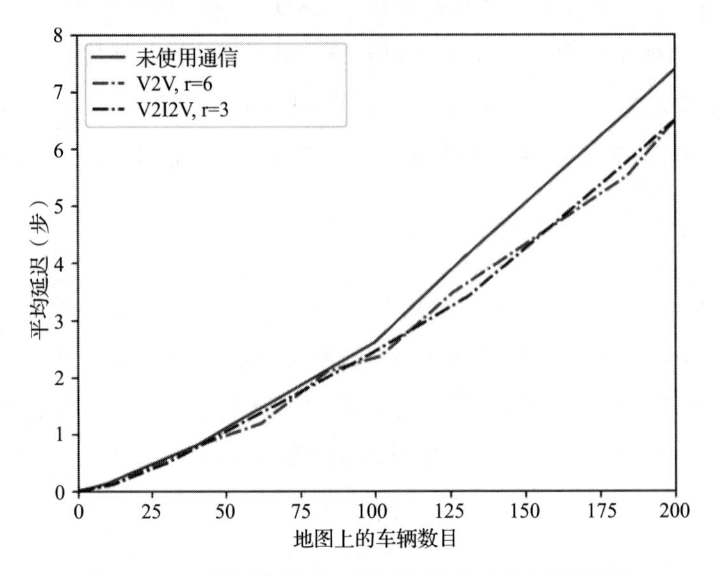

304

图 10.14 不同理想通信下的平均额外时间步(附彩图)

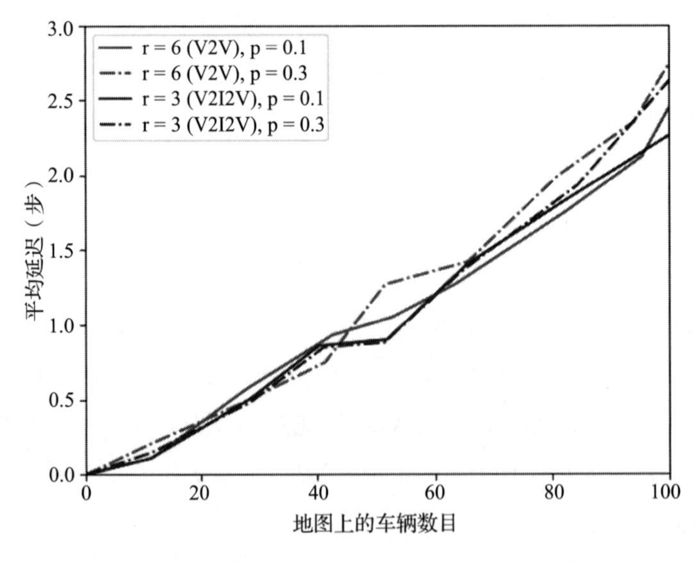

图 10.15 不同数据包错误率下的平均额外延迟(附彩图)

rt-ALOHA：假设为 V2V 和 V2I2V 通信的时隙 rt-ALOHA，只存在 1 个接入信道。当车辆感知到信道空闲时，它会在随机回退时间(0～15，小于时隙时间的持续时间)后广播奖励地图。当多辆车试图在相同的随机回退时间下同时广播时，就会发生碰撞导致传输失败。

305

图 10.14 为理想情况下通信距离 $r=6$ 的 V2V，通信距离 $r=3$ 的 V2I2V。图 10.16 展示了相同参数下使用 ALOHA 协议时的 V2V 和 V2I2V 的结果。

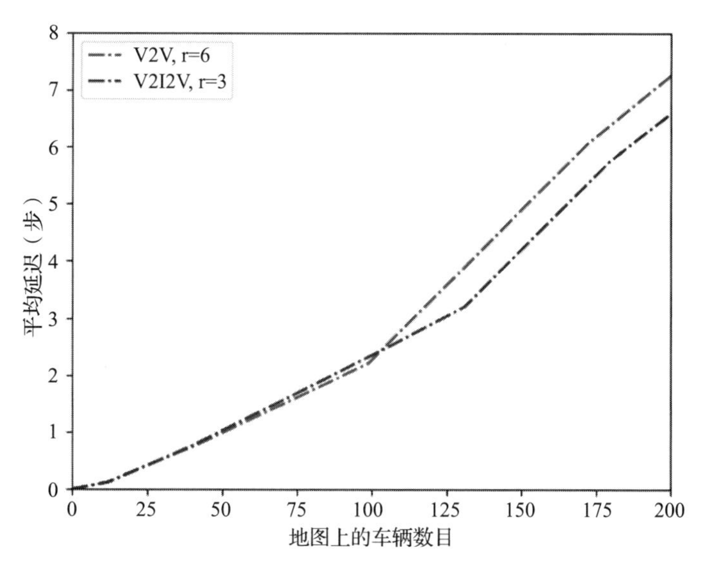

图 10.16　单信道 ALOHA 的通信延迟(附彩图)

无论是使用 V2V 还是使用 V2I2V，随着车辆数量的增加，发生的通信故障越来越多，而可以解决的拥堵问题越来越少，因为每辆车只能使用单信道，可能会发生碰撞。如果超过 2 辆车同时广播自己的奖励地图，则会发生碰撞。较小范围的 V2I2V 通信性能优于 V2V 通信，从而使得碰撞概率也小于 V2V，但是在理想通信中，V2I2V 与 V2V 性能相同。一般来说，无线通信确实通过直观地利用机器学习信息提高了移动机器人(和 AV)的性能，至少在这个资源共享 MAS(即通过预先知道公共参考/地图，多个智能体使用相同的资源)中是这样。我们将看到另一个移动机器人中的特殊应用实例。

10.3.2　网络协同多机器人系统

在 8.3 节中，我们介绍了一个移动服务机器人清洁指定楼层的例子(图 8.9)，其中涉及 RL 和导航规划。一个有趣的应用场景是部署多个协同机器人形成协同多机器人系统(MRS)，而图 10.17 说明了这个更复杂的 MRS 或 MAS。

306

请注意，这个协作 MRS 不同于 10.3.1 节中的资源共享 MRS。在资源共享 MRS/MAS 中，给定公共参考(例如，街道地图)，每个智能体/机器人都有自己的任务要完成，但是协作 MRS 是在没有任何(精确的)公共参考的情况下所有机器人有一个共同目标。协作 MRS 中的任何机器人都必须通过创建私有参考(如机器人姿态)来执行它的(共同)目标。那么，什么样的方法才是一个合作 MRS(或 MAS)去操作的有效途径呢？

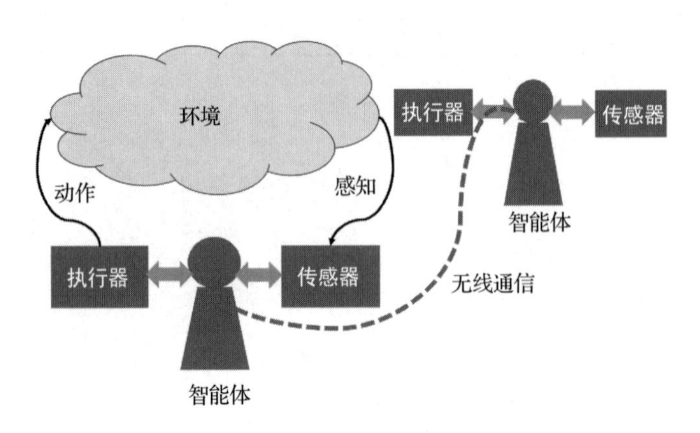

图 10.17 一种具有无线通信的协作双机器人系统

- 如图 10.17 所示，两个机器人没有(无线)通信，因此没有信息交换，也不能比一个机器人来完成任务节省很多时间。没有适当的信息交换，机器人或智能体就会遭受某种公地悲剧(tragedy of common)。因此，无线通信或机器人通信对于设计多智能体系统至关重要。
- 强化学习机器人依靠适当的规划和定位来实现效率。一旦多个机器人在没有公共参考的情况下协作完成一个共同的任务(全局地面地图)，除了交换 10.3.1 节或本章参考文献[6]中指明的奖励-动作地图外，来自个人经验的私有参考的交换也非常有用。

307

在本小节中，无线通信将从三个方面发展：(i) 在协作智能体之间到底通信什么内容，因为这样的机器对机器通信将与众所周知的个人通信完全不同；(ii) 在协作 Net-MAS 中采用无线通信的优势；(iii) 如何为协作智能体设计无线通信功能。

1. 理想的通信

首先假设智能体在理想条件下通信，即无限带宽、无错误传输、智能体之间的完全协调多址访问。唯一值得关注的因素是通信范围。假设有 N 个机器人独立运行，每个机器人都配备了无线通信。当机器人转移到下一个状态时，它搜索范围 r 内的其他智能体。例如，在时间 t，两个机器人 u_i 和 u_j 分别位于位置 $v_{ab}=(a, b)$和 $v_{pq}=(p, q)$处。因为机器人的状态定义为 $y_t^i=v_{ab}$，则任何满足 $\overline{y_t^i y_t^j}=\sqrt{(a-p)^2+(b-q)^2}\leqslant r$ 的机器人 u_j 都能与 u_i 通信。

如果两个以上的机器人能够交流，比如 u_i，u_j，u_k，它们可以同时分别与另外两个进行通信，即三对之间的相互传输：u_i 和 u_j，u_j 和 u_k，u_i 和 u_k 允许同时发生。简单地说，在理想通信场景中，任何两个智能体只要在另一个智能体的通信范围内，即

$\forall i, j \in \mathbb{N}: 1 \leqslant i, j \leqslant N, i \neq j$，$\Pr\{u_j$ 从 u_i 接收 $\overline{y_t^i y_t^j} \leqslant r\} = 1$，都可以完美地收发数据包。

2. 信息交换与集成

为了理解协作智能体之间的通信内容，一个智能体的私有参考（地图）对其他智能体可能非常有帮助。因此，对于要通信的内容，每个智能体需要传输自己的相对位置和私有参考 $\mathcal{M}_t^i$（即到目前还正在探索的地图），以及访问过和感知过的网格信息（即对应的状态值）。另外，根据本章参考文献[6]中所指，还需要发送带有奖励地图的状态-值函数。在接收端，获得外部私有参考（$\mathcal{M}_t^j$，$j \neq i$）和经验，智能体更新原始私有参考 M_i，分两个阶段进行处理：

（1）对于 $\mathcal{M}_t^j$ 中每个网格 v，按照其坐标系用 v_i 表示 v。如果 v_i 不在 $\mathcal{M}_t^i$ 中，将 v_i 添加到 $\mathcal{M}_t^i$ 中。来自智能体 u_j 对应的动作-值函数 $Q_j(u_j, a)$ 将直接替换 v_i 的动作-值 $Q_i(v_i, a)$，$\forall a \in \mathcal{A}(v_i)$。由于协作，智能体 v_i 信任 u_j 的经验。 308

（2）对于 u_i 的奖励地图 $R^i(g)$ 上的每个网格的值，通过与 u_j 的奖励地图 $R^j(g)$ 比较来使用较小的值更新奖励地图，因为更小的值表明它在该网格上的奖励不是最优的。

$$R^i(g) = \min(R^i(g), \quad R^j(g)) \tag{10.26}$$

图 10.18 描述了一个当智能体可以通信时两个智能体的情况，以及它们如何促进信息同化。图 10.18a 是对环境的感知。设三角标记和圆标记分别代表智能体 u_i 和 u_j。图 10.18b 绘制了每个智能体的通信范围 $r=2$。因为它们彼此之间是可到达的，所以它们将开始交换信息。图 10.18c 的左侧，包括对 u_j 的私有参考（用 M_j 表示）及其相对位置，是发送给智能体 u_i 的信息。如图 10.18d 所示，u_i 使用更新规则检查外部消息。带有检查标记的网格遵守式(10.26)，因此在 M_i 中将其修改为已清洁的网格。M_j 中的部分信息对 M_i 是新的，M_i 通过式(10.26)进行更新。最终，智能体 u_i 在图 10.18e 拥有一个私有参考。 309

再一次，如图 10.20 所示，通过无线通信在两个机器人之间交换有用的信息，确实从各个方面都显著提高了协同 MAS 的性能，但将两个没有无线通信的机器人完成任务的时间与单个机器人完成时间相比较，当任务完成率在 100%时，它们的差别非常有限。如果没有通信，两个协作机器人几乎只能各自重复工作。

3. 随机错误

除了理想的通信，一个更现实的场景是导致数据包丢失的随机错误。我们假设每个通信链路独立地发生随机错误。任何传输链路，比如从 u_i 到 u_j，由干扰和噪声引起的随机错误发生的概率为 e。也就是说，单次定向传输有可能失败，其概率为 e，$\forall i, j \in \mathbb{N}: 1 \leqslant i, j \leqslant N, i \neq j$，

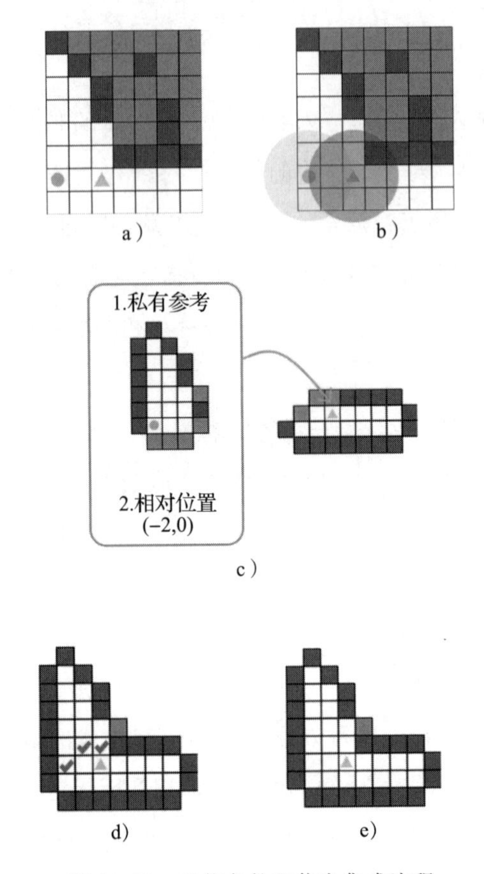

图 10.18 通信条件和信息集成流程

$$\Pr\{u_j\ \text{收到来自}\ u_i\ \text{的信息} \mid \overline{y_t^i y_t^j} \leqslant r\} = 1 - e$$

如图 10.20 所示，与理想通信相比，随机错误会使完成时间恶化。然而，由于通信中的错误带来的性能损失明显不如前一小节中的资源共享 MAS 带来的损失大，这并不奇怪，因为有些交换信息失败不会给大规模的和耗时的任务中的两个智能体带来重大损失。

4. 多址接入：p 坚持 rt-ALOHA

对于协作智能体来说，以移动自组织网络的形式进行多址接入通信更为现实，同时假定只有一个通信信道可用。多个智能体争用这个多址接入信道导致碰撞而丢失信息交换，要求多个（或随机）访问协议来协调传输。机器人或智能体之间的通信与个人通信相比，有一个根本的区别，即传统的吞吐量-延迟概念不能反映真实的通信需求，310因为每个机器人或智能体必须基于每一个瞬间的实时信息来执行动作。重传或积压的信息会立即过时。因此，最近提出了一种对时隙 ALOHA 的改进，命名为实时 ALO-

HA(rt-ALOHA)[⊖](在10.3.1节中也提到)，它通过无授权访问、无确认、丢弃重传的方式来对齐超可靠低延迟通信(uRLLC)的设计趋势，能够很好地支持多智能体学习任务。rt-ALOHA的处理过程如下。

- 当信道繁忙时，智能体(即清洁机器人)准备立即接收。
- 当信道空闲时，智能体广播所需要内容的消息，然后在传输后立即准备接收他人的消息，无须任何确认。
- 没有重传，因此没有延迟。

从研究随机(包)错误，来自 $N \geqslant 3$ 个智能体的持续传输可能产生冲突，并破坏多址接入通信的内容。为了交换有用的私有参考来有效提高协同MAS的整体性能，可以引入 p 坚持概念来调节rt-ALOHA，借鉴CSMA的概念，创建两种运行模式来提出 p 坚持rt-ALOHA：

- 主动式：当智能体感知到其他智能体在自己的通信范围内且信道不繁忙时，智能体以概率 p_p 广播消息。
- 反应式：当多址接入信道繁忙时，智能体处于反应式模式，准备接收他人的广播。当智能体感知到其他智能体在其通信范围内时，智能体处于反应模式，概率为 $1-p_p$。

为了展示使用 p 坚持rt-ALOHA多址接入通信的协同MAS的整体性能，图10.19选择了 $p_p=0.1$ 和 $p_p=0.3$ 两种场景。通过使用更多具有适当多址访问通信的协作机器人，整体性能是令人满意的，例如使用 p 坚持rt-ALOHA的10个协作机器人节省了大约80%的时间。p_p 越小，表示智能体之间交换信息的次数就越少，因此会导致更高的方差和不可预测的系统性能，例如，$N=5$ 和 $r=5$ 的情况可能比两个智能体的系统性能更差。事实上，$p_p=0.3$ 展示了令人非常满意的合作MRS的性能。提出的 p 坚持rt-ALOHA方法的精确优化或稳定化留作智能机器对机器(Machine-To-Machine，M2M)通信中的将来的研究内容。 311

为了全面了解无线通信对协同MRS的影响，图10.20从环境的角度给出了完成时间的情况。除单个智能体外，所有的模拟都是在两个智能体($N=2$)和两个通信范围($r=2$)的相同设置情况下进行的。p 坚持rt-ALOHA方法中的 $p_p=0.3$，适合在通信流量不那么密集的情况下运行，其性能接近理想的通信性能。使用适当的通信和网络方法在协作智能体之间交换适当的信息会带来整体系统性能的提高，这可以推广到自动驾驶汽车、人机协作、智能制造，以及一般的机器人中。

⊖ 见本章参考文献[6]。

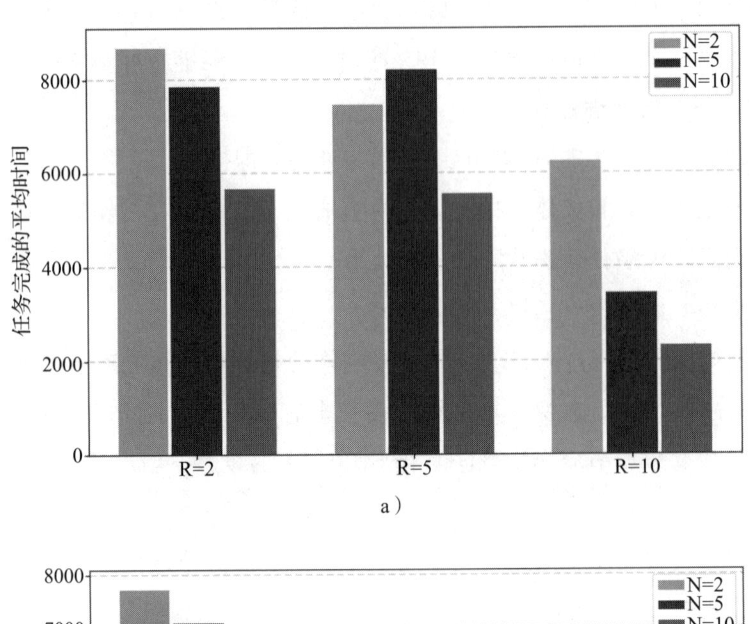

a）

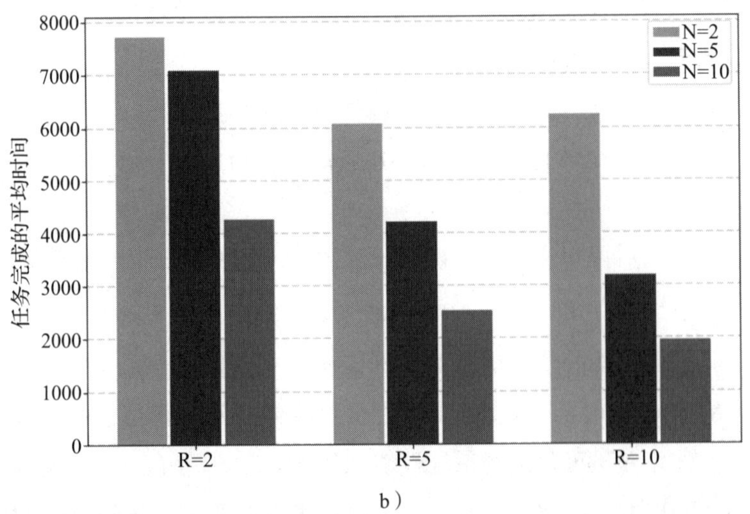

b）

图 10.19　图 a 为 $p_p=0.1$ 的坚持 rt-ALOHA；图 b 为 $p_p=0.3$ 的坚持 rt-ALOHA（附彩图）

图 10.20 表明了这样一个事实：不管有多少智能体同时运行，在没有网络的情况下，公共/全局参考不可用，协作式 MRS 的性能大约相当于一个智能体。这证实了协作 MRS 不仅受益于并行分布式计算，基于网络的信息交换在提高其性能方面也发挥着关键作用，这在人工智能技术中已经被忽视了几十年。

网络 MRS(或 MAS)仍然是机器人领域的一个活跃的研究领域，需要进一步的系统研究，本节仅从无线通信的角度进行介绍。事实上，**分布式机器学习**（distributed machine learning)也是研究网络 MRS 的一个有用的工具，限于本书的篇幅，并未进行过多介绍。

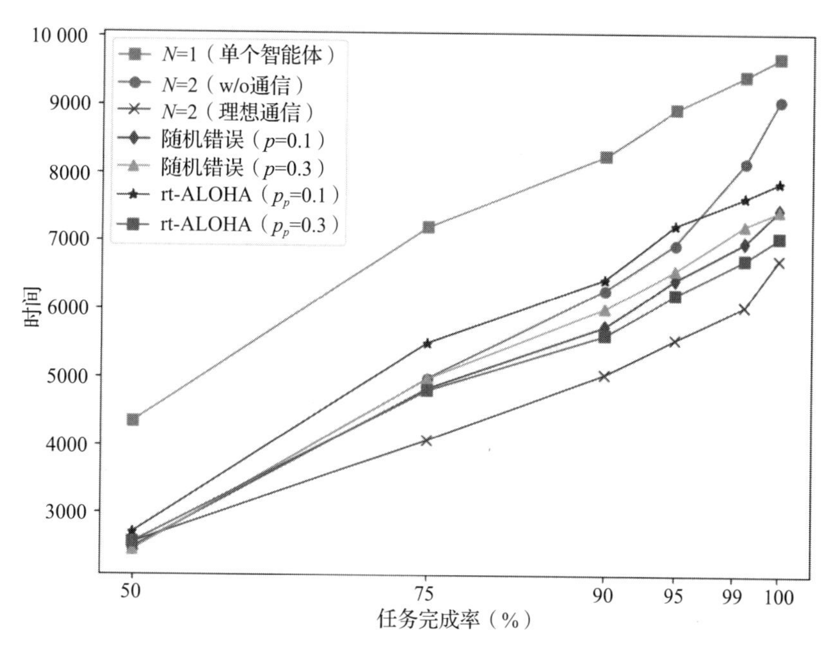

图 10.20 根据任务完成的百分比，多智能体系统的平均完成时间，除单个智能体外，$N=2$，$r=2$(附彩图)

延伸阅读：要进一步探索多机器人系统，请见参考文献[3，4]。10.3 节基于参考文献[6，7]。*IEEE Signal Processing Magazine* 在 2020 年 5 月有一期关于分布式机器学习的专刊，供进一步阅读。

312～313

参考文献

[1] Stuart Russell, Peter Norvig, *Artificial Intelligence: A Modern Approach*, 3rd edition, Prentice-Hall, 2010.

[2] B.P. Gerkey, M.J. Mataric, “A formal analysis and taxonomy of task allocation in multi-robot systems”, *Intl. J. of Robotics Research*, vol. 23, no. 9, pp. 939–954, September 2004.

[3] I. Mezei, V. Malbasa, I. Stojmenovic, “Robot to Robot”, *IEEE Robotics and Automation Magazine*, pp. 63–69, December 2010.

[4] A. Koubaa, J.R. Martinez-de Dios (ed.), *Cooperative Robots and Sensor Networks*, Springer, 2015.

[5] K.-C. Chen, T. Zhang, R.D. Gitlin, G. Fettweis, “Ultra-Low Latency Mobile Networking”, *IEEE Network Magazine*, vol. 33, no. 2, pp. 181–187, 2019.

[6] E. Ko, K.-C. Chen, “Wireless Communications Meets Artificial Intelligence: An Illustration by Autonomous Vehicles on Manhattan Streets”, *IEEE Globecom*, Abu Dhabi, 2018.

[7] K.-C. Chen, H.-M. Hung, “Wireless Robotic Communication for Collaborative Multi-Agent Systems”, *IEEE International Conference on Communications*, 2019.

314

技术缩略语

英文全称	英文缩略语	中文说明
Automatic gain control	AGC	自动增益控制
Artificial intelligence	AI	人工智能
Autonomous mobile robot	AMR	自主移动机器人
Artificial neural network	ANN	人工神经网络
Angle-of-arrival	AOA	到达角
Auto-regressive	AR	自回归
Amplitude shift keying	ASK	幅移键控
Automatic vehicle	AV	自动驾驶汽车
Additive white Gaussian noise	AWGN	加性高斯白噪声
Bit error rate	BER	位错误率
Breadth-first search	BFS	广度优先搜索
Best linear unbiased estimator	BLUE	最优线性无偏估计
Binary frequency shifted keying	BPSK	二进制频移键控
Binary phase shift keying	BPSK	二进制相移键控
Base station	BS	基站
Classification and regression tree	CART	分类与回归树
Cumulative distribution function	CDF	累积分布函数
Conditional exhaustive planning	CEP	条件穷举规划
Central processing unit	CPU	中央处理器
Carrier sense multiple access	CSMA	载波侦听多路访问
Constraint satisfaction problem	CSP	约束满足问题
Directed acyclic graph	DAG	有向无环图
Depth-first search	DFS	深度优先搜索
Deep learning	DL	深度学习
Data link control	DLC	数据链路控制

（续）

英文全称	英文缩略语	中文说明
Deep neural network	DNN	深度神经网络
Degrees of freedom	DoF	自由度
Extended Kalman filter	EKF	扩展卡尔曼滤波
Extended Kalman filter SLAM	EKF-SLAM	扩展卡尔曼滤波 SLAM
Expectation-maximization	EM	期望最大化
Empirical risk minimization	ERM	经验风险最小化
First-in-first-out	FIFO	先进先出
Federated learning	FL	联邦学习
Frequency shift keying	FSK	频移键控
Finite-state machine	FSM	有限状态机
Finite-state Markov chain	FSMC	有限状态马尔可夫链
Generalized likelihood ratio test	GLRT	广义似然比检验
Gaussian mixture model	GMM	高斯混合模型
Global positioning system	GPS	全球定位系统
Horizontal federated learning	HFL	横向联邦学习
Hidden Markov model	HMM	隐马尔可夫模型
Infrastructure-to-vehicle	I2V	路-车（路车通信）
Instantaneous assignment	IA	即时分配
Independent component analysis	ICA	独立成分分析
Iterative-deepening A *	IDA *	迭代加深 A *
k-nearest neighbors	KNN	k 近邻
Least absolute shrinkage and selection operator	LASSO	最小绝对收缩和选择算子
Listen-before-transmission	LBT	先监听后传输
Localization error outage	LEO	定位误差中断
Last-in-first-out	LIFO	后进先出
Linear minimum mean squared error estimator	Linear MMSE	线性最小均方误差估计
Logic link control	LLC	逻辑链路控制
Line of sight	LOS	视距
Linear programming	LP	线性规划
Least-squares	LS	最小二乘
Least squared error	LSE	最小平方误差
Linear time-invariant	LTI	线性时不变

（续）

英文全称	英文缩略语	中文说明
Moving average	MA	移动平均
Memory-bounded A *	MA *	内存有限的 A *
Multi-armed bandit	MAB	多臂赌博机
Medium access control	MAC	介质访问控制
Mobile ad hoc network	MANET	移动自组织网络
Maximum a posteriori	MAP	最大后验
Multi-agent system	MAS	多智能体系统
Monte Carlo methods	MC	蒙特卡罗方法
Markov decision process	MDP	马尔可夫决策过程
Machine learning	ML	机器学习
Maximum likelihood estimation	MLE	极大似然估计
Minimum mean absolute error estimate	MMAE	最小平均绝对误差估计
Minimum mean squared error estimator	MMSE	最小均方误差估计
Multi-robot	MR	多机器人
Multi-robot system	MRS	多机器人系统
Multi-robot task allocation	MRTA	多机器人任务分配
Mean squared error	MSE	均方误差
Multi-task	MT	多任务
Multiple traveling salesmen problem	mTSP	多旅行商问题
Minimum variance unbiased estimator	MVUE	最小方差无偏估计
Networked MAS	NetMAS	网络 MAS
Non-line of sight	NLOS	非视距
Neural network	NN	神经网络
Optimal assignment	OA	最优分配
Orthogonal frequency-division multiplexing	OFDM	正交频分复用
Open system interconnection	OSI	开放系统互联
Principal component analysis	PCA	主成分分析
Probability mass function	PMF	概率质量函数
Partially observed MDP	POMDP	部分可观测 MDP
Phase shift keying	PSK	相移键控
Quadrature amplitude modulation	QAM	正交幅度调制
Quadrature phase shift keying	QPSK	正交相移键控

（续）

英文全称	英文缩略语	中文说明
Radio detection and ranging	RADAR	雷达：无线电探测和测距
Recursive best-first search	RBFS	递归最佳优先搜索
Radio frequency	RF	射频
Reinforcement learning with decision tree	RL-DT	带决策树的强化学习
Recurrent neural network	RNN	循环神经网络
Reducing node	R-node	减少节点
Receiver operating characteristic curve	ROC	受试者操作特征曲线
Radio resource unit	RRU	无线电资源单元
Received signal strength	RSS	接收信号强度
Residual sum of squares	RSS	残差平方和
Real-time ALOHA	rt-ALOHA	实时 ALOHA
State-action-reward-state-action	SARSA	状态-行为-奖励-状态-行为
Simultaneous localization and mapping	SLAM	同时定位与建图
Simplified MA *	SMA *	简化的 MA *
Sensing node	S-node	感知节点
Signal-to-noise ratio	SNR	信号噪声比率(信噪比)
Single-robot	SR	单机器人
Structural risk minimization	SRM	结构风险最小化
Sum of squares regression	SSR	回归平方和
Sum of squares total	SST	总平方和
Single-task	ST	单任务
Support vector machine	SVM	支持向量机
Time-extended assignment	TA	时间延迟分配
Temporal-difference learning	TD learning	时序差分学习
Time delay estimation	TDE	时延估计
Time division multiple access	TDMA	时分多址
Time-difference-of-arrivals	TDOA	到达时间差
Time-of-arrival	TOA	到达时间
Traveling salesman problem	TSP	旅行商问题
Unmanned aerial vehicle	UAV	无人机
Upper confidence bounds	UCB	上置信界
Ultra reliable low-latency communication	uRLLC	超可靠低延迟通信

（续）

英文全称	英文缩略语	中文说明
Vehicle-to-infrastructure	V2I	车-路（车路通信）
Vehicle-to-infrastructure-to-vehicle	V2I2V	车-路-车（车路车通信）
Vehicle-to-vehicle	V2V	车-车（车车通信）
Vertical federated learning	VFL	纵向联邦学习
Wireless local area network	WLAN	无线局域网
Wireless sensor network	WSN	无线传感器网络

索　引

索引中的页码为英文原书页码，与书中页边标注的页码一致。

A

B

C

D

E

F

G

H

I

K

L

M

P

Q

R

S

T

U

V

W

Z

推荐阅读

机器人建模和控制

作者：[美] 马克·W. 斯庞（Mark W. Spong） 赛斯·哈钦森（Seth Hutchinson） M. 维德雅萨加（M. Vidyasagar）
译者：贾振中 徐静 付成龙 伊强 ISBN：978-7-111-54275-9 定价：79.00元

本书由Mark W. Spong、Seth Hutchinson和M. Vidyasagar三位机器人领域顶级专家联合编写，全面且深入地讲解了机器人的控制和力学原理。全书结构合理、推理严谨、语言精练，习题丰富，已被国外很多名校（包括伊利诺伊大学、约翰霍普金斯大学、密歇根大学、卡内基-梅隆大学、华盛顿大学、西北大学等）选作机器人方向的教材。

机器人操作中的力学原理

作者：[美]马修·T. 梅森（Matthew T. Mason） 译者：贾振中 万伟伟
ISBN：978-7-111-58461-2 定价：59.00元

本书是机器人领域知名专家、卡内基梅隆大学机器人研究所所长梅森教授的经典教材，卡内基梅隆大学机器人研究所（CMU-RI）核心课程的指定教材。主要讲解机器人操作的力学原理，紧抓机器人操作中的核心问题——如何移动物体，而非如何移动机械臂，使用图形化方法对带有摩擦和接触的系统进行分析，深入理解基本原理。

推荐阅读

机器人学导论（原书第4版）

作者：[美] 约翰 J. 克雷格（John J. Craig） 译者：贠超 王伟

ISBN：978-7-111-59031-6 定价：79.00元

本书是美国斯坦福大学John J.Craig教授在机器人学和机器人技术方面多年的研究和教学工作的积累，根据斯坦福大学教授“机器人学导论”课程讲义不断修订完成，是当今机器人学领域的经典之作，国内外众多高校机器人相关专业推荐用作教材。作者根据机器人学的特点，将数学、力学和控制理论等与机器人应用实践密切结合，按照刚体力学、分析力学、机构学和控制理论中的原理和定义对机器人运动学、动力学、控制和编程中的原理进行了严谨的阐述，并使用典型例题解释原理。

现代机器人学：机构、规划与控制

作者：[美] 凯文 · M. 林奇（Kevin M. Lynch）[韩] 朴钟宇（Frank C.Park） 译者：于靖军 贾振中

ISBN：978-7-111-63984-8 定价：139.00元

机器人学领域两位享誉世界资深学者和知名专家撰写。以旋量理论为工具，重构现代机器人学知识体系，既直观反映机器人本质特性，又抓住学科前沿。名校教授鼎力推荐！

“弗兰克和凯文对现代机器人学做了非常清晰和详尽的诠释。”

-------哈佛大学罗杰 · 布罗克特教授

“现代机器人学传授了机器人学重要的见解…以一种清晰的方式让大学生们容易理解它。”

-------卡内基 · 梅隆大学马修 · 梅森教授

推荐阅读

移动机器人学：数学基础、模型构建及实现方法

作者：[美] 阿朗佐·凯利（Alonzo Kelly） 译者：王巍 崔维娜 等

ISBN：978-7-111-63349-5 定价：159.00元

卡内基梅隆大学国家机器人工程中心(NREC)研究主任、机器人研究所阿朗佐·凯利教授力作。集合众多领域的核心领域于一体，全面讨论移动机器人领域的基本知识和关键技术。全书按照构建移动机器人的步骤来组织章节，每一章探讨一个新的主题或一项新的功能，包括数值方法、信号处理、估计和控制理论、计算机视觉和人工智能。

工业机器人系统及应用

作者：[美] 马克·R. 米勒（Mark R. Miller），雷克斯·米勒（Rex Miller） 译者：张永德 路明月 代雪松

ISBN：978-7-111-63141-5 定价：89.00元

由机器人领域的两位技术专家和资深教授联袂撰写，聚焦于工业机器人，涵盖其组成结构、电气控制及实践应用，为机器人的设计、生产、布置、操作和维护提供全流程的详细指南。